从零开始

机器学习的数学原理和算法实践

大威 编著

人民邮电出版社

北　京

图书在版编目（CIP）数据

机器学习的数学原理和算法实践 / 大威编著. -- 北京：人民邮电出版社，2021.6
（从零开始）
ISBN 978-7-115-55696-7

Ⅰ. ①机… Ⅱ. ①大… Ⅲ. ①机器学习 Ⅳ.
①TP181

中国版本图书馆CIP数据核字(2020)第257859号

内 容 提 要

　　零基础读者应如何快速入门机器学习？数学基础薄弱的读者应如何理解机器学习中的数学原理？这些正是本书要解决的问题。本书从数学基础知识入手，通过前3章的介绍，帮助读者轻松复习机器学习涉及的数学知识；然后，通过第4～第13章的介绍，逐步讲解机器学习常见算法的相关知识，帮助读者快速入门机器学习；最后，通过第14章的综合实践，帮助读者回顾本书内容，进一步巩固所学知识。

　　本书适合对机器学习感兴趣但数学基础比较薄弱的读者学习，也适合作为相关专业的学生入门机器学习的参考用书。

◆ 编　著　大　威
　　责任编辑　张天怡
　　责任印制　王　郁　马振武

◆ 人民邮电出版社出版发行　　北京市丰台区成寿寺路 11 号
　　邮编　100164　　电子邮件　315@ptpress.com.cn
　　网址　https://www.ptpress.com.cn

　　北京七彩京通数码快印有限公司印刷

◆ 开本：800×1000　1/16
　　印张：16.5　　　　　　　　2021 年 6 月第 1 版
　　字数：357 千字　　　　　　2025 年 4 月北京第 12 次印刷

定价：69.00 元

读者服务热线：(010)81055410　印装质量热线：(010)81055316
反盗版热线：(010)81055315

前　言

虽然目前机器学习受到大众的欢迎和热捧，但由于机器学习既涉及编程基础又涉及微积分、线性代数及概率统计等数学知识，学科的综合性很强，因此大部分读者只能望而却步。同时，市面上的很多机器学习相关图书往往存在两个极端。

（1）浅尝辄止，止于通识。这类图书主要以通识类机器学习介绍为主，几乎不对机器学习算法原理进行详细描述，只简单概括算法的用途和优缺点。这类图书虽然能够满足零基础读者对机器学习的"扫盲"需求，但难以满足广大读者深入了解机器学习算法原理的核心需求。

（2）满页公式，令人望而生畏。这类图书常用大量公式推导来展示机器学习算法原理，对数学基础薄弱的读者来说，这类图书阅读起来非常困难。数学基础薄弱的读者往往翻上几页之后便将其束之高阁，不再问津。

既能通俗直白地讲解机器学习算法原理，又能对机器学习关键的数学原理进行细致入微的讲解，并且还能通过手把手的代码案例教学帮助读者快速入门，这些就是本书所要实现的目标。总体来说，本书主要具有以下特点。

（1）形象直白地讲解机器学习算法原理。本书用直白、形象、生动的语言向读者讲述机器学习的关键知识，如机器学习是什么、机器学习的流程环节有哪些、机器学习的核心过程是怎样的、机器学习的典型算法内容等，使零基础读者也能够深入理解机器学习算法原理。

（2）细致讲解关键数学原理。读者要真正理解机器学习的底层原理很难完全脱离数学知识，因此，通俗直观地讲解机器学习的数学原理就是本书的特色与亮点。本书梳理了机器学习中常用的数学知识点，并直观、形象地进行讲述，帮助读者夯实数学基础。同时，本书针对重点内容如凸优化与梯度下降、数据降维与主成分分析（PCA）等进行深入讲解，保证读者能够理解并掌握核心内容。

（3）代码分段讲解，帮助读者上手实操。目前，有些图书的代码部分冗长且没有详细解释，这导致编程基础较为薄弱的读者面对大量代码时产生畏难情绪。本书对代码部分进行拆分讲解，并对每一个小模块进行细致讲解，非常适合编程基础较为薄弱的读者学习。

机器学习是一门综合性极强的学科，既包含微积分、线性代数和概率统计等高等数学基础知识，又包含编程语法与工业实践经验，因此学习门槛相对较高。如何降低机器学习的学习门槛而又保证学习的深度，是一个亟待解决的难题。本书在内容编排上根据读者不同的知识背景，力图做到知识讲解"直白形象，层层递进"。

（1）补基础。第 1～第 3 章用直观形象的讲解方式，帮助读者夯实微积分、线性代数和概率统计的基础。这部分不是简单地将大学教科书的内容照搬过来，而是强调数学知识讲解的"直观形象、可感知"，希望读者阅读之后产生"原来如此"的感受，将大学阶段很多不明白的数学知识彻底搞清楚。

（2）机器学习的全景与关键。第 4～第 6 章讲述机器学习的全景脉络和关键内容，如凸优化与梯度下降、数据降维与 PCA 等，帮助读者理解机器学习的全貌。

（3）算法与代码详解。第 7～第 14 章讲述各个典型算法的来龙去脉，用最直观形象的语言描述最本质的原理，使零基础读者也能够快速理解算法原理。

本书充分考虑了零基础读者希望深度理解机器学习算法原理的需求，力求在直观形象、通俗易懂与深度讲解之间取得较好的平衡。本书主要面向下述读者群体。

（1）零基础机器学习的读者。零基础读者可以跳过数学基础相关章节，直接阅读机器学习的相关内容。本书机器学习算法原理的讲解从大众非常熟悉的线性回归等算法入手，并且尽可能使用文字来描述，从而保证零基础读者也能够快速理解机器学习算法原理。

（2）希望了解数学原理的读者。相当一部分读者希望更加深入地了解机器学习背后的数学原理，从而对机器学习有更为深入的掌握。针对这部分读者，本书提供了"补基础"和"搞懂算法"相关章节涉及的数学原理，希望帮助数学基础薄弱的读者夯实数学基础，让读者产生"原来这个数学知识是这样的啊"的感受，从而更加深刻理解机器学习背后的数学原理。

（3）编程基础薄弱的读者。本书代码实现过程部分实行的是分模块详解，对于编程基础较为薄弱的读者帮助较大。

（4）机器学习初、中级水平的读者。总体来说，本书适合机器学习初、中级水平的读者使用，能够有效帮助初、中级水平读者理解机器学习背后的数学原理。

大威

2021 年 5 月

目　　录

第1章

补基础：不怕学不懂微积分

机器学习是一门多学科交叉的学科，背后的数学原理涵盖微积分、线性代数、概率统计等相关内容，它的核心是"使用算法解析数据并从中学习，然后对世界上的某件事情做出预测"。机器学习有着广阔的应用空间，能发挥巨大作用，但要深入掌握算法的内部原理就必须了解相关算法背后的数学原理。搞清楚这些数学原理相关的知识，可以帮助我们选择正确的算法、选择参数设置和验证策略、识别欠拟合和过拟合现象等。微积分就是机器学习背后极其重要且不可或缺的一类数学知识。绝大多数机器学习算法在训练或者预测时会碰到最优化问题，而最优化问题的解决需要用到微积分中函数极值的求解知识，可以说微积分是机器学习数学大厦的基石。

微积分是一门由工程实践问题"催生"的学科，大量的工程实践问题促使了微积分的产生，总结来说主要有以下4类问题。

（1）求解变速运动的瞬时速度。

（2）求解曲线上某点处的切线。

（3）求解函数的最大值和最小值。

（4）求解曲线的长度、曲面的面积、物体体积等。

从微分和积分的应用来看，前3类问题主要应用微分知识，最后一类问题主要应用积分知识。微积分的应用如图1-1所示。

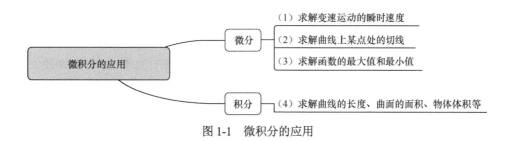

图 1-1　微积分的应用

微积分包含众多知识点，例如极限概念、求导公式、乘积法则、链式法则、隐函数求导、积分中值定理、泰勒公式等。其中，研究导数、微分及其应用的部分一般称为微分学，研究不定积分、定积分及其应用的部分一般称为积分学。微分学和积分学统称为微积分学，而微积分基本定理则将微分和积分进行关联。由于泰勒定理本质上是微积分基本定理的连用，因此从总体上来看微积分包括核心概念和关键技术，其中核心概念是微分和积分，关键技术是微积分基本定理和泰勒定理。微积分知识体系如图 1-2 所示。

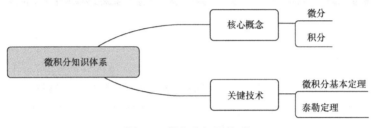

图 1-2   微积分知识体系

最简单的函数是一次函数，最简单的方程是一次方程，微积分的基本思想就是将其他复杂的函数或者方程变成一次函数或一次方程来研究。根据近似的精确度不同，微积分可以分为以下几种情况。

第一种情况，用常数项近似代替某个函数在某点附近的数值，这就是极限，误差是无穷小。

第二种情况，用一次函数近似代替某个函数在某点附近的数值，这就是微分，误差为高阶无穷小。

第三种情况，用泰勒公式近似代替某个函数在某点附近的数值，误差比前两种情况都要小。从近似的精确度来看，泰勒公式的极限最低，但精确度是最高的。

1.1 深入理解导数的本质

导数虽然简单，却是深刻理解微积分的切入点和重要基础。本节我们将从一个著名的哲学故事开始我们的微积分之旅。

1.1.1 哲学层面理解变化

古希腊数学家、哲学家芝诺有一个著名的"飞矢不动"论断。这个"诡辩"是说，设想一支飞行的箭在每一时刻必然位于空间中的一个特定位置。每一瞬间箭都是静止的，既然每一瞬间都是静止的，那么飞行的箭其实就是"静止不动"的，这就是"飞矢不动"。

对中学时代的我们来说，这样奇怪的想法还是令人惊奇的。虽然我们明白这是一种"没道理"的说法，但是要严格批驳似乎又觉得无能为力。不过如果我们从数学角度来思考这个问题，很多事情就豁然开朗了。

既然芝诺提到"飞矢不动"，那么我们首先就要定义什么是"动"。不难发现，日常我们使用"运动"这个概念的时候，都会牵涉两个因素：时间、位置。假设一个物体在时刻 t_1 处于 A 点，而在时刻 t_2 处于 B 点，我们就说物体在时刻 t_1 和 t_2 之间动了，否则我们就说物体是静止的。

"每一瞬间箭都是静止的"这句话本身就有问题。"每一瞬间"就是每一个时刻，每一个时刻箭当然会处在某个位置上，但是"静止"是一个跟"时间段"有关联的概念，不存在某个时刻是"静止"还是"运动"的说法。为了更好、更精确地刻画"运动"或"变化"，数学中引入了函数的概念。数学中，函数是描述物体运动与变化的重要工具。

1.1.2 生活中处处有函数

"你是你吗？"时刻 t_1 看到这句话的你跟时刻 t_2 开始思考这句话的你，难道没有发生变化吗？显然，时刻 t_2 的你已经不是时刻 t_1 的你了，但是大家并不会因此觉得"你不是你"。更一般地说，小时候的你跟现在的你相比，样貌、思想、行为、爱好都存在很大的不同，但是你并不会觉得小时候的你不是你。所以，什么是你呢？

我们知道，任何事物都处于时间的河流之中，时间就像河流一样滚滚向前，不断流逝。所以，你可以被看成一个以时间为自变量、自身状态为因变量的函数，自变量的取值范围是你的寿命，而你就是与时刻对应的无穷多状态的总和。

你在不同时刻有着不同的状态，我们为什么又会认为不同状态下的你是同一个"你"呢？这其实可以用连续函数来解释。虽然不同时刻的你对应着不同的状态，但是相邻时刻对应的状态差别很小，并且随着时刻越来越接近，状态差别也越来越小，这就是函数的连续性。这很好理解，例如用你读到这段话前后的时刻来对比，你的状态差别很小，别人也不会奇怪地对你说"你变了"；可是如果你跟几年未见的朋友再次见面，朋友可能就会发现你的变化。

1.1.3 从瞬时速度到导数

有了函数的概念，就可以进一步研究导数了。其实导数的概念并不是凭空产生的，而是基于生产、生活的需要出现的。导数典型的应用场景就是对瞬时速度的求解。

我们知道一辆汽车如果是匀速行驶的，那么用汽车行驶距离除以行驶时间就是它的速度，这个速度既是平均速度也是每时每刻的速度。但是实际上汽车很少是匀速行驶的，往往有时快有时慢，这时候用行驶距离除以行驶时间得到的将是汽车的平均速度，而不是它每时每刻的速度。那么，我们应如何求解汽车在某个时刻的速度，也就是瞬时速度呢？牛顿正是从求解瞬时速度入手进而创立了微积分的。

我们之前已经有了"速度"的概念，但那是"平均速度"或者匀速运动中每时每刻的"速度"，并没有"瞬时速度"的概念，所以我们需要给出"瞬时速度"的概念及其计算方法。

假设我们想求解汽车在时刻 t_0 的瞬时速度，光盯着这个时刻是没有办法求解的，因为汽车在某一时刻的位置是确定的，我们需要把时间延伸到时刻 t_1。假设汽车行驶的位移公式为 $s = t^2 + 1$。时间从 t_0 到 t_1，时间的变化量 $\Delta t = t_1 - t_0$，对应的行驶距离表示为 $\Delta s = s_1 - s_0 = (t_1^2 + 1) - (t_0^2 + 1) = t_1^2 - t_0^2 = (t_0 + \Delta t)^2 - t_0^2 = 2t_0 \Delta t + \Delta t^2$，因此 $\Delta s / \Delta t$ 就是时刻 t_0 到 t_1 的平均速度。

一个合理的想法是，Δt 越小，$\Delta s / \Delta t$ 这个平均速度就越接近于时刻 t_0 的瞬时速度。我们观察 $\Delta s / \Delta t = (2t_0 \Delta t + \Delta t^2) / \Delta t$：当 Δt 不为 0 时，可得 $\Delta s / \Delta t = 2t_0 + \Delta t$。当 Δt 不断变小且无限接近于 0 的时候，上述平均速度 $\Delta s / \Delta t$ 就无限接近于 $2t_0$ 这一定值。我们就可以认为当 Δt 无限趋近于 0 时，平均速度 $\Delta s / \Delta t$ 无限趋近的数值 $2t_0$ 就是时刻 t_0 的瞬时速度值，也称为函数在该点的导数。概括地讲，导数描述了自变量的微小变化导致因变量微小变化的关系。

我清晰地记得中学阶段第一次接触到这个想法时，既觉得"巧妙"又觉得"不踏实"。"巧妙"是因为使用趋于 0 的时间段的平均速度来定义瞬时速度的想法符合常理且很好地解决了难题，"不踏实"是因为数学在我心里一直是精确的学科，这样采取"近似"的做法让人一时难以接受。实际上，微积分刚开始确实碰到了逻辑上的一大难题，牛顿当时也没有很好地解决。当牛顿开创了微分方法后，虽然由于它的实用性，该方法受到了数学家和物理学家的热烈欢迎，但由于逻辑上一些不清晰的地方，该方法也受到了猛烈批评，最著名的就是乔治·伯克利主教对牛顿的微分方法的批评。

伯克利主教猛烈批评牛顿的微分方法，他指出：无穷小量如果等于 0，那么它不能作为分母被化简；无穷小量如果不等于 0，那么它无论多小都不能随意省略。无穷小量既不是 0 又是 0，难道是 0 的"鬼魂"吗？

伯克利的批评确实切中要害，即便是牛顿也没法很好地反驳。这一逻辑上的缺陷直到 19 世纪才由柯西等数学家弥补起来。数学家们的解决方法其实也简单，就是通过引入一个新的概念"极限"，将瞬时速度定义为平均速度在 Δt 趋近于 0 时的极限值。为了严格地论证这个过程，柯西等还发明了一套严格的 ε 语言来说明，也就是大学阶段"折磨"过我们的那套语言。

1.1.4 从近似运动来理解导数

数学家们通过将瞬时速度定义为平均速度在 Δt 趋近于 0 时的某个趋近值，进而引出了"极限"的概念来进一步定义"导数"——虽然这是一个巧妙的想法，但也带来了麻烦，那就是如何说清楚"极限"。这花费了数学家们一个多世纪的时间，并且整个论证过程烦琐复杂，导致大家学起来很困难。实际上，对于导数，除了传统的理解方法外，数学家们还提出了其他更简单的理解方法。

我们对一次函数 $f(x) = kx + b$ （k、b 是常数）比较熟悉，一次函数的图像是一条直线，一次项系数 k 是直线的斜率。同时，一次函数可以代表匀速运动，一次项系数 k 正好就是匀速运动的速度。如果所有的运动都是匀速运动，那么我们的问题就解决了，匀速运动的速度就是瞬时速度。但问题是现实中很多运动都是变速运动，这该如何处理呢？仔细思考不难发现，变速运动虽然速度是变化的，但是因为速度是连续变化的，所以在很短的时间内其运动规律近似于匀速运动，那么我们是否可以考虑用匀速运动来近似代替变速运动呢？

前面汽车行驶的例子中，已知汽车行驶的位移公式为 $s = t^2 + 1$，求解汽车在时刻 t_0 的瞬时速度。我们考虑时刻 t_0 经过很短的时间 Δt 后在时刻 $t_0 + \Delta t$ 的位置与 Δt 的关系：$s_1 = (t_0 + \Delta t)^2 + 1 = t_0^2 + 1 + 2t_0 \Delta t + \Delta t^2$ 是 Δt 的二次函数。也就是说，汽车在时刻 t_0 附近很小时间段 Δt 的运动规律可以用二次函数 $f(\Delta t)$ 来表示。如果把二次函数的常数项和一次项组成一个一次函数的话，可以得到 $f_1(\Delta t) = (t_0^2 + 1) + 2t_0 \Delta t$，其中 $(t_0^2 + 1)$ 是常数项，$2t_0 \Delta t$ 是一次项，$2t_0$ 是一次项系数，也是 $f_1(\Delta t)$ 所代表的匀速运动的速度。

如果我们认可变速运动的速度变化是连续的，进而微小时间段内的速度变化也较小，可以看作近似的匀速运动，那么可以在微小的时间段内使用匀速运动来代替变速运动。但上面的一次函数 $f_1(\Delta t) = (t_0^2 + 1) + 2t_0 \Delta t$ 所代表的匀速运动是最接近真实运动规律的 $f_1(\Delta t) = s_1 = (t_0 + \Delta t)^2 + 1 = t_0^2 + 1 + 2t_0 \Delta t + \Delta t^2$ 的吗？会不会有其他匀速运动的一次函数更加接近真实运动规律 $f(\Delta t)$ 呢？答案是不会，$f_1(\Delta t)$ 的确是最接近真实运动规律 $f(\Delta t)$ 的近似函数。

首先计算一下两者的误差：$d_1(\Delta t) = |f(\Delta t) - f_1(\Delta t)| = \Delta t^2$。然后计算任意一次函数 $f_2(\Delta t) = b + k \Delta t$ 与真实运动规律 $f(\Delta t)$ 的误差：$d_2(\Delta t) = |f(\Delta t) - f_2(\Delta t)| = |\Delta t^2 + (2t_0 - k)\Delta t + t_0^2 + 1 - b|$。

（1）当 $t_0^2 + 1 - b \neq 0$，且 $\Delta t \to 0$ 时，容易知道 $d_1(\Delta t) \to 0$，$d_2(\Delta t) \to |t_0^2 + 1 - b| > 0$。显然，$d_2(\Delta t)$ 比 $d_1(\Delta t)$ 大。

（2）当 $t_0^2 + 1 - b = 0$，且 $2t_0 - k \neq 0$ 时，由 $d_2(\Delta t) = |\Delta t^2 + (2t_0 - k)\Delta t|$ 明显可知，$d_2(\Delta t)$ 比 $d_1(\Delta t)$ 大。

（3）当 $t_0^2 + 1 - b = 0$，且 $2t_0 - k = 0$ 时，$d_2(\Delta t) = |\Delta t^2| = d_1(\Delta t)$。两个函数是同一个函数，描述的是同一个匀速运动。

因此，我们可以知道由某点的二次函数的常数项和一次项组成的一次函数描述的是最接近该点真实运动规律的匀速运动，匀速运动的速度可以看成该点的瞬时速度。

一般来说，如果函数 $y = f(x)$ 在 $x = a$ 点附近可以使用一次函数或者常数 $f_1(x)$ 来近似代替，使得它们的误差 $|f(x) - f_1(x)|$ 是 Δx 阶无穷小，我们就容易证明 $f_1(x)$ 在 $x = a$ 点处是最接近 $f(x)$ 的一次函数或常数。$f_1(x) = f(a) + k \Delta x$ 的一次项系数 k 就是 $y = f(x)$ 在 $x = a$ 点处的导数。这就是导数的另外一种理解方法。

传统的对导数的理解是借助于"极限"的概念来实现的，"极限"则需要由数学家创造的那套繁杂的 $\varepsilon\text{-}\delta$ 语言来描述，而新的导数理解视角则避免了这种麻烦。另外，传统的导数（瞬时速度）求解过程是通过"平均速度" $\Delta s / \Delta t = 2t_0 + \Delta t$ 在 $\Delta t \to 0$ 的情况下趋近于某个值 $2t_0$ 来定义的，而新的导数（瞬时速度）则是通过寻找一个与变速运动最接近的匀速运动来求解的。当然，当 $\Delta t \to 0$ 时，这两种方法描述的是同一种物理状态。

1.1.5 直观理解复合函数求导

我们根据导数定义不难得出一些基本函数的导数公式，例如幂函数 $\dfrac{\mathrm{d}x^n}{\mathrm{d}x} = nx^{(n-1)}$、三角函数 $\dfrac{\mathrm{d}(\sin x)}{\mathrm{d}x} = \cos x$ 等。掌握了基本函数的求导公式并非"万事大吉"，现实中更为常见的是各种基本函数的复合函数求导问题，这需要我们进一步研究复合函数求导公式。

基本函数的复合方式总结起来主要分为 3 类：函数相加、函数相乘、函数嵌套。

（1）加法法则：例如，复合函数为 $f(x) = x^2 + \sin x$。假设 x 变化量为 $\mathrm{d}x$，则基本函数变化量为 $\mathrm{d}(x^2)$ 和 $\mathrm{d}(\sin x)$，于是复合函数变化量就是 $\mathrm{d}f = \mathrm{d}(x^2) + \mathrm{d}(\sin x)$。由于基本函数可导，将基本函数的导数代入，可得 $\mathrm{d}f = 2x\mathrm{d}x + \cos x\mathrm{d}x$，这样复合函数导数 $\dfrac{\mathrm{d}f}{\mathrm{d}x} = 2x + \cos x$。也就是说，基本函数相加形成的复合函数导数等于基本函数导数之和。

（2）乘法法则：例如，复合函数为 $f(x) = x^2 + \sin x$，则复合函数 f 可以看作以 x^2 和 $\sin x$ 为邻边的矩形的面积。如果自变量 x 发生微小变化 $\mathrm{d}x$，则矩形的两个邻边也会对应发生变化 $\mathrm{d}(x^2)$ 和 $\mathrm{d}(\sin x)$，于是原始矩形的面积会增加 $\mathrm{d}f = \sin x\, \mathrm{d}(x^2) + x^2\mathrm{d}(\sin x) + \mathrm{d}(x^2)\mathrm{d}(\sin x)$。其中，$\mathrm{d}(x^2)\mathrm{d}(\sin x)$ 是高阶无穷小，可以忽略。于是，复合函数导数 $\dfrac{\mathrm{d}f}{\mathrm{d}x} = \sin x\dfrac{\mathrm{d}(x^2)}{\mathrm{d}x} + x^2\dfrac{\mathrm{d}(\sin x)}{\mathrm{d}x}$。也就是说，基本函数相乘形成的复合函数导数等于"前导后不导加上后导前不导"。乘法法则示意如图 1-3 所示。

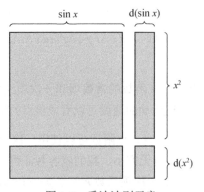

图 1-3 乘法法则示意

（3）链式法则：例如，复合函数 $f(x) = \sin x^2$ 为基本函数 $\sin x$ 和 x^2 的函数嵌套。我们用新的符号如 y 来代替 x^2，则复合函数可以写作 $f(x) = \sin y$。如果自变量 x 发生微小变化 dx，会导致函数 $y = x^2$ 发生微小变化 dy（$dy = 2xdx$），而 dy 的变化又会导致复合函数发生微小变化 $dy = \cos y dy$。于是 $dy = \cos y dy = \cos x^2 2xdx$，即 $\dfrac{df}{dx} = \cos x^2 2x$。也就是说，基本函数嵌套形成的复合函数导数等于"外层导数与内层导数依次相乘"。

1.2　理解多元函数偏导

为了方便读者理解，前文主要从一元函数角度来讲解导数相关知识。但现实中更为常见的是多元函数的求导问题，也就是多元函数的偏导数和梯度求解。

1.2.1　多元函数偏导数是什么

最简单的函数是一元函数，如 $y = kx + b$，但现实中更多的是多元函数，如 $z = x + y$ 等。其实，多元函数在生活中随处可见，例如矩形的面积 $s = xy$（其中，x、y 分别是矩形的长和宽）就是二元函数，梯形的面积 $s = (x+y)z/2$（其中，x、y 分别是梯形上、下底长，z 为梯形的高）就是三元函数。从映射的观点来看，一元函数是实数集到实数集的映射，多元函数则是有序数组集合到实数集合的映射。我们对一元函数求导是非常熟悉的，那么对多元函数的求导该如何处理呢？

典型的一元函数 $f(x) = ax^2 + bx + c$，对这个典型一元函数求导有 $f'(x) = 2ax + b$。实际上，式子中的 a、b、c 也是可以变化的，所以求导过程也是求解 $f(x,a,b,c) = ax^2 + bx + c$ 关于 x 的偏导数。由此可知，多元函数偏导数的求解方法就是"各个击破"，对一个变量求导时，将其他变量暂时看成固定的参数。

对于形如 $f(x) = x^2$ 这样的一元函数，它的导数就是自变量 x 的微小变化 Δx 与其所引起函数值微小变化 Δf 的比值，一般表示为 $\dfrac{\partial f}{\partial x}$。那么对于一个含有 x、y 两个变量的函数 $f(x,y) = x^2 \sin(y)$，保持其他变量固定而关注一个变量的微小变化带来的函数值变化情况，这种变化的比值就是偏导数，如 $\dfrac{\partial f}{\partial x} = 2x \sin y$ 或 $\dfrac{\partial f}{\partial y} = x^2 \cos y$。

1.2.2　搞清楚梯度是什么

梯度和导数是密切相关的一对概念，实际上梯度是导数对多元函数的推广，它是多元函数对各个自变量求偏导形成的向量。

中学时，我们接触"微分"这个概念是从"函数图像某点切线斜率"或"函数的变化率"这个认知开始的。典型的函数微分如 $d(2x)=2dx$、$d(x^2)=2xdx$、$d(x^2y^2)=2xy^2dx$ 等。

梯度实际上就是多变量微分的一般化，例如 $J(\theta)=3\theta_1+4\theta_2-5\theta_3-1.2$。对该函数求解微分，也就得到了梯度 $\nabla J(\theta)=\left\langle\dfrac{\partial J}{\partial\theta_1},\dfrac{\partial J}{\partial\theta_2},\dfrac{\partial J}{\partial\theta_3}\right\rangle=\langle3,4,-5\rangle$。梯度的本意是一个向量，表示某一函数在该点处的方向导数沿着该方向取得最大值，即函数在该点处沿着该方向（此梯度的方向）变化最快，变化率最大（为该梯度的模）。一般来说，梯度可以定义为一个函数的全部偏导数构成的向量。梯度在机器学习中有着重要的应用，例如梯度下降算法，这将在后文详细论述。

1.3 理解微积分

微积分基本定理无疑是人类思想最伟大的成就之一。在它被发现之前，曲面面积、物体体积等问题困扰着一代又一代的数学家，从公元前 3 世纪的阿基米德到 17 世纪中叶的费马都被这些问题所困扰。但是自牛顿、莱布尼茨发现了微积分基本定理并经过其追随者系统完善后，原本这些只有"天才"才能够解决的面积、体积难题变成了一般人根据系统方法和步骤也可以解决的普通问题了。

1.3.1 直观理解积分

我们讲解导数概念的时候，是已知汽车的位移函数来求解某个时刻的瞬时速度。那么，如果已知汽车各个时刻的瞬时速度，能否求出汽车的位移情况甚至位移函数呢？

（1）情况一：匀速运动。如果汽车匀速运动，也就是每时每刻的速度都相等，那么汽车位移就应该是速度曲线下方的面积，如图 1-4 所示。

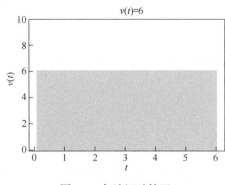

图 1-4 匀速运动情况

（2）情况二：变速运动。实际上更为一般的情况是汽车速度是变化的，也就是汽车处于变速运动状态。假设汽车瞬时速度 $v(t)$ 与时间 t 之间的函数关系为 $v(t) = t(6-t)$，如图 1-5 所示。

如果汽车每一小段时间内都是匀速运动的话计算就比较方便了，那样只需要把各小段时间内的位移相加就可以得到最终的位移了。其中每一小段时间内的位移就是该段时间内速度与时间段的乘积，最终位移也就是各个直方图的面积之和，如图 1-6 所示。

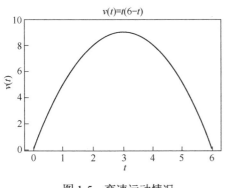

图 1-5　变速运动情况　　　　　　　图 1-6　变速运动位移

上面的过程可以分解得更为细致，将 0 ～ 6 秒时间轴划分为很多份，每一段时间长度为 dt，该段时间内的速度为 $v(t)$。于是，这些小直方图的面积之和可以表示为 $\int_0^6 v(t)dt$，如图 1-7 所示。

上述过程分解得越来越细致，以至于 0 ～ 6 秒被划分成无穷多个时间段，则直方图的面积最终会趋近于整个速度曲线下方的面积，如图 1-8 所示。

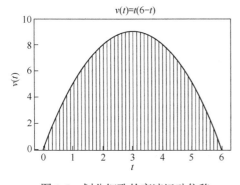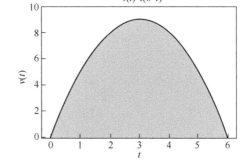

图 1-7　划分细致的变速运动位移　　　　图 1-8　划分足够细致的变速运动位移

曲线下方的面积就是速度对时间的"积分"，它表示所有的微小量累加起来的结果。

1.3.2　直观理解微积分基本定理

有了积分的概念以后，我们就可以进一步思考：积分的数值是多少呢？一辆汽车从时刻 0 启动行驶到时刻 T，行驶速度函数为 $v(t) = t(6-t)$，则汽车行驶的位移是多少？显然，不同的时刻 T 对应的速度 $v(t)$ 和位移 $s(t)$ 都是不同的，如图 1-9 所示。

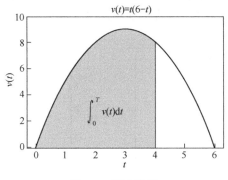

图 1-9　积分数值

哪个位移函数对时间 t 求导结果恰好是速度函数 $v(t) = t\,(6-t)$ 呢？通过求导公式，不难知道位移函数 $s(t) = -\dfrac{1}{3}t^3 + 3t^2 + c$ 对时间 t 的求导结果就是上述的速度函数 $v(t) = t\,(6-t)$。于是从时刻 0 到时刻 T 的位移就是 $s(T) - s(0) = -\dfrac{1}{3}T^3 + 3T^2$。因此，我们可以知道 $\displaystyle\int_0^T v(t)\,\mathrm{d}t = s(T) - s(0) = -\dfrac{1}{3}T^3 + 3T^2$。

更一般的情况，某个区间的积分结果为 $\displaystyle\int_a^b v(t)\,\mathrm{d}t = s(b) - s(a)$，其中 $s(t)$ 是函数 $v(t)$ 的原函数。区间积分结果如图 1-10 所示。

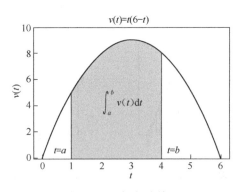

图 1-10　区间积分结果

上述结论的一般形式就是微积分基本定理：如果函数 $f(x)$ 在区间 $[a,b]$ 上连续，并且存在原函数 $F(x)$，则 $\int_a^b f(x)\mathrm{d}x = F(b) - F(a)$。

1.4 泰勒公式太重要了

由于长期注重考试而轻视运用，大部分人在大学阶段对泰勒公式没有足够重视。实际上，泰勒公式是微分的"巅峰"和精华所在，需要我们高度重视。

1.4.1 泰勒公式是什么

泰勒公式的典型形式如下：

$$f(x) = \frac{f(a)}{0!} + \frac{f'(a)}{1!}(x-a) + \frac{f''(a)}{2!}(x-a)^2 + \cdots + \frac{f^{(n)}(a)}{n!}(x-a)^n + R_n(x)$$

其中，$R_n(x)$ 是高阶无穷小量。上述公式也称为 $f(x)$ 在点 a 处的泰勒级数。

泰勒公式的主要作用是对特别复杂的函数进行化简，具体来说就是通过近似函数来代替原函数，通过使用简单熟悉的多项式去代替复杂的原函数。

1.4.2 泰勒公式的典型应用

请大家解决这个问题：已知 $\sqrt{9} = 3$，求解 $\sqrt{10}$ 的值。

解题思路：虽然 $\sqrt{9} = 3$ 众所周知，但是 $\sqrt{10}$ 的值恐怕还真是不太容易求解。如果我们使用泰勒公式，问题就可以轻松化解。上面的问题可以看成对于函数 $f(x) = \sqrt{x}$，已知点 $a = 9$ 处的函数值 $f(a)=3$，求解点 $a = 9$ 附近点 $x = 10$ 处的函数值。

根据泰勒公式，我们可以得到在点 $a = 9$ 附近的函数展开式：

$$f(x) = \frac{f(a)}{0!} + \frac{f'(a)}{1!}(x-a) + \frac{f''(a)}{2!}(x-a)^2 + \cdots + \frac{f^{(n)}(a)}{n!}(x-a)^n + R_n(x)$$

代入 $a = 9$ 化简可得：

$$f(x) = 3 + \frac{1}{6}(x-9) + \frac{1}{216}(x-9)^2 + \cdots + \frac{f^{(n)}(9)}{n!}(x-9)^n + R_n(x)$$

观察上式，我们容易发现函数 $f(x) = \sqrt{x}$ 在自变量的给定值 a 附近可以用无穷个多项式不

断展开来近似代替，展开式越多，代替的精度也就越高。例如，函数 $f(x)=\sqrt{x}$ 在自变量的给定值 $a=9$ 附近可以用一次函数 $f(x)=3+\dfrac{1}{6}(x-9)$ 来近似代替，那么一次项系数 $f'(a)=f'(9)=\dfrac{1}{6}$ 就反映了函数在点 $x=a=9$ 处的变化。如果用一次函数 $f(x)=3+\dfrac{1}{6}(x-9)$ 来近似代替原函数 $f(x)=\sqrt{x}$ 的值，那么精度就依赖于 $\Delta x=x-a$ 的大小。如果 $|\Delta x|$ 足够小，那么使用一次函数来近似代替的效果就令人满意。如果 $|\Delta x|$ 不够小，可能导致误差也不够小。如果想得到精度更高的近似值，就需要考虑使用更高次项的多项式来代替原函数 $f(x)=\sqrt{x}$。代入 $x=10$ 有以下几种情况。

（1）用一次项近似代替：

$$f(x)=3+\frac{1}{6}(x-9)=3+\frac{1}{6}\approx 3.167$$

（2）用二次项近似代替：

$$f(x)=3+\frac{1}{6}(x-9)-\frac{1}{216}(x-9)^2\approx 3.162$$

（3）用三次项近似代替：

$$f(x)=3+\frac{1}{6}(x-9)-\frac{1}{216}(x-9)^2+\frac{1}{3888}(x-9)^3\approx 3.162$$

可见，次项越高，代替的精度也就越高。

1.4.3　直观理解泰勒公式的来龙去脉

泰勒公式被称为微积分的最高峰，在实践中有着大量而广泛的应用，是数学中广泛应用的函数近似工具。泰勒公式常见的应用场景是在某个点附近用多项式函数去逼近某个复杂的函数，从而通过多项式函数在该点处的数值去获得复杂函数在该点处的近似值。

多项式函数具有很好的性质，如易于计算、求导和积分等，所以如果能够用多项式函数来近似代替一些复杂函数，那样很多问题就好解决了。下面，我们以函数 $f=\sin x$ 在点 $x=0$ 处可以用什么样的多项式函数来代替为示例进行讲解。

我们考察不同阶数多项式函数 $P(x)=C_0+C_1x+C_2x^2+\cdots+C_nx^n$ 来近似代替 $f=\sin x$ 在 $x=0$ 附近的数值分布状况，如下所示。

（1）函数 $f=\sin x$ 在 $x=0$ 处有 $f=\sin 0=0$；函数 $f=\sin x$ 在 $x=0$ 处的一阶导数 $f'(0)=\cos 0=1$，二阶导数 $f''(0)=-\sin 0=0$，三阶导数 $f^{(3)}(0)=-\cos 0=-1$，四阶导数 $f^{(4)}(0)=\sin 0=0$，五阶导数 $f^{(5)}(0)=\cos 0=1$，如此循环。

（2）假设多项式最高次项为二次项，则多项式函数为 $P(x)=C_0+C_1x+C_2x^2$。如果真的存在一

组系数 C_0、C_1、C_2，使得多项式函数 $P(x)=C_0+C_1x+C_2x^2$ 能够在 $x=0$ 附近非常好地近似代替函数 $f=\sin x$ 的话，那么这样的系数 C_0、C_1、C_2 应该是什么样的呢？

首先，函数 $f=\sin x$ 在 $x=0$ 处的数值为 $f=\sin 0=0$，那么多项式函数 $P(0)$ 至少应该为 0，即 $P(x)=C_0+C_1\times0+C_2\times0=0$，因此 $C_0=0$。其次，虽然 C_0 的数值被确定了，但是 C_1 和 C_2 的数值还没有被确定。也就是说，满足多项式 $P(x)=C_0+C_1x+C_2x^2$ 在 $x=0$ 处数值为 0 的函数有无穷多种。显然，这无穷多种多项式不可能都很好地在 $x=0$ 附近近似代替函数 $f=\sin x$。我们不仅希望多项式函数 $P(x)$ 在 $x=0$ 处的数值等于函数 $f=\sin x$，还希望两者在 $x=0$ 处的变化趋势也是相同的，也就是要求两者的一阶导数相同。因此可得，$P'(0)=C_1+2C_2\times0=f'(0)=1$，因此 $C_1=1$。最后，我们可以进一步要求苛刻些，即希望两者在 $x=0$ 处的变化趋势也是相同的，于是两者的二阶导数也应该相同。因此可得，$P''(0)=2C_2=f''(0)=0$，$C_2=0$。这样，多项式函数 $P(x)=0+1x+0x^2=x$ 就被确定了。这个多项式函数就是 $f=\sin x$ 在 $x=0$ 附近的近似函数。

（3）假设多项式最高次项为三次项，则多项式函数为 $P(x)=C_0+C_1x+C_2x^2+C_3x^3$。根据上面的推理，多项式函数应该满足：首先，$P(x)$ 与 $f(x)$ 在 $x=0$ 处的数值相等，即 $P(0)=C_0=0$；其次，$P(x)$ 与 $f(x)$ 在 $x=0$ 处的一阶导数相等，即 $P'(0)=C_1=f'(0)=1$；再次，$P(x)$ 与 $f(x)$ 在 $x=0$ 处的二阶导数相等，即 $P''(0)=2C_2=f''(0)=0$；最后，$P(x)$ 与 $f(x)$ 在 $x=0$ 处的三阶导数相等，即 $P^{(3)}(0)=6C_3=f^{(3)}(0)=-1$。于是，我们可知 $P(x)=x-\dfrac{1}{6}x^3$。

总结上述例子，我们可以发现多项式函数 $P(x)$ 的各个系数是由原函数 $f=\sin x$ 的求导情况和次项决定的，如表 1-1 所示。

表1-1　求导情况

原函数求导情况	原函数求导数值	多项式函数系数
$x=0$ 处的数值	$\sin 0=0$	$P(0)=C_0=f(0)=0$
$x=0$ 处的一阶导数	$\cos 0=1$	$P'(0)=C_1=f'(0)=1$
$x=0$ 处的二阶导数	$-\sin 0=0$	$P''(0)=2C_2=f''(0)=0$
$x=0$ 处的三阶导数	$-\cos 0=-1$	$P^{(3)}(0)=6C_3=f^{(3)}(0)=-1$
$x=0$ 处的四阶导数	$\sin 0=0$	$P^{(4)}(0)=24C_4=f^{(4)}(0)=0$
$x=0$ 处的五阶导数	$\cos 0=1$	$P^{(5)}(0)=5!\,C_5=f^{(5)}(0)=1$
$x=0$ 处的六阶导数	$-\sin 0=0$	$P^{(6)}(0)=6!\,C_6=f^{(6)}(0)=0$
...	...	...

由表 1-1 可知，多项式函数系数 $C_0=f(0)$，$C_1=f'(0)$，$C_2=\dfrac{f''(0)}{2!}$，$C_3=\dfrac{f^{(3)}(0)}{3!}$，$C_4=\dfrac{f^{(4)}(0)}{4!}$……于是，我们可知多项式函数 $P(x)$ 在 $x=0$ 附近的函数如下：

$$P(x) = \frac{f(0)}{0!} + \frac{f'(0)}{1!}x + \frac{f''(0)}{2!}x^2 + \cdots + \frac{f^{(n)}(0)}{n!}x^n + R_n(x)$$

将上述式子推广到 $x=a$，就可以得到多项式函数即泰勒公式如下：

$$f(x) = \frac{f(a)}{0!} + \frac{f'(a)}{1!}(x-a) + \frac{f''(0)}{2!}(x-a)^2 + \cdots + \frac{f^{(n)}(a)}{n!}(x-a)^n + R_n(x)$$

其中，$R_n(x)$ 是高阶无穷小量。上述公式也称为 $f(x)$ 在点 a 处的泰勒级数。

1.4.4 微积分基本定理与泰勒公式的关系

泰勒公式本质上是微积分基本定理连续累加的结果，下面我们将重点介绍如何通过微积分基本定理来推导泰勒公式。

微积分基本定理采用定积分来展示函数 $F(x)$ 与它的导数之间的关系，即 $\int_a^b F'(x)\mathrm{d}x = F(b) - F(a)$。也就是说，已知 $F(x)$ 可以求解 $F'(x)$ 的定积分。

假设 a 为定值，且 $b-a=h$，则上面的微积分基本定理可以写成：$F(a+h) = F(a) + \int_a^{a+h} F'(x)\mathrm{d}x$。这样，我们就可以使用 $F'(x)$ 的定积分和 $F(a)$ 来计算 $F(a+h)$ 的数值。我们继续对定积分进行变量代换 $x = a+t$，则有 $F(a+h) = F(a) + \int_0^h F'(a+t)\mathrm{d}t$。

如果 $F'(x)$ 是连续可导函数，那么 $F'(a+t) = F'(a) + \int_0^t F''(a+t_1)\mathrm{d}t_1$。将上面的式子进行迭代，可得：

$$
\begin{aligned}
F(a+h) &= F(a) + \int_0^h \left(F'(a) + \int_0^t F''(a+t_1)\mathrm{d}t_1 \right)\mathrm{d}t \\
&= F(a) + \int_0^h F'(a)\mathrm{d}t + \int_0^h \int_0^t F''(a+t_1)\mathrm{d}t_1\mathrm{d}t \\
&= F(a) + F'(a)h + \int_0^h \int_0^t F''(a+t_1)\mathrm{d}t_1\mathrm{d}t
\end{aligned}
$$

如此循环迭代，就可以得到泰勒公式。这说明，泰勒公式本质上是微积分基本定理的多次连用，两者本质上具有统一性。

第 **2** 章

补基础：不怕学不懂线性代数

微积分和线性代数是大学阶段的两门基础课程，也是比较难学的课程。相对而言，微积分入门还是比较容易的，因为微积分的很多概念跟现实世界能够较好地对应，便于我们直观地理解。例如，微积分中的导数可以理解为运动的速度或者曲线某点处的斜率。微积分的这些概念和我们的日常生活是非常贴近的，因此初学者容易接受和理解。但是线性代数的很多东西就像天外飞仙一样，显得有些突兀和奇特。例如，矩阵为什么要定义那样的乘法规则？为什么会有行列式？线性相关和线性无关有什么用处？初学者往往陷入其中，几次三番之后就可能被彻底搞晕了。所以本书绝对不是将国内外教材上的公式照搬过来，而是面向"小白"读者，直观地讲解线性代数的相关知识。

线性代数主要研究线性空间中对象的运动规律。这里面有两个核心问题，一个是线性空间中的对象，另一个是线性空间中对象的运动规律。这其实也就引出了向量和矩阵的概念。

线性空间中的对象称为向量，通常是选定一组线性无关的基向量，通过基向量的线性组合来表示。而线性空间中的运动被称为线性变换，描述了线性空间中的对象也就是向量是如何运动的。这种线性变换是通过矩阵的形式来描述的。

线性空间中使得某个对象（向量）发生某种运动（线性变换）的方法，就是用描述对应运动的矩阵去乘以表示对应对象的向量。也就是说，确定了线性空间中的一组线性无关的基向量后，线性空间中的任一对象都可以用向量来刻画，对象的运动则由矩阵乘以向量来表达。而描述运动（线性变换）的矩阵自身又可以看作线性空间基向量被施加了同一线性变换，这使得一切变得和谐而统一。线性代数概览如图 2-1 所示。

如果读者暂时无法对上述内容做到心领神会也不要紧，接下来我们将用形象、直白、通俗的语言讲解线性代数的相关知识，帮助读者真正理解线性代数的本质。

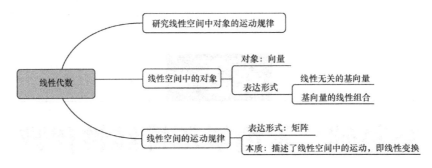

图 2-1 线性代数概览

2.1 直观理解向量

向量在现实生活中具有广泛的应用，例如张三某次重要考试的成绩为语文 135 分、数学 148 分、英语 142 分，那么这次考试成绩就可以用向量来表示：$\begin{bmatrix} 135 \\ 148 \\ 142 \end{bmatrix}$。初中阶段我们就接触过 "向量" 这个概念，知道向量具有方向和大小，大学阶段 "向量" 又变成了线性代数的基础概念。一个典型的二维空间里的向量如图 2-2 所示。

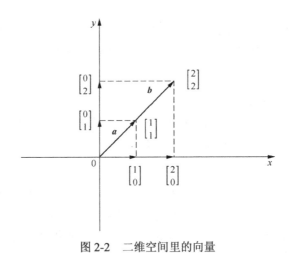

图 2-2 二维空间里的向量

向量在形式上表现为一系列有序数组，可以看作空间中具有方向和大小的一个箭头，而实际上向量可以表示任何符合向量规则的事务。

（1）从运动的视角来看。图 2-2 所示的向量 $\begin{bmatrix} 2 \\ 2 \end{bmatrix}$ 实际上告诉我们如何从原点 $\begin{bmatrix} 0 \\ 0 \end{bmatrix}$ 出发到达箭头

的末端：首先沿着 x 轴正方向行走 2 个单位长度，然后沿着 y 轴正方向行走 2 个单位长度，这样就可以达到箭头的末端了。

（2）从数据表示的视角来看。向量给人的最直观印象就是，将一组数据排列成一列，如图 2-3 所示。

$$\begin{bmatrix} 1 \end{bmatrix} \qquad \begin{bmatrix} 2 \\ 2 \end{bmatrix} \qquad \begin{bmatrix} 1 \\ 0 \\ 0 \end{bmatrix} \qquad \begin{bmatrix} 0.5 \\ 3.2 \\ 2.555 \\ 3 \end{bmatrix} \qquad \begin{bmatrix} 0 \\ 0 \\ 0 \\ 1 \end{bmatrix}$$

图 2-3　数据排列

虽然向量既可以写成行向量（一行数组），也可以写成列向量（一列数组），但如果没有特别说明，一般说的向量都指列向量。向量虽然形式上只是一列数，但由于数组具有有序性，因此除了数组中的数值本身携带信息外，这些数值的序列位置仍然携带了部分信息，这就是向量如此有用的一个原因。

这里我们介绍一下教科书上经常省略的"秘密"，那就是为什么大部分教科书会写明"一般没有指明，默认向量为列向量"。这是因为矩阵乘积的习惯性写法是"先对象后操作"，即 Ax，所以要求向量 x 放置在矩阵 A 的右边。由于矩阵 A（$m \times n$）一般具有 n 列，根据矩阵乘法规则要求向量 x（$n \times 1$）需具有 n 行，也就是说要求向量 x 是列向量。因此，为了符合矩阵乘法的标记习惯，我们一般所指的向量默认为列向量。

（3）从数学视角来看。任何一个向量都可以用线性空间里面的一组基向量（基向量是线性无关的）的线性组合来表示，例如我们日常应用的平面直角坐标系，这个坐标系的基是 $i = \begin{bmatrix} 1 \\ 0 \end{bmatrix}$ 和 $j = \begin{bmatrix} 0 \\ 1 \end{bmatrix}$。那么任何一个向量 v 如 $\begin{bmatrix} 2 \\ 2 \end{bmatrix}$ 实际上是这个线性空间的一组基（即 i 和 j）的线性组合 $2i + 2j$，也就是 $2\begin{bmatrix} 1 \\ 0 \end{bmatrix} + 2\begin{bmatrix} 0 \\ 1 \end{bmatrix} = \begin{bmatrix} 2 \\ 2 \end{bmatrix}$。

2.1.1　理解向量加法与数乘

从物理视角来看，一个向量可以看作从原点出发沿着向量方向行走向量大小的距离所到达的位置，如果在此位置继续沿着某个向量行走，结果就应该是两个向量之和的位置。例如向量 $\begin{bmatrix} 2 \\ 2 \end{bmatrix}$ 从物理视角可以看作：从原点 $\begin{bmatrix} 0 \\ 0 \end{bmatrix}$ 出发首先沿着 x 轴正方向行走 2 个单位长度，然后沿着 y

轴正方向行走 2 个单位长度。向量加法示意如图 2-4 所示。

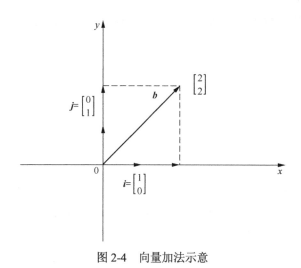

图 2-4　向量加法示意

上面过程的实质就是，将 x 轴的单位向量 i 沿着 x 轴正方向伸长 2 倍得到向量 $2i$，即 $\begin{bmatrix} 2 \\ 0 \end{bmatrix}$，

将 y 轴单位向量 j 沿着 y 轴正方向伸长 2 倍得到向量 $2j$，即 $\begin{bmatrix} 0 \\ 2 \end{bmatrix}$，将这两个向量相加得到我们所

求的向量，即 $\begin{bmatrix} 2 \\ 0 \end{bmatrix} + \begin{bmatrix} 0 \\ 2 \end{bmatrix} = \begin{bmatrix} 2 \\ 0 \end{bmatrix}$。这就是向量加法的实现过程。

一般教科书中是这样描述向量加法规则的：维度相同的向量之间才可以进行加法运算，向量进行加法运算时只要将相同位置上的元素相加即可，结果向量的维度保持不变。

向量加法中有一种特殊的情况，那就是向量数乘。λv 表示 λ 个 v 向量相加，也就是将 v 向量拉伸（压缩）λ 倍。例如，$3v$ 表示将 v 向量沿着原来的向量方向拉伸 3 倍，$-0.5v$ 表示沿着 v 向量的反方向将其压缩为原来的 1/2。

一般教科书中是这样描述向量数乘规则的：向量进行数乘运算时将标量与向量的每个元素分别相乘即可得到结果向量。

向量加法与数乘虽然简单，却是线性空间的基础，因为向量通过加法和数乘构成向量的线性组合。例如两个线性无关的向量 i、j 张成的空间 $ai + bj$（其中，a、b 都是常数），实际上就是向量 i、j 通过向量数乘和向量加法这两种基础运算得到的向量集合，或者说是两个向量 i 和 j 的线性组合（向量数乘和向量加法）所得到的向量集合。

2.1.2 理解向量乘法的本质

除了向量加法（减法是加法的逆运算）、向量数乘，另外一种重要的向量运算就是向量乘法。向量乘法分为向量内积和向量外积两种形式，下面将分别论述。

1. 如何理解向量内积

向量内积也称向量点积或者数量积，有两种定义方式：代数方式和几何方式。在欧几里得空间中引入笛卡儿坐标系，使向量之间的点积既可以通过向量坐标的代数运算来求解，也可以通过引入两个向量的长度和角度等几何概念来求解。

（1）向量内积的代数定义。

两个向量内积的运算规则是，参与向量内积的两个向量必须维度相等，向量内积运算时将两个向量对应位置上的元素分别相乘之后求和即可得到向量内积的结果。向量内积的结果是一个标量。例如，假设有两个维度相同的向量 $a = \begin{bmatrix} a_1 \\ a_2 \\ a_3 \\ \vdots \\ a_n \end{bmatrix}$ 和 $b = \begin{bmatrix} b_1 \\ b_2 \\ b_3 \\ \vdots \\ b_n \end{bmatrix}$，那么这两个向量内积为

$$a \cdot b = \begin{bmatrix} a_1 \\ a_2 \\ a_3 \\ \vdots \\ a_n \end{bmatrix} \cdot \begin{bmatrix} b_1 \\ b_2 \\ b_3 \\ \vdots \\ b_n \end{bmatrix} = a_1 b_1 + a_2 b_2 + a_3 b_3 + \cdots + a_n b_n \text{。}$$

（2）向量内积的几何定义。

向量内积的几何定义用来表征向量 a 在向量 b 方向上的投影长度乘以向量 b 的模长，即 $a \cdot b = |a|\,|b|\cos\theta$。如果向量 b 是单位向量（即模长为 1），那么向量 a 与向量 b 的内积结果就等于向量 a 在向量 b 方向上的投影长度。这就是向量内积的几何定义。

2. 如何理解向量外积

向量外积又叫向量积、叉积，也是线性代数中一种常见的向量运算。向量外积也可以从代数和几何两个角度来理解，两个向量外积的运算规则较为复杂，我们只考虑二维空间和三维空间中的情况。

（1）二维空间中向量外积。

从代数角度考虑，二维空间中向量 $\boldsymbol{a}$ 和向量 $\boldsymbol{b}$ 的外积运算法则为 $\boldsymbol{a} \times \boldsymbol{b} = \begin{bmatrix} a_1 \\ a_2 \end{bmatrix} \times \begin{bmatrix} b_1 \\ b_2 \end{bmatrix} = a_1 b_2 - a_2 b_1$。这种情况下，向量外积的结果是一个标量。

从几何角度考虑，二维空间中向量 $\boldsymbol{a}$ 和向量 $\boldsymbol{b}$ 外积的结果可以表达为 $\boldsymbol{a} \times \boldsymbol{b} = |\boldsymbol{a}| \, |\boldsymbol{b}| \sin\theta$。它表示向量 $\boldsymbol{a}$ 和向量 $\boldsymbol{b}$ 张成的平行四边形的"面积"。如果向量 $\boldsymbol{a}$ 和向量 $\boldsymbol{b}$ 的夹角大于 180 度，那么向量外积的结果为负数。例如，通过代码来求解向量 $\boldsymbol{a}$ 和向量 $\boldsymbol{b}$ 外积，可以发现外积与向量夹角度数有关。二维空间中向量外积的计算结果如图 2-5 所示。

```
import numpy as np
a=np.array([1,2])
b=np.array([3,4])
print(np.cross(a,b))
print("*"*100)
print np.cross(b,a)

-2
****************************************************
2
```

图 2-5　二维空间中向量外积计算结果

（2）三维空间中向量外积。

从代数角度考虑，三维空间中向量 $\boldsymbol{a}$ 和向量 $\boldsymbol{b}$ 的外积运算法则为 $\boldsymbol{a} \times \boldsymbol{b} = \begin{bmatrix} a_1 \\ a_2 \\ a_3 \end{bmatrix} \times \begin{bmatrix} b_1 \\ b_2 \\ b_3 \end{bmatrix} = \begin{bmatrix} a_2 b_3 - a_3 b_2 \\ a_3 b_1 - a_1 b_3 \\ a_1 b_2 - a_2 b_1 \end{bmatrix}$。这种情况下，向量外积的结果是一个向量。

从几何角度考虑，三维空间中向量 $\boldsymbol{a}$ 和向量 $\boldsymbol{b}$ 外积的结果是向量 $\boldsymbol{a}$ 和向量 $\boldsymbol{b}$ 张成平面的法向量。三维空间中，向量外积的结果是一个向量，而不是一个标量，并且两个向量的外积与这两个向量组成的坐标平面垂直。例如，通过代码来求解三维空间中向量 $\boldsymbol{a}$ 和向量 $\boldsymbol{b}$ 外积，可以发现向量外积顺序不同会导致法向量方向不同。三维空间中向量外积的计算结果如图 2-6 所示。

```
import numpy as np
a=np.array([1,2,3])
b=np.array([4,5,6])
print(np.cross(a,b))
print("*"*100)
print np.cross(b,a)

[-3  6 -3]
****************************************
[ 3 -6  3]
```

图 2-6　三维空间中向量外积计算结果

2.1.3 理解基向量与线性无关

1. 如何理解基向量

二维空间上一个向量 $\boldsymbol{a} = \begin{bmatrix} 1 \\ 2 \end{bmatrix}$ 通常被理解为，一条在 x 轴上投影为 1、y 轴上投影为 2 的有

向线段。这种理解方式其实隐含着一个假设，即向量 $\boldsymbol{a} = \begin{bmatrix} 1 \\ 2 \end{bmatrix}$ 是以 x 轴和 y 轴为正方向且以长度

为 1 的向量 $\begin{bmatrix} 1 \\ 0 \end{bmatrix}$ 和向量 $\begin{bmatrix} 0 \\ 1 \end{bmatrix}$ 为基准的一种表达方式，如图 2-7 所示。

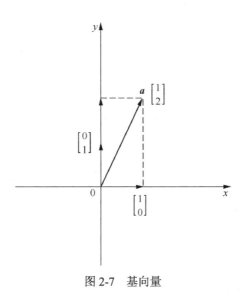

图 2-7　基向量

一般来说，平面直角坐标系中以向量 $\begin{bmatrix} 1 \\ 0 \end{bmatrix}$ 和向量 $\begin{bmatrix} 0 \\ 1 \end{bmatrix}$ 作为基向量，该坐标系内的任一向量

$\begin{bmatrix} x \\ y \end{bmatrix}$ 都可以由基向量 $\begin{bmatrix} 1 \\ 0 \end{bmatrix}$ 和基向量 $\begin{bmatrix} 0 \\ 1 \end{bmatrix}$ 的线性组合 $x \begin{bmatrix} 1 \\ 0 \end{bmatrix} + y \begin{bmatrix} 0 \\ 1 \end{bmatrix}$ 得到。

也就是说，某个向量的坐标表示与空间中基向量的选取密切相关，不同基向量下的坐

标表示是不同的。例如向量 $\boldsymbol{a} = \begin{bmatrix} 1 \\ 2 \end{bmatrix}$ 在以向量 $\begin{bmatrix} 1 \\ 0 \end{bmatrix}$ 和向量 $\begin{bmatrix} 0 \\ 1 \end{bmatrix}$ 作为基向量的情况下可以表示为

$1 \begin{bmatrix} 1 \\ 0 \end{bmatrix} + 2 \begin{bmatrix} 0 \\ 1 \end{bmatrix}$，在以向量 $\begin{bmatrix} 1 \\ 0 \end{bmatrix}$ 和向量 $\begin{bmatrix} 0 \\ -1 \end{bmatrix}$ 作为基向量的情况下可以表示为 $1 \begin{bmatrix} 1 \\ 0 \end{bmatrix} - 2 \begin{bmatrix} 0 \\ -1 \end{bmatrix}$。

2. 如何理解线性无关

在二维空间中，是否任意两个向量都可以作为基向量来表示空间中的任何向量呢？答案是否定的。例如二维空间中向量 $\begin{bmatrix} 1 \\ 1 \end{bmatrix}$ 和向量 $\begin{bmatrix} -1 \\ -1 \end{bmatrix}$ 是共线向量，向量 $\boldsymbol{a} = \begin{bmatrix} 1 \\ 2 \end{bmatrix}$ 无法写成向量 $\begin{bmatrix} 1 \\ 1 \end{bmatrix}$ 和向量 $\begin{bmatrix} -1 \\ -1 \end{bmatrix}$ 的某个线性组合形式，因此向量 $\begin{bmatrix} 1 \\ 1 \end{bmatrix}$ 和向量 $\begin{bmatrix} -1 \\ -1 \end{bmatrix}$ 无法作为一组基向量。

实际上 n 维空间中的基向量必须满足 n 维空间具有 n 个基向量，且这些基向量之间必须线性无关。

那么什么是线性无关？例如向量 $V_1, V_2, V_3, \cdots, V_m$，"线性无关"实际上是指其中任何一个向量 V_i 不能由其他向量的线性组合得到，等效表示为 $K_1 V_1 + K_2 V_2 + \cdots + K_m V_m = 0$ 当且仅当 $K_1 = K_2 = \cdots = K_m = 0$ 时成立。通俗的解释就是，由一组向量的线性组合得到零向量只能通过所有系数为 0 这种方式实现，那么这组向量就是线性无关的，反之则是线性相关的。

一组向量线性相关就是指这些向量中至少有一个向量对于张成最高维度的向量空间是"没有贡献"的（因为它可以由别的向量的线性组合得到）。反过来讲，如果所有的向量都无法通过其他向量线性组合的方式得到，每个向量都给张成的新空间做出了"贡献"，也就是"一个都不能少"，那么就说这些向量是线性无关的。

2.2 直观理解矩阵

2.2.1 理解矩阵运算规则

矩阵是整个线性代数的核心和关键，它能够实现向量在空间中的映射变换。我们不仅需要熟练掌握各种矩阵运算规则，更需要从本质上来理解矩阵的作用和意义。

1. 如何理解矩阵

一般教材中给出的矩阵定义为，由 $m \times n$ 个数 a_{ij} 排成的 m 行 n 列的数表称为 m 行 n 列的矩阵，简称 $m \times n$ 矩阵，记作：

$$A = \begin{bmatrix} a_{11} & a_{12} & a_{13} & \cdots & a_{1n} \\ a_{21} & a_{22} & a_{23} & \cdots & a_{2n} \\ a_{31} & a_{32} & a_{33} & \cdots & a_{3n} \\ \vdots & \vdots & \vdots & & \vdots \\ a_{m1} & a_{m2} & a_{m3} & \cdots & a_{mn} \end{bmatrix}$$

前文讲述的向量就是一种最简单的矩阵。例如 n 维行向量可以看作一个 $1 \times n$ 的特殊矩阵，而 n 维列向量可以看作一个 $n \times 1$ 的特殊矩阵。矩阵类型中还有一些特殊矩阵较为重要。

（1）方阵。方阵是行数和列数相等的矩阵，方阵的行数或列数称为阶数。方阵形态上既不"矮胖"也不"瘦高"，而呈现出正方形的形态，因此称为"方阵"。例如矩阵 $A = \begin{bmatrix} 1 & 2 & 3 \\ 4 & 5 & 6 \\ 7 & 8 & 9 \end{bmatrix}$ 就是一个三阶方阵。

（2）对角矩阵。对角矩阵是非主对角线元素全部为 0 的方阵。例如矩阵 $A = \begin{bmatrix} 1 & 0 & 0 \\ 0 & 5 & 0 \\ 0 & 0 & 9 \end{bmatrix}$ 就是一个主对角线元素分别为 1、5 和 9 的对角矩阵。对角矩阵必然是方阵。

（3）单位矩阵。单位矩阵是主对角线元素为 1 的对角矩阵。例如矩阵 $A = \begin{bmatrix} 1 & 0 & 0 \\ 0 & 1 & 0 \\ 0 & 0 & 1 \end{bmatrix}$ 就是一个单位矩阵。单位矩阵必然是对角矩阵，也必然是方阵。

（4）对称矩阵。对称矩阵是原始矩阵和它的转置矩阵相等的矩阵。一个矩阵的转置矩阵就是将该矩阵行和列上的元素进行位置互换之后的矩阵。例如矩阵 $A = \begin{bmatrix} 1 & 2 \\ 3 & 4 \\ 5 & 6 \end{bmatrix}$ 的转置矩阵为 $A^{\mathrm{T}} = \begin{bmatrix} 1 & 3 & 5 \\ 2 & 4 & 6 \end{bmatrix}$。如果一个矩阵和它的转置矩阵相等，那么这个矩阵就是对称矩阵。例如矩阵 $A = \begin{bmatrix} 1 & 2 & 3 \\ 2 & 4 & 5 \\ 3 & 5 & 6 \end{bmatrix}$ 的转置矩阵为 $A^{\mathrm{T}} = \begin{bmatrix} 1 & 2 & 3 \\ 2 & 4 & 5 \\ 3 & 5 & 6 \end{bmatrix}$，原始矩阵和它的转置矩阵相等，所以矩阵 $A = \begin{bmatrix} 1 & 2 & 3 \\ 2 & 4 & 5 \\ 3 & 5 & 6 \end{bmatrix}$ 是一个对称矩阵。对称矩阵必然是方阵。

2. 理解矩阵加法与数乘

矩阵加法只适用于规模相等的矩阵之间，也就是说只有矩阵之间的行数和列数分别相等才能够进行加法运算。两个 $m \times n$ 矩阵 A 和 B 的和可以标记为 $A+B$，两个矩阵相加的结果也是一个 $m \times n$ 矩阵，且结果矩阵的各元素为其矩阵 A 和 B 对应元素相加后的值，例如

$$\begin{bmatrix} 1 & 2 \\ 3 & 4 \\ 5 & 6 \end{bmatrix} + \begin{bmatrix} 2 & 3 \\ 4 & 1 \\ 5 & 2 \end{bmatrix} = \begin{bmatrix} 1+2 & 2+3 \\ 3+4 & 4+1 \\ 5+5 & 6+2 \end{bmatrix} = \begin{bmatrix} 3 & 5 \\ 7 & 5 \\ 10 & 8 \end{bmatrix}。$$

矩阵数乘是一类特殊的矩阵加法，它的结果就是将参与运算的标量数字分别与矩阵的各元素相乘，得到的结果作为新矩阵的各元素，例如 $2\begin{bmatrix} 1 & 4 & 3 \\ 4 & -2 & 2 \end{bmatrix} = \begin{bmatrix} 2\times1 & 2\times4 & 2\times3 \\ 2\times4 & 2\times(-2) & 2\times2 \end{bmatrix} = \begin{bmatrix} 2 & 8 & 6 \\ 8 & -4 & 4 \end{bmatrix}$。很明显，矩阵数乘得到的结果矩阵的行数和列数跟原始矩阵保持一致。

3. 理解矩阵乘法

矩阵乘法也只适用于具备某些条件的矩阵之间，两个矩阵相乘仅当第一个矩阵 A 的列数和另一个矩阵 B 的行数相等时才能定义。例如 A 是 $m \times n$ 矩阵和 B 是 $n \times p$ 矩阵，它们的乘积 C 是一个 $m \times p$ 矩阵，并将此乘积记为 $C = AB$。两个矩阵相乘的示例如下。

$$\begin{bmatrix} 1 & 0 & 2 \\ -1 & 3 & 1 \end{bmatrix} \times \begin{bmatrix} 3 & 1 \\ 2 & 1 \\ 1 & 0 \end{bmatrix} = \begin{bmatrix} (1\times3+0\times2+2\times1) & (1\times1+0\times1+2\times0) \\ (-1\times3+3\times2+1\times1) & (-1\times1+3\times1+1\times0) \end{bmatrix} = \begin{bmatrix} 5 & 1 \\ 4 & 2 \end{bmatrix}$$

观察上述例子可以发现如下规律。

（1）左边矩阵的列数必须和右边矩阵的行数相等才可以运算。

（2）左边矩阵的行数和右边矩阵的列数决定了结果矩阵的行列数值。

（3）结果矩阵中每个元素的数值等于左边矩阵对应行元素与右边矩阵对应列元素分别相乘再求和的结果。

2.2.2　理解矩阵向量乘法的本质

矩阵乘以向量常写作 Ax 形式，其中左边是矩阵 A，右边是列向量 x。矩阵向量乘法可以看作矩阵乘以矩阵的一种特例，特殊之处在于列向量可以看作列数为 1 的特殊矩阵。例如矩阵 $A = \begin{bmatrix} 1 & 2 \\ 3 & 4 \\ 5 & 6 \end{bmatrix}$ 与向量 $x = \begin{bmatrix} 1 \\ 1 \end{bmatrix}$ 相乘的结果为 $Ax = \begin{bmatrix} 1 & 2 \\ 3 & 4 \\ 5 & 6 \end{bmatrix} \times \begin{bmatrix} 1 \\ 1 \end{bmatrix} = \begin{bmatrix} 3 \\ 7 \\ 11 \end{bmatrix}$。二维空间中的一个坐标点 (1,1) 经过矩阵 A 作用后映射成了三维空间中的另一个坐标点 (3,7,11)。这个例子说明，原始空间中的列向量 x 不仅发生了位置变化，连列向量 x 所在的空间也发生了改变。

从运动的视角来看，矩阵向量乘法可以理解为对线性空间中运动（线性变换）的一种描述。对于任意线性空间，只要选定一组线性无关的基向量就可以使用矩阵的形式来描述空间中的任意一个线性变换。

1. 什么是线性变换

变换本质上就是函数，函数的特点是接收输入内容并输出对应的结果，线性变换本质上也是一种函数。线性变换这种函数的特别之处在于：接收的是向量，输出的也是向量。输入一部分向量如 $\begin{bmatrix} 1 \\ 1 \end{bmatrix}$，输出另外一部分向量如 $\begin{bmatrix} 2 \\ 2 \end{bmatrix}$。

之所以使用"线性变换"而不是"函数"来称呼这种关系，主要是为了强调这种函数关系的特点是"输入向量通过某种线性变换成为输出向量"。那什么样的变换是线性变换呢？

假设线性空间 V 中有一种变换 L，使得对于线性空间 V 中任意两个元素 x 和 y，以及任意实数 a 和 b，总是有 $L(ax+by)=aL(x)+bL(y)$，就称 L 为线性变换。直观来讲，就是把空间想象成沿着各个坐标轴刻度画出网格线的空间，如果变换前后原点固定且网格线保持平行和等距分布，那么这种变换就是线性变换。例如矩阵 $\begin{bmatrix} 0 & -1 \\ 1 & 0 \end{bmatrix}$ 所描述的变换表示在空间中围绕原点逆时针旋转 90 度的变换，变换前后原点固定且网格线仍然保持平行和等距分布，因此这就是一种线性变换，如图 2-8 所示。

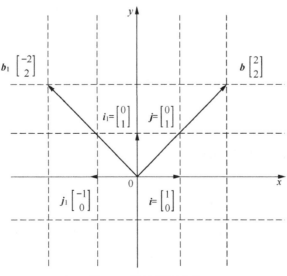

图 2-8   线性变换示意

观察图 2-8，向量 **b** 的原始基向量为 **i** 和 **j**，向量 **b**=2**i**+2**j** 经过矩阵 $\begin{bmatrix} 0 & -1 \\ 1 & 0 \end{bmatrix}$ 的线性变换后，映射为新的向量 **b**$_1$，且基向量变为 **i**$_1$ 和 **j**$_1$，有 **b**$_1$=2**i**$_1$+2**j**$_1$。

2. 矩阵向量乘法描述了线性变换

矩阵向量乘法描述的是线性空间中的一种线性变换，原始向量在矩阵所对应的线性变换作用下空间位置甚至空间维度和形态都发生了改变，这就是矩阵的空间映射作用。从数值表示来看，矩阵 **A** 与列向量 **x** 的乘积 **Ax** 就等于将原始列向量 **x** 的默认基向量分别对应地变换为矩阵 **A** 的各列，由矩阵 **A** 的各列作为目标向量的新基向量。

一个直观的方法就是关注并跟踪线性空间基向量的去向。例如二维空间里面的任何一个向量 $\begin{bmatrix} x \\ y \end{bmatrix}$ 都可以看作 $x\begin{bmatrix} 1 \\ 0 \end{bmatrix}+y\begin{bmatrix} 0 \\ 1 \end{bmatrix}$，根据线性变换的定义，我们可以得到线性变换之后的新向量 $L\left(\begin{bmatrix} x \\ y \end{bmatrix}\right)=xL\left(\begin{bmatrix} 1 \\ 0 \end{bmatrix}\right)+yL\left(\begin{bmatrix} 0 \\ 1 \end{bmatrix}\right)$。所以矩阵的数值描述了该线性变换导致原始线性空间中基向量变换后的形态。假如某个线性变换使得原始基向量 $\begin{bmatrix} 1 \\ 0 \end{bmatrix}$ 和 $\begin{bmatrix} 0 \\ 1 \end{bmatrix}$ 变换为新的基向量 $\begin{bmatrix} a \\ c \end{bmatrix}$ 和 $\begin{bmatrix} b \\ d \end{bmatrix}$，那么原来的任一向量 $\begin{bmatrix} x \\ y \end{bmatrix}$ 就会变换为目标向量 $x\begin{bmatrix} a \\ c \end{bmatrix}+y\begin{bmatrix} b \\ d \end{bmatrix}$。如果将变换后基向量 $\begin{bmatrix} a \\ c \end{bmatrix}$ 和 $\begin{bmatrix} b \\ d \end{bmatrix}$ 的坐标放在一个 2×2 的格子里，得到一个 2×2 的矩阵 $\begin{bmatrix} a & b \\ c & d \end{bmatrix}$，这个矩阵就描述了这个线性变换，其中矩阵的每一列就表示线性变换之后的基向量的去向。

实际上从上面的过程我们很容易理解矩阵向量乘法的规则，如 $\begin{bmatrix} a & b \\ c & d \end{bmatrix}\begin{bmatrix} x \\ y \end{bmatrix}=x\begin{bmatrix} a \\ c \end{bmatrix}+y\begin{bmatrix} b \\ d \end{bmatrix}=\begin{bmatrix} ax+by \\ cx+dy \end{bmatrix}$ 就显得很自然和符合道理了。

3. 矩阵向量乘法实现空间映射

矩阵描述的是空间中的一种线性变换，矩阵向量乘法就是将这种线性变换施加于空间中的某个向量，这会使得向量位置甚至其所在空间的维度和形态都发生改变。

一般来说，矩阵 **A** 具有 *m* 行和 *n* 列，向量 **x** 是一个 *n* 维列向量，那么矩阵 **A** 与向量 **x** 的乘法 **Ax** 的结果就是，将原始基向量变换为矩阵 **A** 的各列，用矩阵 **A** 的各列作为新的基向量，向量 **x** 的各元素分别作为对应的系数，最终可以得到 **Ax** 的结果，如下所示。

$$\begin{bmatrix} a_{11} & a_{12} & a_{13} & \cdots & a_{1n} \\ a_{21} & a_{22} & a_{23} & \cdots & a_{2n} \\ a_{31} & a_{32} & a_{33} & \cdots & a_{3n} \\ \vdots & \vdots & \vdots & & \vdots \\ a_{m1} & a_{m2} & a_{m3} & \cdots & a_{mn} \end{bmatrix} \begin{bmatrix} x_1 \\ x_2 \\ x_3 \\ \vdots \\ x_n \end{bmatrix} = x_1 \begin{bmatrix} a_{11} \\ a_{21} \\ a_{31} \\ \vdots \\ a_{m1} \end{bmatrix} + x_2 \begin{bmatrix} a_{12} \\ a_{22} \\ a_{32} \\ \vdots \\ a_{m2} \end{bmatrix} + \cdots + x_n \begin{bmatrix} a_{1n} \\ a_{2n} \\ a_{3n} \\ \vdots \\ a_{mn} \end{bmatrix}$$

一个原始空间经过矩阵 A 的线性变换作用后得到的对应空间就是矩阵 A 各列线性组合的集合，这个集合被称为矩阵 A 的列空间 $C(A)$。例如一个 2×3 矩阵 $A = \begin{bmatrix} 1 & 1 \\ 0 & 4 \\ 0 & 5 \end{bmatrix}$ 的列空间，就是矩阵 A 线性变换作用后的对应空间，也就是以矩阵 A 列的线性组合所构成的空间。很显然，矩阵 A 的列空间 $C(A)$ 就是列向量 $\begin{bmatrix} 1 \\ 0 \\ 0 \end{bmatrix}$ 和 $\begin{bmatrix} 1 \\ 4 \\ 5 \end{bmatrix}$ 所能张成的空间。列空间 $C(A)$ 的维度为 2，也称为列空间 $C(A)$ 的秩为 2。

上述矩阵 A 与列向量 x 相乘，有以下性质。

（1）经过 Ax 乘法作用，x 的 n 个 n 维基向量转换成了 n 个 m 维基向量。

（2）$m < n$，也就是矩阵 A 的行数小于列数时，矩阵 A 呈现为"矮胖"形态，此时经过矩阵 A 线性变换后的 n 个 m 维基向量能够张成的空间的最大维度就是 m。这样一来，位于 n 维空间中的列向量 x 经过矩阵 A 的乘法作用后就转换到了一个更低维度（小于或等于 m 维）的新空间中了。也就是说，"矮胖"的矩阵 A 具有压缩原始空间的作用。

例如一个 2×3 的矩阵 $A = \begin{bmatrix} a_{11} & a_{12} & a_{13} \\ a_{21} & a_{22} & a_{23} \end{bmatrix}$ 与三维空间 R^3 中的列向量 $x = \begin{bmatrix} x_1 \\ x_2 \\ x_3 \end{bmatrix}$ 相乘，原始空间 R^3 的基向量为 $\begin{bmatrix} 1 \\ 0 \\ 0 \end{bmatrix}$、$\begin{bmatrix} 0 \\ 1 \\ 0 \end{bmatrix}$ 和 $\begin{bmatrix} 0 \\ 0 \\ 1 \end{bmatrix}$，经过矩阵 A 的线性变换后变成了新的基向量 $\begin{bmatrix} a_{11} \\ a_{21} \end{bmatrix}$、$\begin{bmatrix} a_{12} \\ a_{22} \end{bmatrix}$ 和 $\begin{bmatrix} a_{13} \\ a_{23} \end{bmatrix}$。新的基向量是二维空间 R^2 中的向量，能够张成的最大空间维度就是二维，这样空间维度就从三维空间 R^3 压缩到了二维空间 R^2。这也就说明了"矮胖"的矩阵具有压缩原始空间的作用。

（3）$m > n$，也就是矩阵 A 的行数大于列数时，矩阵 A 呈现为"瘦高"形态，此时经过矩阵 A 线性变换后的 n 个 m 维基向量能够张成的空间的最大维度就是 n（注意不是 m）。这样一来，位于 n 维空间中的列向量 x 经过矩阵 A 的乘法作用后就转换到了一个 n 维或者低于 n 维的新空间中。也就是说，"瘦高"的矩阵 A 也可能具有压缩原始空间的作用。

例如一个 3×2 的矩阵 $A=\begin{bmatrix} a_{11} & a_{12} \\ a_{21} & a_{22} \\ a_{31} & a_{32} \end{bmatrix}$ 与二维空间 R^2 中的列向量 $x=\begin{bmatrix} x_1 \\ x_2 \end{bmatrix}$ 相乘，原始空间的 R^2 的

基向量为 $\begin{bmatrix} 1 \\ 0 \end{bmatrix}$ 和 $\begin{bmatrix} 0 \\ 1 \end{bmatrix}$，经过矩阵 A 的线性变换后变成了新的基向量 $\begin{bmatrix} a_{11} \\ a_{21} \\ a_{31} \end{bmatrix}$ 和 $\begin{bmatrix} a_{12} \\ a_{22} \\ a_{32} \end{bmatrix}$。新的基向量虽然是

三维空间 R^3 中的向量，但由于只有两个基向量，因此能够张成的最大空间维度是二维。当两个向量 $\begin{bmatrix} a_{11} \\ a_{21} \\ a_{31} \end{bmatrix}$ 和 $\begin{bmatrix} a_{12} \\ a_{22} \\ a_{32} \end{bmatrix}$ 线性无关时，它们能够张成一个二维空间，此时矩阵 A 没有压缩原始空间。当两个向

量 $\begin{bmatrix} a_{11} \\ a_{21} \\ a_{31} \end{bmatrix}$ 和 $\begin{bmatrix} a_{12} \\ a_{22} \\ a_{32} \end{bmatrix}$ 线性相关时，它们张成的空间是一条经过原点的直线，此时矩阵 A 压缩了原始空间。

（4）$m=n$，也就是矩阵 A 的行数等于列数时，矩阵 A 为方阵，呈现为"正方形"形态，此时经过矩阵 A 线性变换后的 n 个 m 维基向量能够张成的空间的最大维度就是 m（也等于 n）。这样一来，位于 n 维空间中的列向量 x 经过矩阵 A 的乘法作用后就转换到了一个 n 维或者低于 n 维的新空间中。也就是说，方阵 A 也可能具有压缩原始空间的作用。

例如一个 3×3 的矩阵 $A=\begin{bmatrix} a_{11} & a_{12} & a_{13} \\ a_{21} & a_{22} & a_{23} \\ a_{31} & a_{32} & a_{33} \end{bmatrix}$ 与三维空间 R^3 中的列向量 $x=\begin{bmatrix} x_1 \\ x_2 \\ x_3 \end{bmatrix}$ 相乘，原始空间

R^3 的基向量为 $\begin{bmatrix} 1 \\ 0 \\ 0 \end{bmatrix}$、$\begin{bmatrix} 0 \\ 1 \\ 0 \end{bmatrix}$ 和 $\begin{bmatrix} 0 \\ 0 \\ 1 \end{bmatrix}$，经过矩阵 A 的线性变换后变成了新的基向量 $\begin{bmatrix} a_{11} \\ a_{21} \\ a_{31} \end{bmatrix}$、$\begin{bmatrix} a_{12} \\ a_{22} \\ a_{32} \end{bmatrix}$ 和

$\begin{bmatrix} a_{13} \\ a_{23} \\ a_{33} \end{bmatrix}$。当 3 个向量 $\begin{bmatrix} a_{11} \\ a_{21} \\ a_{31} \end{bmatrix}$、$\begin{bmatrix} a_{12} \\ a_{22} \\ a_{32} \end{bmatrix}$ 和 $\begin{bmatrix} a_{13} \\ a_{23} \\ a_{33} \end{bmatrix}$ 线性无关时，它们能够张成一个三维空间，此时矩阵 A

没有压缩原始空间。当 3 个向量 $\begin{bmatrix} a_{11} \\ a_{21} \\ a_{31} \end{bmatrix}$、$\begin{bmatrix} a_{12} \\ a_{22} \\ a_{32} \end{bmatrix}$ 和 $\begin{bmatrix} a_{13} \\ a_{23} \\ a_{33} \end{bmatrix}$ 共面但不共线时，它们张成的空间是一个

二维空间，此时矩阵 A 压缩了原始空间。当 3 个向量 $\begin{bmatrix} a_{11} \\ a_{21} \\ a_{31} \end{bmatrix}$、$\begin{bmatrix} a_{12} \\ a_{22} \\ a_{32} \end{bmatrix}$ 和 $\begin{bmatrix} a_{13} \\ a_{23} \\ a_{33} \end{bmatrix}$ 共线时，它们张成的

空间是一条经过原点的直线，此时矩阵 A 也压缩了原始空间。

总结上述各种情况容易发现，矩阵 A 中各列的线性相关情况是决定矩阵 A 是否具有空间压缩作用的关键因素。矩阵 A 各列张成的空间的维度称为该矩阵 A 的秩，它等于矩阵 A 线性无关列的个数。

2.2.3 深刻理解矩阵乘法的本质

回顾前文讲述的矩阵乘法规则的内容，相信大部分读者在学习矩阵乘法规则过程中都会有个疑问：矩阵之间的乘法规则看起来如此复杂，矩阵乘法规则为什么要这么定义呢？要解答这个问题，需要我们深刻理解矩阵乘法的本质，下面将以二维空间为例进行讲解。

在二维空间中，根据矩阵乘法规则，矩阵 $A = \begin{bmatrix} a & b \\ c & d \end{bmatrix}$ 与矩阵 $B = \begin{bmatrix} e & f \\ g & h \end{bmatrix}$ 相乘是将左边矩阵的行元素与右边矩阵的列元素分别相乘，然后相加，即 $AB = \begin{bmatrix} ae+bg & af+bh \\ ce+dg & cf+dh \end{bmatrix}$。

对矩阵乘法本质的理解：矩阵本质上是空间中的某种线性变换，所以矩阵与矩阵相乘可以看作线性变换的复合作用，最后可以用一个新矩阵来表示这种复合线性变换的结果。

（1）二维空间里的任一向量 $\begin{bmatrix} x \\ y \end{bmatrix}$，首先经过矩阵 $\begin{bmatrix} e & f \\ g & h \end{bmatrix}$ 线性变换，然后再经过矩阵 $\begin{bmatrix} a & b \\ c & d \end{bmatrix}$ 线性变换后的结果可以表示为 $\begin{bmatrix} a & b \\ c & d \end{bmatrix}\begin{bmatrix} e & f \\ g & h \end{bmatrix}\begin{bmatrix} x \\ y \end{bmatrix}$。

（2）矩阵 $\begin{bmatrix} e & f \\ g & h \end{bmatrix}$ 与列向量 $\begin{bmatrix} x \\ y \end{bmatrix}$ 相乘的本质就是变换原始向量的基向量，将原始基向量分别对应地变换为矩阵 $\begin{bmatrix} e & f \\ g & h \end{bmatrix}$ 的各列，由矩阵 $\begin{bmatrix} e & f \\ g & h \end{bmatrix}$ 的各列充当目标向量的新基向量，结合原始向量的坐标最终得到新的目标向量。例如，二维空间里的向量 $\begin{bmatrix} x \\ y \end{bmatrix}$ 的基向量为 $\begin{bmatrix} 1 \\ 0 \end{bmatrix}$ 和 $\begin{bmatrix} 0 \\ 1 \end{bmatrix}$，经过矩阵 $\begin{bmatrix} e & f \\ g & h \end{bmatrix}$ 线性变换之后得到新的基向量为 $\begin{bmatrix} e \\ g \end{bmatrix}$ 和 $\begin{bmatrix} f \\ h \end{bmatrix}$，因此 $\begin{bmatrix} e & f \\ g & h \end{bmatrix}\begin{bmatrix} x \\ y \end{bmatrix}$ 可以直接写为 $x\begin{bmatrix} e \\ g \end{bmatrix} + y\begin{bmatrix} f \\ h \end{bmatrix}$。

（3）新的基向量 $\begin{bmatrix} e \\ g \end{bmatrix}$ 和 $\begin{bmatrix} f \\ h \end{bmatrix}$ 经过矩阵 $\begin{bmatrix} a & b \\ c & d \end{bmatrix}$ 所描述的线性变换作用后得到最后的基向量为 $\begin{bmatrix} a & b \\ c & d \end{bmatrix}\begin{bmatrix} e \\ g \end{bmatrix}$ 和 $\begin{bmatrix} a & b \\ c & d \end{bmatrix}\begin{bmatrix} f \\ h \end{bmatrix}$，也就是 $\begin{bmatrix} ae+bg \\ ce+dg \end{bmatrix}$ 和 $\begin{bmatrix} af+bh \\ cf+dh \end{bmatrix}$，因此最终目标向量可以写为

$$x\begin{bmatrix} ae+bg \\ ce+dg \end{bmatrix} + y\begin{bmatrix} af+bh \\ cf+dh \end{bmatrix}。$$

（4）将这两个最终的基向量 $\begin{bmatrix} ae+bg \\ ce+dg \end{bmatrix}$ 和 $\begin{bmatrix} af+bh \\ cf+dh \end{bmatrix}$ 作为矩阵的列构成一个矩阵 $\begin{bmatrix} ae+bg & af+bh \\ ce+dg & cf+dh \end{bmatrix}$，这实际上就代表矩阵相乘 $\begin{bmatrix} a & b \\ c & d \end{bmatrix}\begin{bmatrix} e & f \\ g & h \end{bmatrix}$ 的综合作用。

总的来说，矩阵乘法可以看作矩阵所代表的线性变换复合作用的结果。

2.3   理解线性方程组求解的本质

求解线性方程组是一类经常碰到的问题，很多实际问题都可以用线性方程组来进行求解。一个典型的线性方程组如下所示。

$$\begin{cases} a_{11}x_1 + a_{12}x_2 + a_{13}x_3 + \cdots + a_{1n}x_n = b_1 \\ a_{21}x_1 + a_{22}x_2 + a_{23}x_3 + \cdots + a_{2n}x_n = b_2 \\ a_{31}x_1 + a_{32}x_2 + a_{33}x_3 + \cdots + a_{3n}x_n = b_3 \\ \vdots \\ a_{m1}x_1 + a_{m2}x_2 + a_{m3}x_3 + \cdots + a_{mn}x_n = b_m \end{cases}$$

上面的式子包含 m 个方程、n 个未知数，很容易将其转化为矩阵向量乘法的形式，如下所示。

$$\begin{bmatrix} a_{11} & a_{12} & a_{13} & \cdots & a_{1n} \\ a_{21} & a_{22} & a_{23} & \cdots & a_{2n} \\ a_{31} & a_{32} & a_{33} & \cdots & a_{3n} \\ \vdots & \vdots & \vdots & & \vdots \\ a_{m1} & a_{m2} & a_{m3} & \cdots & a_{mn} \end{bmatrix}\begin{bmatrix} x_1 \\ x_2 \\ x_3 \\ \vdots \\ x_n \end{bmatrix} = \begin{bmatrix} b_1 \\ b_2 \\ b_3 \\ \vdots \\ b_m \end{bmatrix}$$

只需令 $A = \begin{bmatrix} a_{11} & a_{12} & a_{13} & \cdots & a_{1n} \\ a_{21} & a_{22} & a_{23} & \cdots & a_{2n} \\ a_{31} & a_{32} & a_{33} & \cdots & a_{3n} \\ \vdots & \vdots & \vdots & & \vdots \\ a_{m1} & a_{m2} & a_{m3} & \cdots & a_{mn} \end{bmatrix}, x = \begin{bmatrix} x_1 \\ x_2 \\ x_3 \\ \vdots \\ x_n \end{bmatrix}, b = \begin{bmatrix} b_1 \\ b_2 \\ b_3 \\ \vdots \\ b_m \end{bmatrix}$，线性方程组就转化为我们熟悉的矩阵向量乘法形式 $Ax=b$。

那么线性方程组 $Ax=b$ 的解是否存在？如果存在，解的形态是什么样的呢？

2.3.1 直观理解方程组的解

从空间视角来分析可以帮助我们深刻理解线性方程组 $Ax=b$ 的解的存在性问题。在从空间视角来理解线性方程组的解的情况时，需要特别注意几个空间的含义。

（1）原始空间。对于矩阵向量乘法 $Ax=b$，此处原始空间指代的是原始列向量 x 所在的空间。由于原始列向量 x 是一个 n 维列向量，因此原始空间的维度为 n。

（2）列空间。矩阵 A 是 m 行 n 列的矩阵，包含 n 个 m 维的列向量。这 n 个 m 维列向量的线性组合构成的空间就是矩阵 A 的列空间 $C(A)$，这 n 个 m 维列向量中线性无关列向量的个数 r 就是列空间 $C(A)$ 的维度，也称为列矩阵 A 的秩。不难知道，r 与 m、n 之间存在这样的关系：$r \leqslant m$ 且 $r \leqslant n$。

（3）待解空间。向量 b 是一个 m 维的列向量。求解原始未知向量 x 的时候需要比较向量 b 所在空间与矩阵 A 的列空间 $C(A)$ 之间的关系，因此可以暂时称向量 b 所在空间为待解空间。待解空间的维度就是列向量 b 的维度 m。

任意线性方程组都可以写成矩阵向量乘法形式，如 $Ax=b$，只有当向量 b 可以写成矩阵 A 各列的线性组合形式时，这个方程组才有解。换句话说，对于线性方程组 $Ax=b$，当且仅当向量 b 在矩阵 A 的列空间中时方程组才有解，如图 2-9 所示。

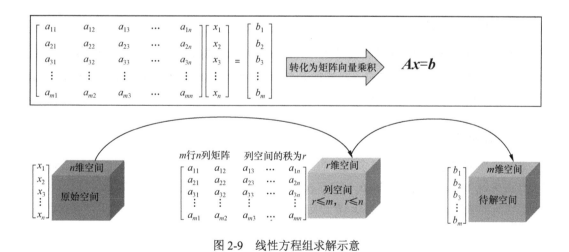

图 2-9 线性方程组求解示意

1. 一定存在解的情况

线性方程组一定存在解的含义是指，向量 b 取任意值都能够至少找到一个未知向量 x 使得 $Ax=b$ 成立。我们知道对于线性方程组 $Ax=b$，当且仅当向量 b 在矩阵 A 的列空间 $C(A)$ 中时方程组才有解。向量 b 取任意值 $Ax=b$ 都成立，也就是说 m 维待解空间中的任意向量都在

r 维的列空间 $C(A)$ 中，结合 $r \leqslant m$ 的前提条件就知道：只有 $r=m$ 时，线性方程组才一定有解，如图 2-10 所示。

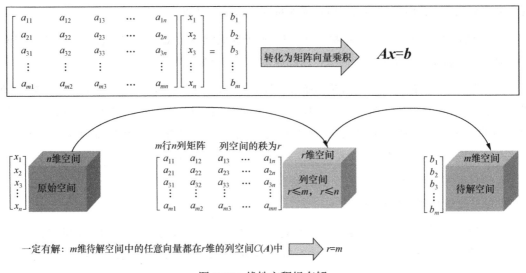

一定有解：m 维待解空间中的任意向量都在 r 维的列空间 $C(A)$ 中　　　$r=m$

图 2-10　线性方程组有解

2. 一定不存在解的情况

线性方程组一定不存在解的含义是指，假设向量 b 可以取任意值，这种情况下无法找到未知向量 x 使得 $Ax=b$ 成立。很明显，这种情况不成立。一个简单的例子是假设向量 b 为零向量，那么必然可以找到零向量的 x 使得 $Ax=b$ 成立。

3. 一定存在唯一解的情况

求解线性方程组时，我们更多关注的是对于任何一个向量 b 求解得到唯一的未知向量 x。那么什么情况下线性方程组 $Ax=b$ 一定存在唯一解呢？我们知道，当列空间 $C(A)$ 的维度 r 等于待解空间的维度 m 时，方程组 $Ax=b$ 一定有解，但此时可能存在唯一解，也可能存在无穷多个解。

例如矩阵向量乘积 $Ax=b$ 为 $\begin{bmatrix} 1 & 2 & 2 \\ 1 & 2 & 3 \end{bmatrix} \begin{bmatrix} x_1 \\ x_2 \\ x_3 \end{bmatrix} = \begin{bmatrix} 4 \\ 6 \end{bmatrix}$ 时，列空间 $C(A)$ 的维度即矩阵 A 线性无关列向量的个数为 2，待解空间的维度即列向量 b 的个数为 2，因此该方程组一定有解。但三维原始空间中的向量 x 经过矩阵 A 的线性变换作用后映射到了二维列空间 $C(A)$ 中，这个过程中空间维度发生了压缩，使得三维空间中某个面或某条直线上的所有向量被压缩到二维空间中的同一个位置上。因此，$Ax=b$ 存在无穷多个解，且这些解共线。如向量 $\begin{bmatrix} 0 \\ 0 \\ 2 \end{bmatrix}$、向量 $\begin{bmatrix} 2 \\ -1 \\ 2 \end{bmatrix}$、向量 $\begin{bmatrix} 4 \\ -2 \\ 2 \end{bmatrix}$

等，都是 $Ax=b$ 的解。实际上，只要符合 $\begin{bmatrix} 0 \\ 0 \\ 2 \end{bmatrix} + c\begin{bmatrix} 2 \\ -1 \\ 0 \end{bmatrix}$ 形式的向量 x 都是方程组的解，如图 2-11

所示。

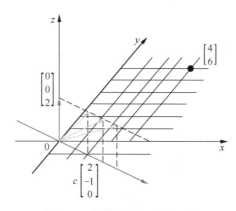

图 2-11   线性方程组的解示意

因此，方程组 $Ax=b$ 一定有唯一解的情况要求原始空间 R^n 在矩阵 A 的线性变换作用下不发生空间压缩的效应，即列空间 $C(A)$ 也是一个 R^n 空间，$r=n$。

综上所述，列空间 $C(A)$ 的维度 r 等于待解空间的维度 m，保证了 $Ax=b$ 一定有解；进一步严格化约束条件，使得原始空间的维度 n 等于列空间 $C(A)$ 的维度 r，可进一步保证一定有唯一解。因此，我们可以说当 $r=m=n$ 时，方程组 $Ax=b$ 一定有唯一解。

4. 一定存在无穷多个解的情况

上面矩阵向量乘积 $Ax=b$ 为 $\begin{bmatrix} 1 & 2 & 2 \\ 1 & 2 & 3 \end{bmatrix}\begin{bmatrix} x_1 \\ x_2 \\ x_3 \end{bmatrix} = \begin{bmatrix} 4 \\ 6 \end{bmatrix}$ 的例子已经很好地说明了什么时候一定存在

无穷多个解。列空间 $C(A)$ 的维度 r 等于待解空间的维度 m，保证了 $Ax=b$ 一定有解；如果原始空间的维度 n 大于列空间 $C(A)$ 的维度 r，说明原始空间经过矩阵 A 的线性变换作用后空间维度发生了压缩，那么一条线或者一个面上的无穷多个向量就会被压缩到低维空间中的同一个位置上，因此会有无穷多个解。总的来说，当 $r=m < n$ 时，方程组 $Ax=b$ 一定有无穷多个解。

5. 总结：如何判断方程组解的情况

除上述情况外，其他情况存在多种可能性。例如，$r=m<n$ 时，$Ax=b$ 可能无解，也可能存在唯一解；$r<n$ 且 $r<m$ 时，$Ax=b$ 可能无解，也可能存在无穷多个解。不管哪种情况，只要我们把握住方程组解判断的关键步骤，就能够准确判断。本书将线性方程组 $Ax=b$ 解情况的判断方法总结为两大步骤。

（1）判断是否有解。判断是否有解的核心原则是，向量 b 是否在矩阵 A 的列空间 $C(A)$ 上。如果向量 b 存在于列空间 $C(A)$ 上则有解，否则无解。需要说明的是，当 $r=m$ 时，方程组一定有解；而当 $r<m$ 时，方程组可能有解也可能无解。

（2）判断是否有唯一解。在判断了方程组 $Ax=b$ 有解的情况下，进一步判断方程组解的唯一性。判断是否有唯一解的核心原则是，原始空间是否在矩阵 A 的线性变换作用下发生压缩，即判断原始空间的维度 n 是否等于列空间 $C(A)$ 的维度 r。如果原始空间的维度 n 等于列空间 $C(A)$ 的维度 r，则方程组有唯一解；如果原始空间的维度 n 大于列空间 $C(A)$ 的维度 r，则方程组有无穷多个解。

线性方程组求解步骤如图 2-12 所示。

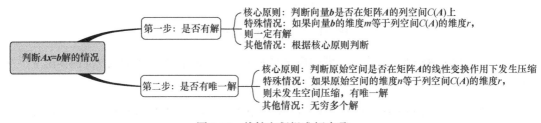

图 2-12　线性方程组求解步骤

2.3.2　如何寻找解的表达式

当线性方程组 $Ax=b$ 有唯一解时，解的表达式为 $\begin{bmatrix} x_1 \\ x_2 \\ x_3 \\ \vdots \\ x_n \end{bmatrix}$。但当线性方程组 $Ax=b$ 有无穷多个解的时候，不可能也没有必要把无穷多个解都罗列出来，只需要给出解的形式化表达即可。线性方程组的无穷多个解向量 x 构成了一个解空间，而要找到解空间的形式化表达式，可以参照以下步骤。

（1）首先找到解空间中的任意点，即任意一个满足方程组 $Ax=b$ 的解，称其为特殊解 x_p，即 $Ax_p=b$。

（2）寻找矩阵 A 零空间的所有解的表达式，将特殊解 x_p 与矩阵 A 零空间的所有解相加就是 $Ax=b$ 的解空间。

对一个 $m×n$ 矩阵 A 而言，所有满足等式 $Ax=0$ 的向量 x 的集合就是矩阵 A 的零空间 $N(A)$。零空间 $N(A)$ 中的任意一个点 x_s 都满足 $Ax_s=0$，因此 $A(x_p+x_s)=b$。从空间角度来描述就是，矩阵 A 的零空间 $N(A)$ 中的任一向量沿着特殊解向量 x_p 移动得到的所有最终向量构成了 $Ax=b$ 的解空间。

例如方程组 $Ax=b$ 为 $\begin{bmatrix} 1 & 2 & 2 \\ 1 & 2 & 3 \end{bmatrix}\begin{bmatrix} x_1 \\ x_2 \\ x_3 \end{bmatrix}=\begin{bmatrix} 4 \\ 6 \end{bmatrix}$。从系数矩阵 $A=\begin{bmatrix} 1 & 2 & 2 \\ 1 & 2 & 3 \end{bmatrix}$ 不难知道，$m=2$，$n=3$，$r=2$。

（1）由于 $r=m$，因此可以判断方程组 $Ax=b$ 一定有解。

（2）由于 $r<n$，即原始空间 R^3 被压缩到了二维列空间 $C(A)$ 上，因此有无穷多个解。

（3）令 $x_1=0$，可以求解得到 $x_2=0$，$x_3=2$，因此找到了一个特殊解 $x_p=\begin{bmatrix} 0 \\ 0 \\ 2 \end{bmatrix}$。

（4）根据零空间 $N(A)$ 的维度定理可知零空间 $N(A)$ 的维度 $=n-r=1$，也就是说只需要找到使 $Ax=0$ 成立的一个解向量作为基向量即可。对于方程组 $\begin{bmatrix} 1 & 2 & 2 \\ 1 & 2 & 3 \end{bmatrix}\begin{bmatrix} x_1 \\ x_2 \\ x_3 \end{bmatrix}=\begin{bmatrix} 0 \\ 0 \end{bmatrix}$，求得一个解向量为 $\begin{bmatrix} 2 \\ -1 \\ 0 \end{bmatrix}$。

（5）合并特殊解与零空间。特殊解与零空间相加得 $\begin{bmatrix} 0 \\ 0 \\ 2 \end{bmatrix}+c\begin{bmatrix} 2 \\ -1 \\ 0 \end{bmatrix}$，即方程组 $Ax=b$ 的解空间。

这里需要补充说明一下矩阵 A 的零空间 $N(A)$ 的维度 $=n-r=1$ 是如何得到的。矩阵 $A=\begin{bmatrix} 1 & 2 & 2 \\ 1 & 2 & 3 \end{bmatrix}$ 的零空间 $N(A)$ 是满足 $Ax=0$ 的所有列向量 $x=\begin{bmatrix} x_1 \\ x_2 \\ x_3 \end{bmatrix}$ 的集合，它是原始空间的子空间。原始空间在矩阵 A 所表示的线性变换作用下被压缩到了列空间 $C(A)$，零空间在此过程中被压缩到了原点。假设零空间的维度为 k，则在矩阵 A 的作用下零空间的维度降低了 $k-0=k$ 维，

而原始矩阵从 n 维压缩到了列空间 $C(A)$ 的 r 维，维度降低了 $n-r$ 维。因此，容易知道 $k=n-r$，如图 2-13 所示。

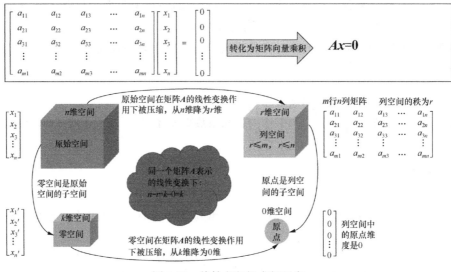

图 2-13　线性方程组求解示意

2.3.3　深刻理解逆矩阵的本质

　　线性方程组中有一类很重要，也很特别，那就是当 $r=m=n$ 时，方程组 $Ax=b$ 一定有唯一解的情形，如下所示。

$$\begin{bmatrix} a_{11} & a_{12} & a_{13} & \cdots & a_{1n} \\ a_{21} & a_{22} & a_{23} & \cdots & a_{2n} \\ a_{31} & a_{32} & a_{33} & \cdots & a_{3n} \\ \vdots & \vdots & \vdots & & \vdots \\ a_{n1} & a_{n2} & a_{n3} & \cdots & a_{nn} \end{bmatrix} \begin{bmatrix} x_1 \\ x_2 \\ x_3 \\ \vdots \\ x_n \end{bmatrix} = \begin{bmatrix} b_1 \\ b_2 \\ b_3 \\ \vdots \\ b_n \end{bmatrix}$$

　　当 $r=m=n$ 时，矩阵 A 是一个 $n\times n$ 的方阵，且矩阵 A 的 n 个 n 维列向量线性无关，即矩阵 A 的秩也是 n。

　　矩阵向量乘法表明，通过一个矩阵 A 可以将向量 x 线性变换成另一个向量 b，这是一个正向的线性变换过程。如果已知向量 b，是否可以通过矩阵 A 所对应的线性变换的逆操作反推原始向量 x 呢？因此，当 $r=m=n$ 时，求方程组 $Ax=b$ 的解实际上就是在已知向量 b 的情况下，寻找矩阵 A 所表示的线性变换的逆操作，这就牵涉逆矩阵的知识。

　　从形式上来理解，逆矩阵和倒数非常类似。一个数乘以它的倒数就得到 1，例如

$5×(1/5)=1$。一个矩阵乘以它的逆矩阵得到单位矩阵（单位矩阵就相当于矩阵中的"1"），例如 $AA^{-1}=I$（I 为单位矩阵）。所以从形式上来看逆矩阵用来解决"矩阵除法"的问题。

1. 什么是逆矩阵

假设有矩阵 A（$m×n$）与矩阵 B（$n×m$），如果 $AB=BA=I$，那么我们就说 A 为可逆矩阵，B 为 A 的逆矩阵，记为 $B=A^{-1}$。实际上满足上述定义要求的矩阵 A 和 B 一定是方阵，也就是 $m=n$。这就是逆矩阵的定义。

其实更为重要的是如何从几何的直观角度来理解逆矩阵。因为矩阵描述了一种线性变换，自然地逆矩阵就表示这种线性变换的逆操作。例如矩阵 $A=\begin{bmatrix} 0 & -1 \\ 1 & 0 \end{bmatrix}$ 描述了"逆时针旋转 90 度"这个线性变换，那么矩阵 A 的逆矩阵 A^{-1} 就应该描述"顺时针旋转 90 度"的线性变换，也就是用矩阵 $B=\begin{bmatrix} 0 & 1 \\ -1 & 0 \end{bmatrix}$ 来描述，于是有 $A^{-1}=B$。我们将矩阵 A 和矩阵 B 相乘，也容易得到 $AB=\begin{bmatrix} 1 & 0 \\ 0 & 1 \end{bmatrix}$ 和 $BA=\begin{bmatrix} 1 & 0 \\ 0 & 1 \end{bmatrix}$。单位矩阵 $I=\begin{bmatrix} 1 & 0 \\ 0 & 1 \end{bmatrix}$ 表示的含义是"什么都不做"，矩阵 A 表示线性变换"逆时针旋转 90 度"，矩阵 B 表示线性变换"顺时针旋转 90 度"，矩阵 A 和矩阵 B 相乘就表示复合操作，即"什么都不做"。

可逆矩阵有着广泛的用处，一个典型的用处就是线性方程组的求解。例如 $3x+4y+5z=8$、$5x+6y+7z=9$、$3x+5y+8z=10$ 所构建的线性方程组，可以将系数项提取出来构成矩阵 $A=\begin{bmatrix} 3 & 4 & 5 \\ 5 & 6 & 7 \\ 3 & 5 & 8 \end{bmatrix}$，将常数项提取出来构成向量 $y=\begin{bmatrix} 8 \\ 9 \\ 10 \end{bmatrix}$，则上面的方程组可以表示为 $Ax=y$。我们想求解向量 x，只需要等式左右两侧同时乘以矩阵 A 的逆矩阵 A^{-1}，就可以得到 $x=A^{-1}y$。代码求解示意如图 2-14 所示。

```
import numpy as np
from scipy import linalg
A=np.array([[3,4,5],
            [5,6,7],
            [3,5,8]])
y=np.array([8,9,10])
A_in=linalg.inv(A)
print(A_in)
print "*"*100
print(np.dot(A_in,y))

[[-6.5  3.5  1. ]
 [ 9.5 -4.5 -2. ]
 [-3.5  1.5  1. ]]
****************************************************************
[-10.5  15.5  -4.5]
```

图 2-14　代码求解示意

可以发现矩阵 A 的逆矩阵 $A^{-1} = \begin{bmatrix} -6.5 & 3.5 & 1 \\ 9.5 & -4.5 & -2 \\ -3.5 & 1.5 & 1 \end{bmatrix}$，因此未知向量 $x = A^{-1}y =$

$\begin{bmatrix} -6.5 & 3.5 & 1 \\ 9.5 & -4.5 & -2 \\ -3.5 & 1.5 & 1 \end{bmatrix} \begin{bmatrix} 8 \\ 9 \\ 10 \end{bmatrix} = \begin{bmatrix} -10.5 \\ 15.5 \\ -4.5 \end{bmatrix}$。

上面的方程 $Ax=y$ 也可以从几何的直观角度来理解：某个未知向量 x 经过矩阵 A 的线性变换作用后变成了向量 y，现在需求解未知向量 x 是多少。而求解向量 x 的过程，就是对变换后的向量 y 进行逆操作，也就是用矩阵 A 的逆矩阵 A^{-1} 乘以向量 y。

2. 只有满秩方阵才有逆矩阵

逆矩阵如此有用不禁让我们思考：什么样的矩阵 A 才有逆矩阵呢？根据逆矩阵的定义可知矩阵可逆的首要条件是矩阵 A 是一个方阵。那么是不是所有方阵 A 都存在逆矩阵呢？

（1）从方阵 A 的秩角度思考。

例如方阵 $A = \begin{bmatrix} 1 & 2 & 1 \\ 1 & 2 & 2 \\ 1 & 2 & 3 \end{bmatrix}$ 虽然是一个 3×3 的方阵，但是由于方阵 A 的线性无关列向量个数为

2，也就是方阵 A 的秩为 2，因此三维原始空间被压缩到了二维列空间 $C(A)$ 中，没办法找到方

阵 A 线性变换的逆操作，即此时方阵 A 不存在逆矩阵。例如三维原始空间中的向量 $\begin{bmatrix} 0 \\ 0 \\ 1 \end{bmatrix}$、向量

$\begin{bmatrix} -2 \\ 1 \\ 1 \end{bmatrix}$、向量 $\begin{bmatrix} -4 \\ 2 \\ 1 \end{bmatrix}$ 乃至形如 $\begin{bmatrix} 0 \\ 0 \\ 1 \end{bmatrix} + c \begin{bmatrix} -2 \\ 1 \\ 0 \end{bmatrix}$ 的向量都在方阵 A 的线性变换作用下映射到了三维列空

间 $C(A)$ 中的向量 $\begin{bmatrix} 1 \\ 2 \\ 3 \end{bmatrix}$ 上。这个时候我们无法找到一个方阵 A 的逆向线性变换，也就是说方阵 A

不存在逆矩阵。

由此可见，方阵 A 存在逆矩阵的关键在于不发生空间压缩，也就是要求 $r=n=m$，此时方阵 A 也称为满秩方阵，如图 2-15 所示。

空间压缩：当$r<n$时，n维的原始空间被压缩到了r维的列空间$C(A)$中，此时方阵A没有逆矩阵
空间不压缩：当$r=n$时，原始空间和列空间$C(A)$的维度都是等于n，此时方阵A有逆矩阵A^{-1}

图 2-15 线性方程组求解示意

（2）从方阵 A 的行列式角度思考。

实际上我们还可以从方阵 A 的行列式角度来思考逆矩阵的存在性问题。从行列式角度来思考，矩阵可逆的前提是矩阵的行列式不为 0。

这是因为行列式表示方阵 A 线性变换后的线性空间的"单位面积"或"单位体积"，行列式为 0 就表示矩阵所描述的线性变换实现了线性空间的降维，而降维之后是无法找到矩阵所描述的线性变换的逆操作的。

例如，方阵 $A=\begin{bmatrix}\frac{1}{2} & 0 \\ 0 & \frac{1}{2}\end{bmatrix}$ 描述了线性变换"x 轴上的向量缩短为原来的 1/2，y 轴上的向量缩短为原来的 1/2"，它的行列式为 det$A$=1/4，整个线性空间并没有因为方阵 A 的作用而降维。例如二维空间中一个向量 $x=\begin{bmatrix}2 \\ 2\end{bmatrix}$ 经过方阵 A 施加作用后变成了 $Ax=\begin{bmatrix}1 \\ 1\end{bmatrix}$。

如果我们试图将 Ax 还原为初始的向量 x，只需要对 Ax 施加方阵 A 的逆操作，也就是找到方阵 A 的逆矩阵。

容易知道方阵 $B=\begin{bmatrix}2 & 0 \\ 0 & 2\end{bmatrix}$ 描述了线性变换"x 轴上的向量伸长为原来的 2 倍，y 轴上的向量伸长为原来的 2 倍"，这个线性变换就是方阵 A 所描述线性变换的逆操作，所以方阵 B 就是方

阵 A 的逆矩阵。于是，$BAx = \begin{bmatrix} 2 \\ 2 \end{bmatrix}$ 就实现了向量 x 的还原。

但如果方阵 $A = \begin{bmatrix} 0 & 0 \\ 0 & 2 \end{bmatrix}$，此时 $detA=0$，它表达的意思是 "x 轴上的向量不变，y 轴上的向量伸长为原来的 2 倍"。方阵 A 所描述的线性变换对线性空间实现了降维，将二维空间中的所有向量都压缩到一条直线即 y 轴上了。

在这种情况下，二维空间中的一个向量 $\begin{bmatrix} 2 \\ 2 \end{bmatrix}$ 经过方阵 A 施加作用后变成了 $Ax = \begin{bmatrix} 0 \\ 4 \end{bmatrix}$，同时另一个向量 $\begin{bmatrix} 1 \\ 2 \end{bmatrix}$ 经过方阵 A 施加作用后也变成了 $Ax = \begin{bmatrix} 0 \\ 4 \end{bmatrix}$，另外向量 $\begin{bmatrix} 0 \\ 2 \end{bmatrix}$ 经过方阵 A 施加作用后也变成了 $Ax = \begin{bmatrix} 0 \\ 4 \end{bmatrix}$……类似这样的原始向量 x 有无穷多个。这样，我们就无法找到一个合适的逆矩阵 A^{-1} 作用于结果向量 $Ax = \begin{bmatrix} 0 \\ 4 \end{bmatrix}$，从而求得原始向量 x。也就是说，无法找到方阵 A 所描述的线性变换的逆操作，说明了方阵 A 的行列式为 0 时，方阵 A 的逆矩阵不存在。

可见，深刻直观地理解行列式的本质也可以帮助我们快速判断某个方阵是否存在可逆矩阵。

2.3.4 直观理解行列式的本质

大多学习过线性代数的同学对于行列式都是既熟悉又陌生。熟悉是因为大多数国内工科教材对于线性代数和矩阵课程的讲解都是从行列式计算开始的；陌生是因为大多数同学学习这部分内容的时候都比较懵懂，很多时候根本不知道行列式是怎么来的、有什么用，就陷入了繁杂的计算细节之中。因此建立对行列式的直观理解并掌握其性质很有必要。

1. 直观理解行列式是什么

实际上我们可以把行列式看作一个函数，输入的是矩阵 A，输出的是一个标量 $detA$（或记作 $|A|$）。行列式的定义域为 $n \times n$ 的矩阵 A，所以行列式一定全部是方阵。从几何视角来看，行列式可以看成带有正负方向的 "面积" 或 "体积" 的概念在欧几里得空间中的推广，或者说在 n 维欧几里得空间中行列式描述的是一个线性变换对 "体积" 所造成的影响。在深入理解行列式的几何意义之前需要再次明确以下几个基础概念。

（1）矩阵 A 的几何意义是多维空间中的一个线性变换，可以理解为对原来坐标系整体进行某种拉伸或压缩。那么，这种拉伸或者压缩的程度究竟有多大呢？

（2）原来坐标系下的"单位面积"或者"单位体积"为 V_1，经过矩阵 A 拉伸或压缩之后得到的新坐标系的"单位面积"或者"单位体积"为 V_2。

（3）矩阵 A 对原来坐标系的拉伸或者压缩程度可以用（V_1/V_2）来表示，这个比值实际上就是行列式 det$A$ 的值。

以二维空间为例，原始二维空间里面的"单位面积"或者"单位体积"为 $1\times1=1$，经过矩阵 $A=\begin{bmatrix}2&0\\0&2\end{bmatrix}$ 的线性变换后，坐标系单位向量都拉伸为原来的 2 倍了，变换后的"单位面积"或者"单位体积"为 $2\times2=4$。行列式的几何意义如图 2-16 所示。

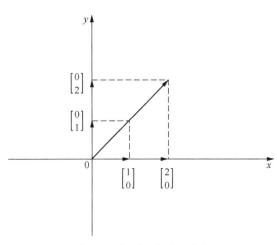

图 2-16 行列式的几何意义

原来坐标系下的"单位面积"或者"单位体积"为 $V_1=1$，经过矩阵 A 拉伸之后得到的新坐标系的"单位面积"或者"单位体积"为 $V_2=4$。矩阵 A 对原来坐标系的拉伸程度可以用（V_1/V_2）来表示，这个比值实际上就是行列式 det$A$ 的值，即行列式 det$A$ 的值为 4。

行列式的本质就是线性变换所带来的变化率。理解了行列式的几何意义后一些原来需要我们记忆的行列式性质就变得更加直观了。

2. 通俗讲解行列式的性质

行列式的相关性质在线性代数中有着广泛的应用，但是深刻理解这些性质并不容易。不过，如果我们真正理解了行列式表征"线性变换所带来的变化率"这个本质，那么很多性质就容易理解了。

（1）行列式一条重要的性质，即 detAB=det$A$det$B$。

我们当然可以构造两个 n 阶矩阵，通过形式化的方式来证明上述性质，但是这样既烦琐又毫无启发性。可是我们一旦理解了行列式的几何意义后，上述性质就容易理解了。

等式左边：detAB 可以看作对原坐标系进行 B 变换后再进行 A 变换得到的新坐标系"单位面积"或者"单位体积"相对原坐标系"单位面积"或者"单位体积"的变化倍数。等式右边：det$A$det$B$ 可以看作原坐标系进行 B 变换和 A 变换两次变换后的"单位面积"或者"单位体积"的变化倍数的乘积。显然，等式左边和等式右边是相等的。

（2）"矩阵 A 可逆"等价于"det$A \neq 0$"。

理解了行列式的本质，这条性质也很容易理解。det$A$=0 表达的几何意义是 n 维空间经过矩阵 A 的线性变换之后坐标系中的"单位面积"或者"单位体积"变为 0，也就是矩阵 A 实现了对 n 维空间的降维。例如，二维空间里面"单位面积"或者"单位体积"为 1×1=1，经过矩阵 A 的线性变换之后，整个二维空间被压缩到一条直线上或者一个点上，此时 det$A$=0。

"矩阵 A 可逆"的含义是，矩阵 A 对 n 维空间进行线性变换之后可以找到一条路径来进行线性变换的逆操作。但如果矩阵 A 线性变换之后被降维了（例如二维空间变换成了一条直线）则无法还原，也就是无法找到矩阵 A 的逆矩阵。

因此，"矩阵 A 可逆"就意味着"经过矩阵 A 的线性变换后，原向量空间没有被降维"，也就意味着 det$A \neq 0$。

（3）对角矩阵的行列式 detdiag$(a_1,a_2,\cdots,a_n)$=$a_1,a_2,\cdots,a_n$。

对角矩阵的行列式可以通过形式化公式来归纳和推导，但是这样并不具有直观性。如果我们从行列式的几何意义出发，即行列式是矩阵所描述的线性变换之后的"单位面积"或者"单位体积"，则很容易理解上述性质。这是因为对角矩阵 diag$(a_1,a_2,\cdots,a_n)$ 表示的几何意义是"第 1 个坐标轴上的投影变为原来的乘以 a_1，第 2 个坐标轴上的投影变为原来的乘以 a_2，如此重复直到第 n 个坐标轴上的投影变为原来的乘以 a_n"，由这些坐标轴围成的"单位体积"自然就是 $a_1a_2\cdots a_n$。

2.4　彻底理解最小二乘法的本质

前面我们学习了线性方程组的求解过程，知道有些情况下线性方程组有解，而有些情况下线性方程组则可能无解。如果线性方程组有解，可以按照相关方法和步骤进行求解，可如果线性方程组无解又该如何处理呢？生产实践中经常会碰到这类线性方程组无解的情况，这个时候虽然无法得到线性方程组的精确解，但如果能够求得一个合理的近似解也是具有重大实践意义的。

2.4.1 如何求解无解的方程组

例如一个线性方程组如下所示，请合理求解该线性方程组。

$$\begin{cases} x_1 + x_2 = 0 \\ 2x_1 + x_2 = 0 \\ x_1 + x_2 = 2 \end{cases}$$

首先将上述线性方程组写成矩阵向量乘法形式 $Ax=b$，其中矩阵 $A = \begin{bmatrix} 1 & 1 \\ 2 & 1 \\ 1 & 1 \end{bmatrix}$，向量 $b = \begin{bmatrix} 0 \\ 0 \\ 2 \end{bmatrix}$，

我们的目标就是求解一个合理的向量 $x = \begin{bmatrix} x_1 \\ x_2 \end{bmatrix}$。

1. 分析线性方程组解的情况

首先根据线性方程组解的情况的分析步骤和方法，对上述线性方程组解的情况进行分析。

（1）根据矩阵 $A = \begin{bmatrix} 1 & 1 \\ 2 & 1 \\ 1 & 1 \end{bmatrix}$ 的两列线性无关，可得 $m=3$，$n=2$，$r=2$。由 $r < m$ 且 $r=n$ 可知：
线性方程组可能无解，也可能存在唯一解。

（2）由于向量 $b = \begin{bmatrix} 0 \\ 0 \\ 2 \end{bmatrix}$，无法由 $A = \begin{bmatrix} 1 & 1 \\ 2 & 1 \\ 1 & 1 \end{bmatrix}$ 的两列线性组合得到，也就是说向量 b 不在列空
间 $C(A)$ 上，因此上述线性方程组无解。也就是说，线性方程组 $Ax=b$ 不存在精确解。

2. 寻找合理近似解

由线性方程组 $Ax=b$，即 $\begin{bmatrix} 1 & 1 \\ 2 & 1 \\ 1 & 1 \end{bmatrix}\begin{bmatrix} x_1 \\ x_2 \end{bmatrix} = \begin{bmatrix} 0 \\ 0 \\ 2 \end{bmatrix}$，可以得到矩阵 $A = \begin{bmatrix} 1 & 1 \\ 2 & 1 \\ 1 & 1 \end{bmatrix}$ 的两个线性无关列向量

$a_1 = \begin{bmatrix} 1 \\ 2 \\ 1 \end{bmatrix}$ 和 $a_2 = \begin{bmatrix} 1 \\ 1 \\ 1 \end{bmatrix}$ 张成 R^3 空间中的一个二维空间，这个二维空间就是矩阵 A 的列空间 $C(A)$。由

于向量 $b = \begin{bmatrix} 0 \\ 0 \\ 2 \end{bmatrix}$ 在列空间 $C(A)$ 外，因此线性方程组 $Ax=b$ 是无解的。

虽然线性方程组 $Ax=b$ 不存在精确解，但我们可以考虑求解距离目标最近的近似解。一个合理的方法就是从向量 b 向二维空间即列空间 $C(A)$ 上引垂线，得到向量 b 在二维空间即列空间 $C(A)$ 上的投影向量 p，由投影向量 p 和向量 b 就可以得到误差向量 $e=b-p$，且容易知道误差向量 e 垂直于二维空间即列空间 $C(A)$ 上的任一向量。上述过程中将向量 b 线性变换到其投影向量 p 的操作对应着一个矩阵，这个矩阵可以称为投影矩阵 P，容易知道有 $p=Pb$。投影与近似解如图 2-17 所示。

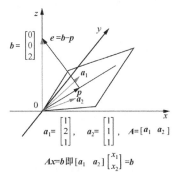

$$a_1 = \begin{bmatrix} 1 \\ 2 \\ 1 \end{bmatrix}, \quad a_2 = \begin{bmatrix} 1 \\ 1 \\ 1 \end{bmatrix}, \quad A = [a_1 \ a_2]$$

$Ax=b$ 即 $\begin{bmatrix} a_1 & a_2 \end{bmatrix} \begin{bmatrix} x_1 \\ x_2 \end{bmatrix} = b$

$p=Pb$：P 为投影矩阵，对应着将向量 b 投影到列空间 $C(A)$ 的操作

图 2-17　投影与近似解

到此为止我们可以说，求解线性方程组 $Ax=b$ 合理的近似解，就是求解投影向量 p 代替向量 b 时方程 $A\hat{x}=p$ 组对应的 $\hat{x} = \begin{bmatrix} \hat{x}_1 \\ \hat{x}_2 \end{bmatrix}$。

求近似解过程中，投影向量 p 有着特别重要的地位。那么投影向量 p 具有哪些特点呢？

（1）投影向量 p 必须在二维空间即列空间 $C(A)$ 上，也就是 $A\hat{x}=p$，即 $A\hat{x} = \begin{bmatrix} a_1 & a_2 \end{bmatrix} \begin{bmatrix} \hat{x}_1 \\ \hat{x}_2 \end{bmatrix} = p$。

（2）误差向量 $e=b-p$ 垂直于二维空间即列空间 $C(A)$ 上的任一向量，误差向量 e 垂直于二维空间的两个基向量——向量 a_1 和向量 a_2，容易知道有 $a_1 \cdot e = 0$ 和 $a_2 \cdot e = 0$。

上述两条关键信息能够有效地帮助我们约束到这个合理的投影向量 p。

3．求方程组近似解的思路和步骤

现在让我们重新明确一下求线性方程组 $Ax=b$ 合理的近似解的思路，如图 2-18 所示。

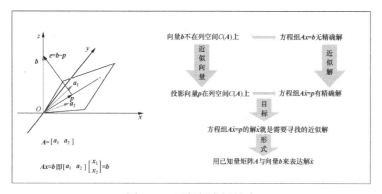

图 2-18　近似解求解思路

由于向量 b 不在列空间 $C(A)$ 上，线性方程组 $Ax=b$ 没有精确解。考虑用投影向量 p 代替向量 b 来求解线性方程组 $A\hat{x}=p$，方程组的解 $\hat{x}=\begin{bmatrix}\hat{x}_1\\\hat{x}_2\end{bmatrix}$ 就是所求的近似解。整个过程中，我们已知的数据为矩阵 A 与向量 b，因此我们希望用矩阵 A 与向量 b 的某个形式来表达 $\hat{x}=\begin{bmatrix}\hat{x}_1\\\hat{x}_2\end{bmatrix}$。这就是求线性方程组 $Ax=b$ 近似解的总体思路。

根据以上思路，可以采取如下步骤求线性方程组的近似解。

（1）汇总投影向量 p 蕴含的关键信息。

将等式关系 $e=b-p$ 和 $p=A\hat{x}$ 代入方程组可得到 $a_1 \cdot e = a_1 \cdot (b-p) = a_1 \cdot (b-A\hat{x}) = 0$。由于向量内积可以转化为矩阵乘法形式，上述式子可以进一步化简。

（2）向量内积可以转化为矩阵乘法形式。

这里补充介绍一下向量内积转化为矩阵乘法形式的相关知识。假设 R^m 空间中有两个 m 维向量 a 和 b，即 $a=\begin{bmatrix}a_1\\a_2\\a_3\\\vdots\\a_m\end{bmatrix}$ 且 $b=\begin{bmatrix}b_1\\b_2\\b_3\\\vdots\\b_m\end{bmatrix}$，则两个 m 维向量 a 和 b 的内积（点积）表示如下：

$$a \cdot b = \begin{bmatrix}a_1\\a_2\\a_3\\\vdots\\a_m\end{bmatrix} \cdot \begin{bmatrix}b_1\\b_2\\b_3\\\vdots\\b_m\end{bmatrix} = a_1b_1 + a_2b_2 + a_3b_3 + \cdots + a_mb_m$$

由于 m 维向量 $\boldsymbol{a}$ 和 $\boldsymbol{b}$ 可以看作 $1 \times m$ 的特殊矩阵 $\boldsymbol{a}$ 和 $\boldsymbol{b}$，因此上述两个向量内积的结果又可以写作矩阵乘法形式，如下所示。

$$\boldsymbol{a}^{\mathrm{T}}\boldsymbol{b} = \begin{bmatrix} a_1 a_2 a_3 \cdots a_m \end{bmatrix} \begin{bmatrix} b_1 \\ b_2 \\ b_3 \\ \vdots \\ b_m \end{bmatrix} = a_1 b_1 + a_2 b_2 + a_3 b_3 + \cdots + a_m b_m$$

由此可知，对于 R^m 空间中的两个 m 维向量 $\boldsymbol{a}$ 和 $\boldsymbol{b}$：$\boldsymbol{a} \cdot \boldsymbol{b} = \boldsymbol{a}^{\mathrm{T}}\boldsymbol{b}$。以上就是向量内积转化为矩阵乘法形式的相关知识。

根据向量内积转化为矩阵乘法形式的相关知识，误差向量 $\boldsymbol{e}$ 垂直于基向量 $\boldsymbol{a}_1$ 的表达式 $\boldsymbol{a}_1 \cdot \boldsymbol{e} = \boldsymbol{a}_1 \cdot (\boldsymbol{b}-\boldsymbol{p}) = \boldsymbol{a}_1 \cdot (\boldsymbol{b}-A\hat{\boldsymbol{x}}) = 0$ 可以转化为 $\boldsymbol{a}_1 \cdot \boldsymbol{e} = \boldsymbol{a}_1 \cdot (\boldsymbol{b}-\boldsymbol{p}) = \boldsymbol{a}_1 \cdot (\boldsymbol{b}-A\hat{\boldsymbol{x}}) = \boldsymbol{a}_1^{\mathrm{T}}(\boldsymbol{b}-A\hat{\boldsymbol{x}}) = 0$。同理可知，误差向量 $\boldsymbol{e}$ 垂直于基向量 $\boldsymbol{a}_2$ 的表达式 $\boldsymbol{a}_2 \cdot \boldsymbol{e} = \boldsymbol{a}_2 \cdot (\boldsymbol{b}-\boldsymbol{p}) = \boldsymbol{a}_2 \cdot (\boldsymbol{b}-A\hat{\boldsymbol{x}}) = \boldsymbol{a}_2^{\mathrm{T}}(\boldsymbol{b}-A\hat{\boldsymbol{x}}) = 0$。整理两个等式，如下所示。

$$\begin{cases} \boldsymbol{a}_1^{\mathrm{T}}(\boldsymbol{b}-A\hat{\boldsymbol{x}}) = 0 \\ \boldsymbol{a}_2^{\mathrm{T}}(\boldsymbol{b}-A\hat{\boldsymbol{x}}) = 0 \end{cases}$$

将该方程组写成矩阵向量乘积形式，容易有 $\begin{bmatrix} \boldsymbol{a}_1^{\mathrm{T}} \\ \boldsymbol{a}_2^{\mathrm{T}} \end{bmatrix} (\boldsymbol{b}-A\hat{\boldsymbol{x}}) = 0$。

因为前面我们令 $A = \begin{bmatrix} \boldsymbol{a}_1 \boldsymbol{a}_2 \end{bmatrix}$，于是 $\begin{bmatrix} \boldsymbol{a}_1^{\mathrm{T}} \\ \boldsymbol{a}_2^{\mathrm{T}} \end{bmatrix}$ 就可以表示为 A^{T}，$\begin{bmatrix} \boldsymbol{a}_1^{\mathrm{T}} \\ \boldsymbol{a}_2^{\mathrm{T}} \end{bmatrix} (\boldsymbol{b}-A\hat{\boldsymbol{x}}) = 0$ 就可以写作 $A^{\mathrm{T}}(\boldsymbol{b}-A\hat{\boldsymbol{x}}) = A^{\mathrm{T}}\boldsymbol{b} - A^{\mathrm{T}}A\hat{\boldsymbol{x}} = 0$，即 $A^{\mathrm{T}}A\hat{\boldsymbol{x}} = A^{\mathrm{T}}\boldsymbol{b}$。

（3）满秩方阵 $A^{\mathrm{T}}A$ 求逆化简。

由于 R^m 空间中两个 m 维向量 $\boldsymbol{a}_1$ 和 $\boldsymbol{a}_2$ 是某二维空间（R^m 子空间）上线性无关的列向量，容易知道矩阵 $A = \begin{bmatrix} \boldsymbol{a}_1 \boldsymbol{a}_2 \end{bmatrix}$ 是一个 $m \times 2$ 的矩阵，而矩阵 $A^{\mathrm{T}} = \begin{bmatrix} \boldsymbol{a}_1^{\mathrm{T}} \\ \boldsymbol{a}_2^{\mathrm{T}} \end{bmatrix}$ 是一个 $2 \times m$ 的矩阵，因此 $A^{\mathrm{T}}A = \begin{bmatrix} \boldsymbol{a}_1^{\mathrm{T}}\boldsymbol{a}_1 & \boldsymbol{a}_1^{\mathrm{T}}\boldsymbol{a}_2 \\ \boldsymbol{a}_2^{\mathrm{T}}\boldsymbol{a}_1 & \boldsymbol{a}_2^{\mathrm{T}}\boldsymbol{a}_2 \end{bmatrix}$ 是一个 2×2 的满秩方阵。根据满秩方阵一定可逆的结论，$A^{\mathrm{T}}A\hat{\boldsymbol{x}} = A^{\mathrm{T}}\boldsymbol{b}$ 可以转化为 $\hat{\boldsymbol{x}} = (A^{\mathrm{T}}A)^{-1}A^{\mathrm{T}}\boldsymbol{b}$。

（4）求解投影向量 $\boldsymbol{p}$ 和投影矩阵 $\boldsymbol{P}$。

将 $\hat{\boldsymbol{x}} = (A^{\mathrm{T}}A)^{-1}A^{\mathrm{T}}\boldsymbol{b}$ 代入投影向量表达式 $\boldsymbol{p} = A\hat{\boldsymbol{x}}$ 就可以得到 $\boldsymbol{p} = A\hat{\boldsymbol{x}} = A(A^{\mathrm{T}}A)^{-1}A^{\mathrm{T}}\boldsymbol{b}$。同时，将

$p=A(A^{\mathrm{T}}A)^{-1}A^{\mathrm{T}}b=Pb$ 代入投影矩阵表达式 $p=Pb$ 就可以得到 $A=A(A^{\mathrm{T}}A)^{-1}A^{\mathrm{T}}=P$，即 $P=A(A^{\mathrm{T}}A)^{-1}A^{\mathrm{T}}$。

（5）公式汇总。

汇总上述解向量 $\hat{x}$、投影向量 p 和投影矩阵 P 的表达式，可以知道如下内容。

$$\begin{cases} \hat{x}=\left(A^{\mathrm{T}}A\right)^{-1}A^{\mathrm{T}}b \\ p=A\left(A^{\mathrm{T}}A\right)^{-1}A^{\mathrm{T}}b \\ P=A\left(A^{\mathrm{T}}A\right)^{-1}A^{\mathrm{T}} \end{cases}$$

这里需要特别强调的是，上述论证过程中的矩阵 A 并不是一个随意的方程组的系数矩阵，而是列空间 $C(A)$ 中所有基向量组成的矩阵。

4. 求方程组近似解的结果

回到开头线性方程组 $\begin{cases} x_1+x_2=0 \\ 2x_1+x_2=0 \\ x_1+x_2=2 \end{cases}$ 的例子上，容易知道上述方程组可以写成矩阵向量乘法形

式 $Ax=b$，其中矩阵 $A=\begin{bmatrix} 1 & 1 \\ 2 & 1 \\ 1 & 1 \end{bmatrix}$，向量 $b=\begin{bmatrix} 0 \\ 0 \\ 2 \end{bmatrix}$。接下来我们就可以按照相关公式求方程组近似解。

（1）寻找近似解公式中的矩阵 A。

首先找出列空间 $C(A)$ 中的所有基向量，这些基向量组成近似解公式中的矩阵 A。系数矩阵

$A=\begin{bmatrix} 1 & 1 \\ 2 & 1 \\ 1 & 1 \end{bmatrix}$ 的各列线性无关，因此近似解公式中的矩阵 A 就等于系数矩阵 $A=\begin{bmatrix} 1 & 1 \\ 2 & 1 \\ 1 & 1 \end{bmatrix}$。

（2）代入近似解公式求解。

根据公式：

$$\begin{cases} \hat{x}=\left(A^{\mathrm{T}}A\right)^{-1}A^{\mathrm{T}}b \\ p=A\left(A^{\mathrm{T}}A\right)^{-1}A^{\mathrm{T}}b \\ P=A\left(A^{\mathrm{T}}A\right)^{-1}A^{\mathrm{T}} \end{cases}$$

将矩阵 A 和向量 b 代入，即容易求解。这里为了方便考虑，采用代码来求解，代码及运行

结果如图 2-19 所示。

```
import numpy as np
from scipy import linalg
A=np.array([[1,1],
            [2,1],
            [1,1]])
b=np.array([0,0,2])

A_T_A=np.dot(A.T,A)
A_T_A_in=linalg.inv(A_T_A)
x_hat=np.dot(np.dot(A_T_A_in,A.T),b)
p=np.dot(A,x_hat)
p_matrix=np.dot(A,np.dot(A_T_A_in,A.T))
print("近似解x为：")
print(x_hat)
print("\n投影向量p为：")
print(p)
print("\n投影矩阵P为：")
print(p_matrix)
```

```
近似解x为：
[-1. 2.]

投影向量p为：
[ 1.  0.  1.]

投影矩阵P为：
[[ 0.5 0.  0.5]
 [ 0.  1.  0. ]
 [ 0.5 0.  0.5]]
```

图 2-19　近似解代码及运行结果

这样就求得线性方程组的近似解为 $\begin{bmatrix} -1 \\ 2 \end{bmatrix}$，投影向量 $\boldsymbol{p}=\begin{bmatrix} 1 \\ 0 \\ 1 \end{bmatrix}$，投影矩阵 $\boldsymbol{P}=\begin{bmatrix} 0.5 & 0 & 0.5 \\ 0 & 1 & 0 \\ 0.5 & 0 & 0.5 \end{bmatrix}$。

2.4.2　论证 n 维子空间上的情况

假设 m 维空间 R^m 中有一个经过原点的 n 维子空间，n 维子空间外部有一个向量 $\boldsymbol{b}$，从向量 $\boldsymbol{b}$ 向 n 维子空间投影，投影向量 $\boldsymbol{p}$ 就是 n 维子空间中距离向量 $\boldsymbol{b}$ 最近的向量，误差向量 $\boldsymbol{e}$ 就是向量 $\boldsymbol{b}$ 与投影向量 $\boldsymbol{p}$ 的距离，表示为 $\boldsymbol{e} = \boldsymbol{b} - \boldsymbol{p}$。上述过程中将向量 $\boldsymbol{b}$ 线性变换到其投影向量 $\boldsymbol{p}$ 的操作对应着一个矩阵，这个矩阵可以称为投影矩阵 $\boldsymbol{P}$，容易知道 $\boldsymbol{p} = \boldsymbol{P}\boldsymbol{b}$，如图 2-20 所示。

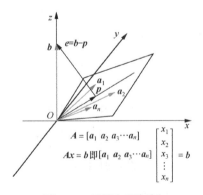

图 2-20　投影与近似解

从 n 维子空间上寻找 n 个线性无关的 m 维列向量 $a_1, a_2, a_3, \cdots, a_n$ 作为子空间的一组基向量，并将这些基向量 $a_1, a_2, a_3, \cdots, a_n$ 作为矩阵 A 的列向量，则有 $A = [a_1 a_2 a_3 \cdots a_n]$。

（1）由于投影向量 p 在 n 维子空间上，因此投影向量 p 可以写成基向量 $a_1, a_2, a_3, \cdots, a_n$ 的线性组合形式，即 $p = \hat{x}_1 a_1 + \hat{x}_2 a_2 + \cdots + \hat{x}_n a_n$。将线性组合 $\hat{x}_1 a_1 + \hat{x}_2 a_2 + \cdots + \hat{x}_n a_n$ 的系数 $\hat{x}_1, \hat{x}_2, \cdots, \hat{x}_n$

写作向量形式，则有 $\hat{x} = \begin{bmatrix} \hat{x}_1 \\ \hat{x}_2 \\ \hat{x}_3 \\ \vdots \\ \hat{x}_n \end{bmatrix}$。这样一来，投影向量 $p = \hat{x}_1 a_1 + \hat{x}_2 a_2 + \cdots + \hat{x}_n a_n$ 就可以写作

$$p = \begin{bmatrix} a_1 a_2 a_3 \cdots a_n \end{bmatrix} \begin{bmatrix} \hat{x}_1 \\ \hat{x}_2 \\ \hat{x}_3 \\ \vdots \\ \hat{x}_n \end{bmatrix} = A\hat{x}, \text{ 即 } p = A\hat{x}。$$

（2）由于误差向量 e 垂直于 n 维子空间上的任何一个向量，可知误差向量 e 垂直于 n 维子空间上的所有基向量 $a_1, a_2, a_3, \cdots, a_n$，因此有 $a_1 \cdot e = 0, a_2 \cdot e = 0, a_3 \cdot e = 0, \cdots, a_n \cdot e = 0$。将等式关系 $e = b - p$ 和 $p = A\hat{x}$ 代入并化简，最终可以得到 $A^T A\hat{x} = A^T b$。

由于 R^m 空间中的 n 个 m 维向量 $a_1, a_2, a_3, \cdots, a_n$ 是 n 维子空间上线性无关的列向量，容易知道矩阵 $A = [a_1 a_2 a_3 \cdots a_n]$ 是一个 $m \times n$ 的矩阵，而矩阵 A^T 是一个 $n \times m$ 的矩阵，因此 $A^T A$ 是一个 $n \times n$ 的满秩方阵。根据满秩方阵一定可逆的结论，$A^T A\hat{x} = A^T b$ 可以转化为 $\hat{x} = (A^T A)^{-1} A^T b$。

（3）投影向量 p。

将 $\hat{x} = (A^T A)^{-1} A^T b$ 代入投影向量表达式 $p = A\hat{x}$，就可以得到 $p = A\hat{x} = A(A^T A)^{-1} A^T b$。

（4）投影矩阵 P。

将 $p = A(A^T A)^{-1} A^T b = Pb$ 代入投影矩阵表达式 $p = Pb$，就可以得到 $A(A^T A)^{-1} A^T = P$，即 $P = A(A^T A)^{-1} A^T$。

（5）公式汇总。

汇总上述解向量 $\hat{x}$、投影向量 p 和投影矩阵 P 的表达式，可以知道如下内容。

$$\begin{cases} \hat{x} = (A^T A)^{-1} A^T b \\ p = A(A^T A)^{-1} A^T b \\ P = A(A^T A)^{-1} A^T \end{cases}$$

2.4.3 搞懂施密特正交化是什么

对线性方程组无解的情况人们已经推导出近似解公式以供使用，如下所示。

$$\begin{cases} \hat{x} = \left(A^{\mathrm{T}}A\right)^{-1} A^{\mathrm{T}}b \\ p = A\left(A^{\mathrm{T}}A\right)^{-1} A^{\mathrm{T}}b \\ P = A\left(A^{\mathrm{T}}A\right)^{-1} A^{\mathrm{T}} \end{cases}$$

但这个公式过于庞杂，计算起来非常不方便。我们知道假设 m 维空间 R^m 中有一个经过原点的 n 维子空间，从这个 n 维子空间中任意选取 n 个 m 维线性无关向量 $a_1, a_2, a_3, \cdots, a_n$ 作为矩阵的列就得到矩阵 $A = [\, a_1 a_2 a_3 \cdots a_n\,]$。这里的 n 个线性无关向量 $a_1, a_2, a_3, \cdots, a_n$ 是随意挑选的，它有无数种组合情况。

如果这里的 n 个线性无关向量 $a_1, a_2, a_3, \cdots, a_n$ 不是随意挑选的，而是选择一些性质良好的特殊线性无关向量 $q_1, q_2, q_3, \cdots, q_n$，那么上述近似解公式很可能就可以简化。

实际上如果 n 个特殊线性无关向量 $q_1, q_2, q_3, \cdots, q_n$ 是标准正交向量的话，那么上述公式就可以大大简化。

1. 标准正交向量的性质

标准正交向量的性质体现在"标准"和"正交"两个方面。

（1）"标准"是指 n 个线性无关向量 $q_1, q_2, q_3, \cdots, q_n$ 的模长都为 1，也就是向量与自身的内积为 1，即 $q_1 \cdot q_1 = q_2 \cdot q_2 = \cdots = q_n \cdot q_n = 1$。根据向量内积可以转化为矩阵乘法形式的性质，可以得到 $q_1^{\mathrm{T}} q_1 = q_2^{\mathrm{T}} q_2 = \cdots = q_n^{\mathrm{T}} q_n = 1°$

（2）"正交"是指 n 个线性无关向量 $q_1, q_2, q_3, \cdots, q_n$ 之间彼此正交，也就是向量之间的内积为 0，即 $q_i \cdot q_j = 0 (i \neq j)$，如 $q_1 \cdot q_2 = q_1 \cdot q_3 = \cdots = q_1 \cdot q_n = 0$。根据向量内积可以转化为矩阵乘法形式的性质，可以得到 $q_i^{\mathrm{T}} q_j = 0 \left(i \neq j\right)$。

那么，这个 n 维子空间（R^m 空间的子空间）的 n 个线性无关的 m 维标准正交向量 $q_1, q_2, q_3, \cdots, q_n$ 作为矩阵 A 的列就得到 $m \times n$ 矩阵 $A = [\, q_1 q_2 q_3 \cdots q_n\,]$，则进一步可得：

$$A^{\mathrm{T}}A = \begin{bmatrix} q_1^{\mathrm{T}} \\ q_2^{\mathrm{T}} \\ q_3^{\mathrm{T}} \\ \vdots \\ q_n^{\mathrm{T}} \end{bmatrix} [\, q_1 q_2 q_3 \cdots q_n\,] = \begin{bmatrix} q_1^{\mathrm{T}} q_1 & q_1^{\mathrm{T}} q_2 & q_1^{\mathrm{T}} q_3 & \cdots & q_1^{\mathrm{T}} q_n \\ q_2^{\mathrm{T}} q_1 & q_2^{\mathrm{T}} q_2 & q_2^{\mathrm{T}} q_3 & \cdots & q_2^{\mathrm{T}} q_n \\ q_3^{\mathrm{T}} q_1 & q_3^{\mathrm{T}} q_2 & q_3^{\mathrm{T}} q_3 & \cdots & q_3^{\mathrm{T}} q_n \\ \vdots & \vdots & \vdots & & \vdots \\ q_n^{\mathrm{T}} q_1 & q_n^{\mathrm{T}} q_2 & q_n^{\mathrm{T}} q_3 & \cdots & q_n^{\mathrm{T}} q_n \end{bmatrix}$$

由于标准正交向量 $q_1, q_2, q_3, \cdots, q_n$ 的"标准"和"正交"特性，上述结果可简化为 n 阶单位矩

阵 $A^{\mathrm{T}} A = \begin{bmatrix} 1 & 0 & 0 & \cdots & 0 \\ 0 & 1 & 0 & \cdots & 0 \\ 0 & 0 & 1 & \cdots & 0 \\ \vdots & \vdots & \vdots & & \vdots \\ 0 & 0 & 0 & \cdots & 1 \end{bmatrix} = I$。

一般来说，由一组标准正交向量组成各列的矩阵用专门的字母 Q 来表示。上述 $m \times n$ 矩阵 $A = \begin{bmatrix} q_1 q_2 q_3 \cdots q_n \end{bmatrix}$，此时矩阵 $Q^{\mathrm{T}} Q = I$，则近似解公式可以简化如下：

$$\begin{cases} \hat{x} = \left(Q^{\mathrm{T}} Q \right)^{-1} Q^{\mathrm{T}} b = Q^{\mathrm{T}} b \\ p = Q \left(Q^{\mathrm{T}} Q \right)^{-1} Q^{\mathrm{T}} b = Q Q^{\mathrm{T}} b \\ P = Q \left(Q^{\mathrm{T}} Q \right)^{-1} Q^{\mathrm{T}} = Q Q^{\mathrm{T}} \end{cases}$$

2. 施密特正交化方法

既然使用标准正交向量 $q_1, q_2, q_3, \cdots, q_n$ 作为 n 维子空间（R^m 空间的子空间）的一组基向量可以大大简化近似解公式，那么接下来的任务就是考虑：如何将 n 维子空间中的任意一组基向量变换为标准正交基向量。

（1）二维空间 R^2 的情况。

二维空间 R^2 中的两个线性无关向量 a_1 和 a_2 构成了该二维空间的一组基向量。二维空间的情况如图 2-21 所示。

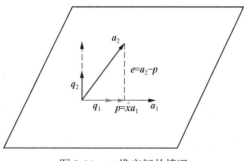

图 2-21　二维空间的情况

很显然，向量 a_1 和 a_2 不是正交基，因此我们可以考虑通过以下方法得到两个标准正交基向量。

首先，选取向量 $\boldsymbol{a}_1$ 作为一个初始向量，令 $\boldsymbol{v}_1=\boldsymbol{a}_1$，则 $\boldsymbol{q}_1=\dfrac{\boldsymbol{v}_1}{|\boldsymbol{v}_1|}$ 就是一组标准正交基的第一个向量。

其次，从向量 $\boldsymbol{a}_2$ 往向量 $\boldsymbol{a}_1$ 投影，投影向量为 $\boldsymbol{p}=\hat{x}\boldsymbol{a}_1$，$\hat{x}$ 是一个标量。由于向量 $\boldsymbol{v}_2=\boldsymbol{a}_2-\boldsymbol{p}$ 与向量 $\boldsymbol{a}_1$ 正交，于是有 $\boldsymbol{a}_1\cdot\boldsymbol{v}_2=\boldsymbol{a}_1\cdot(\boldsymbol{a}_2-\boldsymbol{p})=\boldsymbol{a}_1\cdot(\boldsymbol{a}_2-\hat{x}\boldsymbol{a}_1)=0$。进一步化简可得 $\hat{x}=\dfrac{\boldsymbol{a}_1\cdot\boldsymbol{a}_2}{\boldsymbol{a}_1\cdot\boldsymbol{a}_1}$。由向量内积可以转化为矩阵乘法形式 $\boldsymbol{a}_1\cdot\boldsymbol{a}_2=\boldsymbol{a}_1^{\mathrm{T}}\boldsymbol{a}_2$ 和 $\boldsymbol{a}_1\cdot\boldsymbol{a}_1=\boldsymbol{a}_1^{\mathrm{T}}\boldsymbol{a}_1$，可得 $\hat{x}=\dfrac{\boldsymbol{a}_1^{\mathrm{T}}\boldsymbol{a}_2}{\boldsymbol{a}_1^{\mathrm{T}}\boldsymbol{a}_1}$。进而可以知道投影向量 $\boldsymbol{p}=\dfrac{\boldsymbol{a}_1^{\mathrm{T}}\boldsymbol{a}_2}{\boldsymbol{a}_1^{\mathrm{T}}\boldsymbol{a}_1}\boldsymbol{a}_1$，则向量 $\boldsymbol{v}_2=\boldsymbol{a}_2-\dfrac{\boldsymbol{a}_1^{\mathrm{T}}\boldsymbol{a}_2}{\boldsymbol{a}_1^{\mathrm{T}}\boldsymbol{a}_1}\boldsymbol{a}_1$。再将这个向量 $\boldsymbol{v}_2$ 的模长变为 1，即有 $\boldsymbol{q}_2=\dfrac{\boldsymbol{v}_2}{|\boldsymbol{v}_2|}$。

这样，这两个相互正交的向量 $\boldsymbol{q}_1$ 和 $\boldsymbol{q}_2$ 就组成了该二维空间新的一组基向量，从而实现了将二维子空间中的基向量 $\boldsymbol{a}_1$ 和 $\boldsymbol{a}_2$ 变换为标准正交基向量。

（2）三维空间 R^3 的情况。

假设 R^3 空间中有 3 个线性无关向量 $\boldsymbol{a}_1$、$\boldsymbol{a}_2$ 和 $\boldsymbol{a}_3$，而不是一组线性无关基向量。我们可以沿用上述二维空间中的处理方法找到标准正交基向量中的 $\boldsymbol{q}_1$ 和 $\boldsymbol{q}_2$。接下来重点考虑如何找到第三个向量 $\boldsymbol{q}_3$。三维空间的情况如图 2-22 所示。

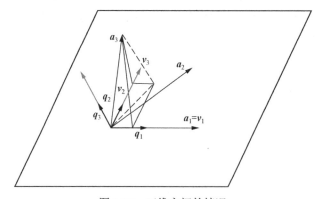

图 2-22 三维空间的情况

从向量 $\boldsymbol{a}_3$ 往向量 $\boldsymbol{a}_1$、$\boldsymbol{a}_2$ 组成的子空间投影，则向量 $\boldsymbol{v}_3$ 与向量 $\boldsymbol{a}_1$、$\boldsymbol{a}_2$ 组成的子空间正交，也就是说向量 $\boldsymbol{v}_3$ 与向量 $\boldsymbol{v}_1$、$\boldsymbol{v}_2$ 也分别正交。不难得知，向量 $\boldsymbol{v}_3$ 等于向量 $\boldsymbol{a}_3$ 减去其在向量 $\boldsymbol{v}_1$ 和 $\boldsymbol{v}_2$ 上的投影向量，即 $\boldsymbol{v}_3=\boldsymbol{a}_3-\dfrac{\boldsymbol{v}_1^{\mathrm{T}}\boldsymbol{a}_3}{\boldsymbol{v}_1^{\mathrm{T}}\boldsymbol{v}_1}\boldsymbol{v}_1-\dfrac{\boldsymbol{v}_2^{\mathrm{T}}\boldsymbol{a}_3}{\boldsymbol{v}_2^{\mathrm{T}}\boldsymbol{v}_2}\boldsymbol{v}_2$，再将向量 $\boldsymbol{v}_3$ 的模长变为 1，就有 $\boldsymbol{q}_3=\dfrac{\boldsymbol{v}_3}{|\boldsymbol{v}_3|}$。

（3）n 维空间 R^n 的情况。

上述情形推广到 n 维空间中，将 n 维空间 R^n 中的任一向量 $\boldsymbol{a}_1$ 向每个基向量进行投影，这些

投影向量之和就等于向量 $\boldsymbol{a}_i$。于是向量 $\boldsymbol{a}_i$ 对应的 $\boldsymbol{v}_i = \boldsymbol{a}_i - \dfrac{\boldsymbol{v}_1^{\mathrm{T}}\boldsymbol{a}_i}{\boldsymbol{v}_1^{\mathrm{T}}\boldsymbol{v}_1}\boldsymbol{v}_1 - \dfrac{\boldsymbol{v}_2^{\mathrm{T}}\boldsymbol{a}_i}{\boldsymbol{v}_2^{\mathrm{T}}\boldsymbol{v}_2}\boldsymbol{v}_2 - \cdots - \dfrac{\boldsymbol{v}_i^{\mathrm{T}}\boldsymbol{a}_i}{\boldsymbol{v}_i^{\mathrm{T}}\boldsymbol{v}_i}\boldsymbol{v}_i$，$\boldsymbol{q}_i = \dfrac{\boldsymbol{v}_i}{|\boldsymbol{v}_i|}$。于是可得 n 维空间 R^n 的情况如下所示。

$$\begin{cases} \boldsymbol{v}_1 = \boldsymbol{a}_1, \boldsymbol{q}_1 = \dfrac{\boldsymbol{v}_1}{|\boldsymbol{v}_1|} \\[2mm] \boldsymbol{v}_2 = \boldsymbol{a}_2 - \dfrac{\boldsymbol{v}_1^{\mathrm{T}}\boldsymbol{a}_2}{\boldsymbol{v}_1^{\mathrm{T}}\boldsymbol{v}_1}\boldsymbol{v}_1, \boldsymbol{q}_2 = \dfrac{\boldsymbol{v}_2}{|\boldsymbol{v}_2|} \\[2mm] \boldsymbol{v}_3 = \boldsymbol{a}_3 - \dfrac{\boldsymbol{v}_1^{\mathrm{T}}\boldsymbol{a}_3}{\boldsymbol{v}_1^{\mathrm{T}}\boldsymbol{v}_1}\boldsymbol{v}_1 - \dfrac{\boldsymbol{v}_2^{\mathrm{T}}\boldsymbol{a}_3}{\boldsymbol{v}_2^{\mathrm{T}}\boldsymbol{v}_2}\boldsymbol{v}_2, \boldsymbol{q}_3 = \dfrac{\boldsymbol{v}_3}{|\boldsymbol{v}_3|} \\[2mm] \boldsymbol{v}_n = \boldsymbol{a}_n - \dfrac{\boldsymbol{v}_1^{\mathrm{T}}\boldsymbol{a}_n}{\boldsymbol{v}_1^{\mathrm{T}}\boldsymbol{v}_1}\boldsymbol{v}_1 - \dfrac{\boldsymbol{v}_2^{\mathrm{T}}\boldsymbol{a}_n}{\boldsymbol{v}_2^{\mathrm{T}}\boldsymbol{v}_2}\boldsymbol{v}_2 - \cdots - \dfrac{\boldsymbol{v}_{n-1}^{\mathrm{T}}\boldsymbol{a}_n}{\boldsymbol{v}_{n-1}^{\mathrm{T}}\boldsymbol{v}_{n-1}}\boldsymbol{v}_{n-1}, \boldsymbol{q}_n = \dfrac{\boldsymbol{v}_n}{|\boldsymbol{v}_n|} \end{cases}$$

2.4.4 理解最小二乘法的本质

最小二乘法经常用来处理一条直线近似拟合一群数据点的情况。假设平面上有 3 个点 (1,0)、(2,0) 和 (1,2)，如图 2-23 所示。

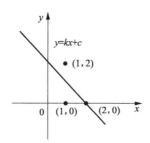

图 2-23 平面上 3 个点的情况

直观来看，上述 3 个点不在一条直线上，因而无法找到一条精确穿过 3 个点的直线，但可以试图找到一条与 3 个点距离最近的近似直线 $y=kx+c$。将点坐标代入直线方程中可得线性方程组如下所示。

$$\begin{cases} k + c = 0 \\ 2k + c = 0 \\ k + c = 2 \end{cases}$$

上述方程组实际上就是本部分内容开头的线性方程组：

$$\begin{cases} x_1 + x_2 = 0 \\ 2x_1 + x_2 = 0 \\ x_1 + x_2 = 2 \end{cases}$$

很明显上述线性方程组是无解的，也就是无法找到上述方程组的精确解。根据线性方程组近似解的求解方法和步骤，首先令矩阵 $A = \begin{bmatrix} 1 & 1 \\ 2 & 1 \\ 1 & 1 \end{bmatrix}$，向量 $b = \begin{bmatrix} 0 \\ 0 \\ 2 \end{bmatrix}$，方程组就可以写成矩阵向量乘法形式 $Ax = b$。将其代入近似解公式即可得 $\hat{x} = \begin{bmatrix} k \\ c \end{bmatrix} = (A^{\mathrm{T}}A)^{-1} A^{\mathrm{T}}b = \begin{bmatrix} -1 \\ 2 \end{bmatrix}$，投影向量 $p = \begin{bmatrix} 1 \\ 0 \\ 1 \end{bmatrix}$。因此可知如下内容。

（1）直线方程形式。近似直线为 $y = -x + 2$。

（2）向量 $b = \begin{bmatrix} 0 \\ 0 \\ 2 \end{bmatrix}$ 是 3 个原始点 (1,0)、(2,0) 和 (1,2) 的纵坐标的值。投影向量 $p = \begin{bmatrix} 1 \\ 0 \\ 1 \end{bmatrix}$ 的 3 个元素是近似拟合直线上 3 个拟合点的纵坐标。这 3 个拟合点与原始点有着同样的横坐标（1、2 和 1），但纵坐标不同，一个是原始点纵坐标向量 $b = \begin{bmatrix} 0 \\ 0 \\ 2 \end{bmatrix}$，一个是拟合点纵坐标投影向量 $p = \begin{bmatrix} 1 \\ 0 \\ 1 \end{bmatrix}$。

总的来说，传统最小二乘法中"二乘"是平方的意思，"最小二乘"就是指平方和最小，具体来说就是各个测量值和真实值之间的误差的平方和最小化，即各个点横坐标对应的原始点纵坐标与直线上拟合点纵坐标误差的平方和最小化，写成表达式就是

$$|b - p| = \sqrt{(b_1 - p_1)^2 + (b_2 - p_2)^2 + \cdots + (b_3 - p_3)^2}$$

而从线性方程组近似解的角度来看，寻找线性方程组近似解的过程就是在子空间中为原始向量 b 寻找一个距离最近的投影向量 p，使得误差向量 $e = b - p$ 的模长最小的过程。可见上述两种方法本质上是一回事。

2.5　直观理解相似矩阵对角化

矩阵是线性代数中的重要内容，尤其是一些特殊矩阵在机器学习中发挥着重要作用，需要

我们仔细研究。

2.5.1 相似矩阵是什么

我们知道矩阵是线性空间中的线性变换的一种描述，这种描述非常依赖于线性空间基向量的选择。给定一组基向量后，线性空间中的任何线性变换都可以用一个矩阵来描述。

这其实是说，对于某一个线性变换，只要选定一组基向量就可以找到一个矩阵来对其进行描述，而如果选择另外一组基向量就会得到另外一个不同的矩阵。这些不同基向量形成的不同矩阵描述的是同一个线性变换，只是表达形式不同而已。

所以一个问题就来了，什么样的矩阵之间描述的是同一个线性变换呢？我们可不希望出现“大水冲了龙王庙，一家人不认一家人”的笑话。这就是相似矩阵重点研究的课题。本书将避免一般教科书中形式化的论证方法，而从直观角度来帮助读者理解相似矩阵究竟是什么。

1. 相似矩阵的定义

设 A、B 都是 n 阶方阵，若存在可逆矩阵 P，使 $A = P^{-1}BP$，则称矩阵 A、B 是相似矩阵，记为 $A \sim B$。

上面的定义等价于，如果矩阵 A 和 B 是同一个线性变换的两个不同的描述，则一定能找到一个可逆矩阵 P，使得矩阵 A 和 B 之间满足这样的关系：$A = P^{-1}BP$。所以，相似矩阵实际上是指同一个线性变换的不同矩阵形式的描述。

这里的可逆矩阵 P 是一个非常重要的矩阵，因为它揭示了“矩阵 A 和 B 实际上描述的是同一个线性变换”这个事实。可逆矩阵 P 描述的就是矩阵 A 所基于的基向量与矩阵 B 所基于的基向量之间的一个变换关系。

2. 直观理解相似矩阵的本质

假设空间中有一个初始位置点 s 的向量在线性变换作用下发生了位置变化，从初始位置点 s 变换到了目标位置点 f，那么上述过程的线性变换可以用矩阵来表示。我们知道，不同的基底下同一个向量有不同的坐标表示，并且不同基底下空间中同一个向量的同一个位置变换，用来表示的矩阵也是不同的。那么这些不同基底下，表示同一个向量的同一位置变换的不同矩阵之间存在什么样的关系呢？我们可以从以下角度进行分析。

（1）考虑 n 维空间 V_1 的情况。

n 维空间 V_1 的基向量是（$e_1, e_2, \cdots, e_n$），其中有任一初始向量 v。初始向量 v 在 n 阶矩阵 A 的作用下发生了空间位置的变换，变换后的向量为 Av，容易知道向量 Av 仍在 n 维空间 V_1 中。其中，关键信息如下：第一，初始位置点 s 的向量为 v；第二，目标位置点 f 的向量为 Av；第三，从初始位置点 s 变换到了目标位置点 f 的线性变换矩阵表示为 A。n 维空间 V_1 的情况如图 2-24 所示。

图 2-24　n 维空间 V_1 的情况

（2）考虑 n 维空间 V_2 的情况。

n 维空间 V_2 的基向量是（$e_1', e_2', \cdots, e_n'$），上述点 s 用向量 v' 来表示，而线性变化"从点 s 变换到点 f"则用矩阵 B 来表示，变换后的向量为 Bv'，容易知道向量 Bv' 仍在 n 维空间 V_2 中。其中，关键信息如下：第一，初始位置点 s 的向量为 v'；第二，目标位置点 f 的向量为 Bv'；第三，从初始位置点 s 变换到了目标位置点 f 的线性变换用矩阵表示为 B。n 维空间 V_2 的情况如图 2-25 所示。

图 2-25　n 维空间 V_2 的情况

（3）初始向量 v 和 v' 的关系。

可逆矩阵 P 代表 n 维空间 V_1 中的某个线性变换，在其线性变换作用下 n 维空间 V_1 中的所有向量都发生了位置变换，变换到了另一个 n 维空间 V_2 中。其中，n 维空间 V_1 中的基向量（$e_1, e_2, \cdots, e_n$）变换成了 n 维空间 V_2 中的一组新的基向量（$e_1', e_2', \cdots, e_n'$），n 维空间 V_1 中的任一向量 v 变换成了 n 维空间 V_2 中的向量 v'。容易知道有如下关系。

$$
\text{等式关系}
\begin{cases}
e_1' = Pe_1 \\
e_2' = Pe_2 \\
e_3' = Pe_3 \\
\quad \vdots \\
e_n' = Pe_n
\end{cases}
\text{和等式关系 } v' = Pv。
$$

（4）目标向量 Av 和 Bv' 的关系。

空间位置点 f 的向量在 n 维空间 V_1 中表示为 Av，同一位置点 f 的向量在 n 维空间 V_2 中表示为 Bv'，即 BPv。由于可逆矩阵 P 将基向量 $(e_1,e_2,\cdots,e_n)$ 的 n 维空间 V_1 变换成基向量 $(e_1',e_2',\cdots,e_n')$ 的 n 维空间 V_2，因此空间位置点 f 的向量 Av 在可逆矩阵 P 的作用下变换成了 Bv'，即 $PAv=Bv'=BPv$。由于这里考虑的是可逆矩阵 P，化简即有 $A=P^{-1}BP$。相互转化关系如图 2-26 所示。

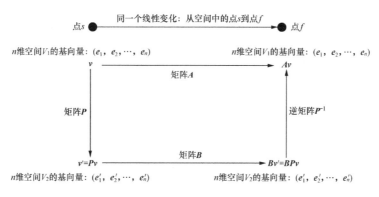

图 2-26 相互转化关系

3. 理解相似矩阵有什么用

到目前为止，我们知道了如果 A、B 都是 n 阶方阵，若存在可逆矩阵 P，使 $A=P^{-1}BP$，则称矩阵 A 和 B 是相似矩阵。也就是说，对一个描述向量空间变换的矩阵来说，选择不同的基底则有不同的矩阵表达形式。其中，对角矩阵是一类计算性能良好的矩阵，利用相似矩阵之间的等式关系 $A=P^{-1}BP$，则可以把一些矩阵转化为计算性能良好的对角矩阵。

对角矩阵是主对角线之外元素都为 0 的方阵，典型的对角矩阵形如 $A=\begin{bmatrix} \lambda_1 & & & & \\ & \lambda_2 & & & \\ & & \lambda_3 & & \\ & & & \ddots & \\ & & & & \lambda_n \end{bmatrix}$，也

记作 $A=\mathrm{diag}(\lambda_1,\lambda_2,\cdots,\lambda_n)$。例如矩阵 $A=\begin{bmatrix} 1 & 0 & 0 \\ 0 & 5 & 0 \\ 0 & 0 & 9 \end{bmatrix}$ 就是一个主对角元素分别为 1、5 和 9 的对角矩阵，对角矩阵必然是方阵。对角矩阵具有良好的计算特性，主要体现为以下几点。

（1）简化矩阵向量乘积。例如一个 n 阶对角矩阵与 n 维列向量的乘积，如

$$Ax = \begin{bmatrix} \lambda_1 & & & & \\ & \lambda_2 & & & \\ & & \lambda_3 & & \\ & & & \ddots & \\ & & & & \lambda_n \end{bmatrix} \begin{bmatrix} x_1 \\ x_2 \\ x_3 \\ \vdots \\ x_n \end{bmatrix} = \begin{bmatrix} \lambda_1 x_1 \\ \lambda_2 x_2 \\ \lambda_3 x_3 \\ \vdots \\ \lambda_n x_n \end{bmatrix}$$，计算结果简单明了。

（2）简化矩阵连乘计算。连续线性变换可用矩阵连乘来表示，而对角矩阵连续乘法也非常

简单。例如两个 n 阶对角矩阵相乘 $AA = \begin{bmatrix} \lambda_1 & & & & \\ & \lambda_2 & & & \\ & & \lambda_3 & & \\ & & & \ddots & \\ & & & & \lambda_n \end{bmatrix} \begin{bmatrix} \lambda_1 & & & & \\ & \lambda_2 & & & \\ & & \lambda_3 & & \\ & & & \ddots & \\ & & & & \lambda_n \end{bmatrix} = \begin{bmatrix} \lambda_1^2 & & & & \\ & \lambda_2^2 & & & \\ & & \lambda_3^2 & & \\ & & & \ddots & \\ & & & & \lambda_n^2 \end{bmatrix}$。

推广到 n 阶对角矩阵相乘，则有：

$$A^n = \begin{bmatrix} \lambda_1 & & & & \\ & \lambda_2 & & & \\ & & \lambda_3 & & \\ & & & \ddots & \\ & & & & \lambda_n \end{bmatrix}^n = \begin{bmatrix} \lambda_1^n & & & & \\ & \lambda_2^n & & & \\ & & \lambda_3^n & & \\ & & & \ddots & \\ & & & & \lambda_n^n \end{bmatrix}$$

由于对角矩阵有良好的计算特性，同时又由于相似矩阵之间存在着 $B = P^{-1}AP$ 等式关系，因此，将一些满足特定条件的矩阵 A 通过相似变换转换为对角矩阵 $A = P^{-1}AP$ 就是一个重要的应用。要实现这种转换，最为关键的就是找到这个特殊的可逆矩阵 P，它必须满足一些特定的条件。

4. 可逆矩阵 P 需要满足什么条件

可逆矩阵 P 究竟需要满足什么条件呢？我们不妨从相似变换的公式 $\Lambda = P^{-1}AP$ 入手分析。

首先，公式 $\Lambda = P^{-1}AP$ 两边左乘一个矩阵 P，公式变形为 $P\Lambda = AP$。由于可逆矩阵 P 是一个 n 阶方阵，可以写作 $P = [p_1 p_2 p_3 \cdots p_n]$，于是有：

$$A = [p_1 p_2 p_3 \cdots p_n] = [p_1 p_2 p_3 \cdots p_n] \begin{bmatrix} \lambda_1 & & & & \\ & \lambda_2 & & & \\ & & \lambda_3 & & \\ & & & \ddots & \\ & & & & \lambda_n \end{bmatrix}$$

于是 $\left[\boldsymbol{Ap}_1\,\boldsymbol{Ap}_2\,\boldsymbol{Ap}_3\cdots\boldsymbol{Ap}_n\right]=\left[\lambda_1\boldsymbol{p}_1\,\lambda_2\boldsymbol{p}_2\,\lambda_3\boldsymbol{p}_3\cdots\lambda_n\boldsymbol{p}_n\right]$。上面等式成立的条件是 n 阶方阵的列向量分别相等，即

$$
\begin{cases}
\boldsymbol{Ap}_1 = \lambda_1\boldsymbol{p}_1 \\
\boldsymbol{Ap}_2 = \lambda_2\boldsymbol{p}_2 \\
\boldsymbol{Ap}_3 = \lambda_3\boldsymbol{p}_3 \\
\quad\vdots \\
\boldsymbol{Ap}_n = \lambda_n\boldsymbol{p}_n
\end{cases}
$$

观察上式，不难知道满足这种条件的可逆矩阵 $\boldsymbol{P}$ 的各列就是矩阵 $\boldsymbol{A}$ 的特征向量。

2.5.2 如何理解特征值与特征向量

矩阵的特征向量是矩阵理论的重要概念之一，有着广泛的应用。一个线性变换通常可以由其特征值和特征向量完全描述，特征值和特征向量表达了一个线性变换的最重要的特征，需要读者重点掌握。

1. 特征值与特征向量是什么

已知矩阵 $\boldsymbol{A}$ 和向量 $\boldsymbol{v}$，则矩阵向量乘积 $\boldsymbol{Av}$ 的几何意义是，在向量空间中对向量 $\boldsymbol{v}$ 进行旋转、平移和拉伸（压缩）等操作，如图 2-27 所示。

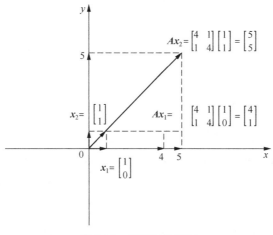

图 2-27　矩阵向量乘积

（1）矩阵向量相乘对向量进行旋转和拉伸变换。

大部分情况下，矩阵向量相乘会对向量同时进行旋转和拉伸（压缩）变换。例如矩阵

$A = \begin{bmatrix} 4 & 1 \\ 1 & 4 \end{bmatrix}$ 对向量 $x_1 = \begin{bmatrix} 1 \\ 0 \end{bmatrix}$ 进行线性变换的结果是，对向量 $x_1 = \begin{bmatrix} 1 \\ 0 \end{bmatrix}$ 进行旋转和拉伸变换，得到向

量 $Ax_1 = \begin{bmatrix} 4 \\ 0 \end{bmatrix}$。这说明矩阵向量乘积 Ax_1 作用的结果是，对向量 x_1 同时进行旋转和拉伸变换。

（2）矩阵向量相乘对向量进行拉伸变换。

特殊情况下，矩阵向量相乘只对向量进行拉伸（压缩）变换。例如矩阵 $A = \begin{bmatrix} 4 & 1 \\ 1 & 4 \end{bmatrix}$ 对向量

$x_2 = \begin{bmatrix} 1 \\ 1 \end{bmatrix}$ 进行线性变换的结果是，对向量 $x_2 = \begin{bmatrix} 1 \\ 1 \end{bmatrix}$ 进行拉伸变换，得到向量 $Ax_2 = \begin{bmatrix} 5 \\ 5 \end{bmatrix}$。这说明在
某些情况下，矩阵向量乘积 Ax_2 作用的结果是，对向量 x_2 进行拉伸变换。

综上所述，不难发现矩阵向量乘积 Av 在其维度空间内对向量 v 进行线性变换时，有些向量
v 只会发生数值大小变化（伸缩）而不会发生方向偏移，这些只发生数值大小变化的向量（如
x_2）就是该矩阵（如矩阵 A）的特征向量，对应向量数值大小变化的倍数就是特征值。

一般来说，对矩阵 A 而言有些非零向量 v 比较特殊，它们有这样的结果：$Av = \lambda v$，其中
λ 是一个标量。这样就把非零向量 v 叫作矩阵 A 的特征向量，λ 叫作特征向量 v 所对应的特
征值。

上面的公式 $Av = \lambda v$ 意味着：一个矩阵和一个向量相乘的效果与一个数和一个向量相乘的效
果是相同的。我们知道矩阵 A 与向量 v 相乘可以看作对向量 v 进行了一次线性变换（旋转、拉
伸或压缩），而该变换等效于常数 λ 乘以向量 v。所以，求解特征向量的过程就是寻找矩阵 A 可
以使得哪些向量（特征向量）只发生伸缩变换（而不发生旋转）的过程，具体伸缩变换的程度
可以用特征值 λ 来表示。

2．求解特征值与特征向量

那么应如何求解一个矩阵的特征值与特征向量呢？等式 $Av = \lambda v$ 左侧表示的是矩阵与向量的
乘积，右侧表示的是向量的数乘。因此可以对等式右侧进行变形处理，向量的数乘 λv 可以看作
矩阵 λI（I 是单位矩阵）与向量 v 的乘积，这样等式左右两侧所表示的含义就一致了。通过变形，
等式 $Av = \lambda v$ 变为 $(A - \lambda I)v = 0$。

$(A - \lambda I)v = 0$ 什么时候成立呢？显然，向量 v 是零向量的时候，上式永远成立。不过，这样
并没有什么意义。正因为如此，我们定义特征向量的时候才会加上"非零向量"这个限定语。
于是，$(A - \lambda I)v = 0$ 表示的含义是，矩阵 $A - \lambda I$ 乘以非零向量 v 得到零向量。一个矩阵 $A - \lambda I$ 对某
个非零向量 v 进行线性变换后变成了零向量，也就是实现了降维，那么线性变换之后的"单位

体积"就是 0，也就是 det($A-\lambda I$)v=0。求解该行列式等式，就得到某个矩阵 A 所对应的特征向量与特征值了。

3. 不是所有矩阵都有特征向量

再次重申一下，之所以研究矩阵 A 的特征向量 v 与特征值 λ，是因为当矩阵 A 所描述的线性变换施加于空间中的向量时，其他所有向量都会发生旋转、平移，只有它的特征向量 v 仍然保持在自己的方向上"岿然不动"，只是发生拉伸或者压缩，这使得特征向量显得"迥然不同"。

既然矩阵的特征向量和特征值具有如此特殊的性质，那么是不是所有的矩阵都有特征值与特征向量呢？答案是否定的。

例如矩阵 $A = \begin{bmatrix} 0 & -1 \\ 1 & 0 \end{bmatrix}$ 在实数范围内就不存在特征值与特征向量。我们知道矩阵表示的是一个线性变换，那么矩阵 A 表示的线性变换可以看作对标准正交基（可以想象成日常的坐标系）的基向量进行了伸缩、旋转操作。这里，矩阵 $A = \begin{bmatrix} 0 & -1 \\ 1 & 0 \end{bmatrix}$ 表示的映射关系是，将基向量 $i = \begin{bmatrix} 1 \\ 0 \end{bmatrix}$ 变换成 $i' = \begin{bmatrix} 0 \\ 1 \end{bmatrix}$，将基向量 $j = \begin{bmatrix} 0 \\ 1 \end{bmatrix}$ 变换成 $j' = \begin{bmatrix} -1 \\ 0 \end{bmatrix}$。对应的几何变换就是"直角平面坐标系中，以原点为中心逆时针旋转 90 度"。这样，所有的向量都会逆时针旋转 90 度，这个过程中不存在方向不改变的非零向量，自然也就找不到对应的特征向量和特征值。如果有读者对此表示怀疑，可以尝试求解一下矩阵 $A = \begin{bmatrix} 0 & -1 \\ 1 & 0 \end{bmatrix}$ 时 det($A-\lambda I$) = 0，求解得 $\lambda = i$ 或 $\lambda = -i$。这个结果也再次印证了在实数范围内，不存在矩阵 $A = \begin{bmatrix} 0 & -1 \\ 1 & 0 \end{bmatrix}$ 的特征值与特征向量。

4. 什么样的矩阵才有特征向量

从上面的例子容易知道，不是所有矩阵都有特征向量。那么究竟什么样的矩阵才有特征向量呢？

（1）矩阵必须是方阵。矩阵要具有特征向量（非零向量）首先要满足的条件就是，矩阵必须是方阵。假设有 $m \times n$ 的矩阵 A 且 n 维列向量 v 作为矩阵 A 的特征向量，那么有等式 $Av = \lambda v$。等式左边 Av 是一个 m 维列向量，等式右边 λv 是一个 n 维列向量，则容易知道 $m = n$。也就是说，矩阵 A 必须是方阵。

（2）det($A-\lambda I$) = 0 有解。等式 $Av = \lambda v$ 通过移项合并可得 $(A-\lambda I)v = 0$，它表示的含义是，矩

阵 $A-\lambda I$ 乘以非零向量 v 得到零向量。一个矩阵 $A-\lambda I$ 对某个非零向量 v 进行线性变换后变成了零向量，也就是实现了降维，那么线性变换之后的"单位体积"就是 0，也就是 $\det(A-\lambda I) = 0$。因此，矩阵 A 存在特征值与特征向量的条件之一就是 $\det(A-\lambda I) = 0$ 有解。

5. 直观理解特征基的性质

线性空间的基向量可以随意选择，只要这些基向量之间线性无关且能够张成整个线性空间即可。考虑到特征向量如此特殊，如果线性空间的基向量恰好是某个矩阵的特征向量，会碰撞出什么样的"火花"来呢？对角矩阵就是这样特别的一类矩阵，线性空间中的基向量恰好就是对角矩阵的特征向量。

对角矩阵的每个列向量可以看作基向量的数乘，例如矩阵 $A = \begin{bmatrix} 2 & 0 \\ 0 & 1 \end{bmatrix}$ 描述的线性变换为"将 x 轴上的向量拉伸为原来的 2 倍，而 y 轴上的向量保持不变"。二维线性空间中的其他向量经过矩阵 A 所描述的线性变换操作之后都会发生偏移，但是 x 轴和 y 轴上的向量则只会发生伸缩而不会发生方向的改变。因此 x 轴和 y 轴上的向量都是矩阵 A 的特征向量，也就是基向量恰好是这个矩阵 A 的特征向量。于是，矩阵 A 主对角线上的数值，就是对应特征向量的特征值。

既然对角矩阵有这样良好的性质，那么其他非对角矩阵能否通过某个方式转化为对角矩阵呢？某些情况下是可能的，这就是相似矩阵的对角化。

2.5.3　直观理解相似矩阵的对角化

相似矩阵的对角化是指，矩阵 A 的特征向量为 v 且特征值为 λ，则有 $Av = \lambda v$。如果特征向量之间线性无关且能够张成整个线性空间，那么矩阵 A 可以被对角化表示为 $V^{-1}AV = \Lambda$。其中 $V = [\, v_1 v_2 v_3 \cdots v_n \,]$，$\Lambda = \mathrm{diag}(\lambda_1, \lambda_2, \lambda_3, \cdots, \lambda_n)V$ 是矩阵 A 的特征向量作为列向量构成的矩阵，Λ 是对角矩阵且主对角线元素为矩阵 A 的特征值。

（1）形式化证明。矩阵向量乘积 $AV = A\,[\, v_1 v_2 v_3 \cdots v_n \,]$，即 $AV = [\, Av_1 Av_2 Av_3 \cdots Av_n \,]$。由于矩阵 A 的特征向量为 v 且特征值为 λ，则有 $Av = \lambda v$，化简即可得 $AV = [\, \lambda_1 v_1 \lambda_2 v_2 \lambda_3 v_3 \cdots \lambda_n v_n \,]$。同时，

$$V\Lambda = [\, v_1 v_2 v_3 \cdots v_n \,] \begin{bmatrix} \lambda_1 & & & & \\ & \lambda_2 & & & \\ & & \lambda_3 & & \\ & & & \ddots & \\ & & & & \lambda_n \end{bmatrix}$$

，化简可得 $V\Lambda = [\, \lambda_1 v_1 \lambda_2 v_2 \lambda_3 v_3 \cdots \lambda_n v_n \,]$。于是可知 $AV = V\Lambda$，等式两边同时左乘一个 V^{-1}，则有 $V^{-1}AV = \Lambda$。由此即可证明。

（2）直观上如何理解。如果不用复杂的形式化证明，如何直观地理解上述结论并且觉得是

自然而然的呢？接下来，我们将首先考察等式 $V^{-1}AV=\Lambda$ 左右两边的含义，然后从"同一个向量用两个坐标系来分别表达"的视角予以理解。

等式右边的对角矩阵 $\Lambda = \begin{bmatrix} \lambda_1 & & & & \\ & \lambda_2 & & & \\ & & \lambda_3 & & \\ & & & \ddots & \\ & & & & \lambda_n \end{bmatrix}$ 表示的意思是，标准正交向量如 $\begin{bmatrix} 1 \\ 0 \\ 0 \\ \vdots \\ 0 \end{bmatrix}, \begin{bmatrix} 0 \\ 1 \\ 0 \\ \vdots \\ 0 \end{bmatrix}, \cdots, \begin{bmatrix} 0 \\ 0 \\ 0 \\ \vdots \\ 1 \end{bmatrix}$

构成的 n 维空间中的任意向量在对角矩阵 Λ 作用下的结果是，沿着各个基向量方向分别拉伸为原来的 λ_i 倍。

等式左边的矩阵向量乘积 AV 表示的意思是，将矩阵 V 看作一种声明，即声明这是以矩阵 V 的列向量 $[v_1 v_2 v_3 \cdots v_n]$ 作为基向量的线性空间。在此空间中的任意向量在矩阵 A 作用下的结果是，沿着各基向量（特征向量）方向分别拉伸为原来的 λ_i 倍。

由此可见，矩阵 A 与对角矩阵 Λ 表示的是同一种线性变换，即使得空间中的任意向量沿着基向量的方向拉伸为原来的 λ_i 倍。这两个空间的对应关系可以用矩阵 A 的特征向量构成的矩阵 V 来表达。

第3章

补基础：不怕学不懂概率统计

机器学习的数学基础中一个很重要的部分是概率统计，可以说概率统计在机器学习中发挥着不可替代的作用。例如，机器学习中使用数据来训练学习算法模型就要用到概率统计知识。机器学习中进行数据训练的过程就是用数据来学习这些模型并确定这个模型的参数，最终得到一个参数确定的、具体的算法模型的过程。上述过程可以看作在给定数据的情况下求解算法模型参数，如果某个参数的条件概率是最大的，那么选择该参数作为这个算法模型的具体参数，这就是概率统计上的条件概率问题。机器学习中使用算法模型来进行预测时也会用到概率统计。在机器学习的任务预测阶段，经常会使用算法模型去推断各类数据的概率分布情况。这就是概率统计的一种典型应用。

总的来说，概率统计是机器学习中十分好用且重要的数学工具，读者学习机器学习相关知识的时候一定不能够忽视。概率统计中的大数定律、中心极限定理、重要的分布和朴素贝叶斯都是常见且重要的内容。

3.1 什么是概率

概率亦称"或然率"，它反映随机事件出现的可能性大小，在现实生活中有着极其普遍的应用。

3.1.1 最简单的概率的例子

我们在日常生活中经常使用"概率"这个词语，但这个词语究竟是什么意思呢？让我们从最简单的抛硬币场景开始讲起。假设有一个质地均匀的硬币，也就是说这个硬币抛出后落地时正面和反面朝上的可能性是相等的。那么这个硬币正面朝上的可能性是多大呢，又该如何表示呢？一般我们会用符号 P（正面）来表示硬币正面朝上的概率，其具体数值等于多次试验中正面朝上的次数除以总试验次数，即 $P（正面）=\dfrac{正面朝上次数}{总次数}$，这就是概率定义及其计算的一个典型场景。

3.1.2 概率论与数理统计的关系

概率论与数理统计的关系可以概括为，概率论是数理统计的理论基础，数理统计是概率论的一种应用。例如，对于正态分布这样一种分布模型，概率论重点研究正态分布的数学性质，如模型参数 (μ, σ^2) 对于模型稳定性的影响等；数理统计则重点研究样本数据是否符合正态分布和参数 (μ, σ^2) 代表的实际含义。正因为数理统计是概率论在具体工程领域的应用，所以相关从业者不仅需要掌握概率论知识，还需要掌握一定的工程领域的知识，这样在数理统计过程中才能更好地使用概率论这个基础工具。

3.2 搞懂大数定律与中心极限定理

大数定律和中心极限定理可以说是概率论的核心。历史上许多著名的数学家都对它们的发展做出过自己的贡献，数学家对它们的研究也横跨了几个世纪，它们在概率论中有着无与伦比的地位。例如，由于中心极限定理的存在，正态分布才能够从其他众多分布中脱颖而出，成为应用最为广泛的分布。实际上，大数定律和中心极限定理有着非常紧密的联系，它们可以看作从不同的方面对相同的问题进行了阐述。由于它们的条件各不相同，因此由它们得到的结论的强弱程度也不一样。

3.2.1 大数定律想表达什么

1. 大数定律是什么

大数定律算得上是整个数理统计学的基石，最早的大数定律由伯努利在他的著作《推测术》中提出并给出了证明。那么，大数定律究竟想表达什么呢？

简单来说，大数定律告诉我们大量重复出现的随机事件中蕴含着某种必然的规律。保持试验条件不变，多次地重复试验，随机事件出现的概率近似于它出现的频率。例如随机抛掷硬币，在试验次数较少的情况下，硬币出现正面或反面的概率并不稳定。你抛掷 10 次硬币可能出现 4 次正面、6 次背面，也可能出现 3 次正面、7 次背面，还可能出现 8 次正面、2 次背面。随机事件在试验次数较少的情况下体现的就是随机性。但是随着我们增加试验次数，正面和反面出现的次数就会越来越接近，这体现出频率的稳定性。

大数定律有多种表达方式，例如切比雪夫大数定律、伯努利大数定律、辛钦（又译为欣钦）大数定律等，但是这些表达方式都过于烦琐和复杂，不利于读者理解。这里，我们采用一种通俗的表达方式来描述大数定律。

对一般人来说，大数定律非严格的表述是这样的：$X_1, \cdots, X_n$ 是独立同分布随机变量序列，期望为 u，且 $S_n = X_1 + \cdots + X_n$，则 $\dfrac{S_n}{n}$ 收敛到 u。大数定律分为弱大数定律和强大数定律，如果说上述收敛是指依概率收敛，那就是弱大数定律；如果说上述收敛是指几乎必然收敛，那就是强大数定律。大数定律是概率论甚至数学领域最直观的定律之一。

2. 代码演示理解大数定律

大数定律以严格的数学形式表达了随机现象的一个性质：平稳结果的稳定性或者说频率的稳定性。下面我们用 Python 编写代码模拟抛硬币的过程来演示大数定律。

```
>>>import random
>>>import matplotlib.pyplot as plt
>>>def coin_flip(min, max):
>>># 参数表示抛掷硬币次数大小,min表示最少抛掷次数,max表示最多抛掷次数
   >>>ratios = []
>>>#range (min,max) 储存的是min到max-1的自然数。因此，此处为max+1
    >>>x=range(min,max+1)
    >>>#记录每一批次抛掷的结果。例如，第一批次抛掷硬币是抛min次，查看硬币正反面结果
    >>>for number_Flips in x:
       >>>numHeads = 0 # 初始化，硬币正面朝上的计数为0
       >>>for n in range(number_Flips):
           >>>if random.random() < 0.5:  # random.random()从[0，1)随机取出一个数
               >>>numHeads += 1  # 当随机取出的数小于0.5时，正面朝上的计数加1
     >>>numTails =number_Flips - numHeads  # 用本次试验总抛掷次数减去正面朝上次数就是本次
试验中反面朝上次数
        >>>ratios.append(numHeads/float(numTails))  #正反面计数的比值
    >>>plt.title('Heads/Tails Ratios')
    >>>plt.xlabel('Number of Flips')
    >>>plt.ylabel('Heads/Tails')
    >>>plt.plot(x, ratios)
    >>>plt.hlines(1, 0, x[-1], linestyles='dashed', colors='y')
    >>>plt.show()
 >>>coin_flip (2, 10000)
```

上述代码运行结果如图 3-1 所示。可以发现，随着抛掷硬币次数的增加，硬币正反面朝上次数的比值趋近于一个稳定值 1。也就是说，大量重复试验条件下，抛掷硬币这个随机事件体现出了频率的稳定性，这其实就是大数定律想表达的内容。

实际上无穷次随机事件的各种特征数据例如均值、方差等，你永远也得不到，因为你不可能做无穷次试验。你能够得到的只是有限次试验的结果数据，但是有了大数定律之后，我们就可以认为大量有限次试验的结果就是随机事件的结果。我们要明白，概率统计无非是一种通过

试验去估计事件概率的方法，而大数定律为这种后验地认识世界的方式提供了理论基础。

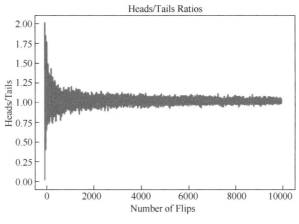

图 3-1　大数定律演示

3.2.2　中心极限定理想表达什么

1. 中心极限定理是什么

上述大数定律告诉我们样本均值收敛到总体均值，但是样本均值具体是如何收敛到总体均值的则没有讲明。这就是中心极限定理要讲述的内容。中心极限定理告诉我们，当样本量足够大时，样本均值的分布围绕总体均值呈现正态分布。

例如，我们进行多次抛掷骰子试验，并将抛掷骰子看成随机事件。那么当抛掷次数足够多时，抛掷骰子结果的均值就是随机事件的均值，这是大数定律告诉我们的。但是，多次抛掷结果的均值呈现什么样的分布状态就是中心极限定理要讲述的内容。

2. 代码演示理解中心极限定理

假设进行抛掷骰子试验，总共抛掷 60 000 次，并记录每次骰子朝上的数值。下面我们用程序来模拟该过程。

（1）总体情况。

```
>>>import numpy as np
>>>import matplotlib.pyplot as plt
>>>#假设观测某人抛掷质地均匀的骰子，也就是说掷出1～6的概率都是1/6
>>>random_data = np.random.randint(1, 7, 60000)
>>>#展示抛掷骰子的数值情况
>>>print(random_data)
```

```
>>># 展示抛掷骰子结果的均值和标准差
>>>print ('均值为:    ',random_data.mean())
>>>print ('标准差为: ',random_data.std())
>>>#直方图展示抛掷骰子的结果
>>>plt.hist(random_data,bins=50,normed=0)
>>>plt.show()
```

运行结果如下所示。

第一，抛掷骰子 60 000 次的结果为 [5 6 6 ⋯ 6 5 4]。

第二，均值为 3.505 916 666 67。

第三，标准差为 1.706 965 629 33。

第四，抛掷骰子结果分布比较均匀，出现次数在 10 000 次上下浮动，如图 3-2 所示。

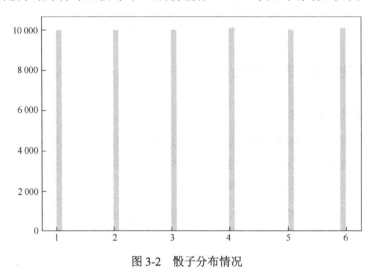

图 3-2　骰子分布情况

（2）单次抽样情况。

我们从上述 60 000 次抛掷结果中，抽取 100 个结果作为样本来查看其均值和标准差情况。

```
>>>#从60 000次抛掷结果中，抽取100个结果作为样本来查看
>>>sample_100 = []
>>>for i in range(0, 100):
    >>>sample_100.append(random_data[int(np.random.random()*len(random_data))])
>>>#展示本次从总体结果中抽取100个结果的数值情况
>>>print(sample_100)
>>>#展示本次抽取结果的均值和标准差
>>>print ('样本均值为:    ',np.mean(sample_100))
>>>print ('样本标准差为: ',np.std(sample_100,ddof=1))
```

运行结果如下所示。

第一，抽取其中 100 个结果作为样本，样本为 [4, 5, ···, 3, 5]。

第二，样本均值为 3.24。

第三，样本标准差为 1.676 456 098 59。

我们可以发现，单次抽样的样本均值和标准差与总体均值和标准差虽然较为接近，但是差别也明显。

（3）多次抽样情况。

我们抽取 50 000 组、每组抽取 100 个结果来观察每组均值的分布情况。

```
>>>#定义抽取50 000组，每组抽取100个结果的均值和标准差列表
>>>samples_100_mean = []
>>>for i in range(0, 50000):
    >>>sample = []
    >>>for j in range(0, 100):
        >>>sample.append(random_data[int(np.random.random() * len(random_data))])
        >>>#将100个结果的均值放入列表samples_mean中
    >>>samples_100_mean.append(np.mean(sample))
    >>>samples_many_mean=np.mean(samples_100_mean)
>>>print('多次抽取样本的总均值: ',samples_many_mean)
>>>plt.hist(samples_100_mean,bins=200,normed=0)
>>>plt.show()
```

运行结果显示，每组抽取 100 个结果，抽取 50 000 组时的总均值为 3.505 509 8，与总体均值 3.505 916 666 67 非常接近。将这 50 000 组均值通过直方图展示，可以发现这些均值形态呈现正态分布，如图 3-3 所示。

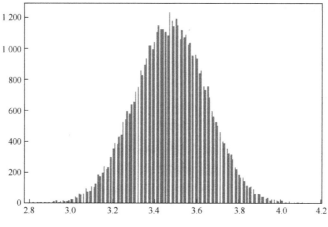

图 3-3　中心极限定理演示

3.2.3   大数定律与中心极限定理的区别

大数定律表达的核心：随着样本容量的增加，样本均值将接近总体均值。有了大数定律，我们统计推断时就可以使用样本均值估计总体均值。虽然使用部分样本均值来代替总体样本均值（期望）会出现偏差，但是当部分样本量足够大的时候，偏差就会变得足够小。大数定律的出现为人们利用频率来估计概率提供了理论基础，也为人们利用部分数据来近似模拟总体数据特征提供了理论支持。

中心极限定理表达的核心：样本独立同分布的情况下，抽样样本均值围绕总体样本均值呈现正态分布。中心极限定理是概率论中最著名的定理之一，它不仅提供了计算独立随机变量之和的近似概率的方法，也从某个角度解释了众多自然群体的经验频率呈现正态分布的原因。正是中心极限定理的提出，使得正态分布在数理统计中具有特别的地位，使得正态分布应用更加广泛。

大数定律和中心极限定理都在描述样本的均值性质。大数定律描述的是，随着数据量的增大，样本均值约等于总体均值。而中心极限定理描述的是，样本均值不仅接近总体均值，而且围绕总体均值呈现正态分布。大数定律揭示了大量随机变量的平均结果，但没有涉及随机变量的分布问题。而中心极限定理说明在一定条件下大量独立随机变量的平均数是以正态分布为极限的。

直观来讲，有个小技巧可帮助读者去记忆两者的区别：当你联想到大数定律时，你脑海里想到的应该是一个样本和总体的均值关系；而当你联想到中心极限定理时，你脑海里想到的应该是多个样本均值的分布情况。

3.3   理解概率统计中的重要分布

概率统计学习过程中会碰到各种各样的概率分布情况，其中正态分布、泊松分布等是最常见，也是最重要的概率分布。

3.3.1   真正搞懂正态分布

1. 正态分布是什么

正态分布又被称为高斯分布，也称常态分布，最早由棣莫弗在求二项分布的渐近公式中得到，后来高斯在研究测量误差时从另一个角度也导出了正态分布。这是一个在数学、物理及工程等领域都非常重要的概率分布，在统计学的许多方面有着重大影响。正态分布的曲线形态表现为图形两头低、中间高且左右对称，因其曲线呈钟形又经常被称为钟形曲线，如图3-4 所示。

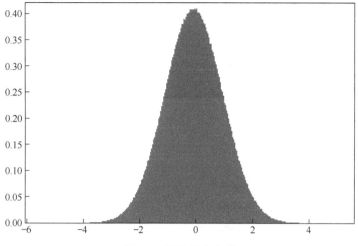

图 3-4　正态分布曲线

我们以一维数据为例，正态分布的定义：若随机变量 X 服从一个数学期望为 μ、方差为 σ^2 的正态分布，则可记为 $N(\mu,\sigma^2)$。其概率密度函数决定了正态分布的期望值 μ 的位置，其标准差 σ 决定了分布的幅度。$\mu = 0$，$\sigma = 1$ 的正态分布就是标准正态分布。

正态分布是概率统计中非常重要的一类分布状态，高斯在其发现与理论完善上做出了重要贡献。

2. 正态分布背后的原理是什么

现在，我们知道了正态分布是一种类似钟形的分布曲线，也知道了正态分布描述的是一种广泛的自然现象，例如男女身高、学生成绩、测量误差等都服从正态分布。关于很多事物服从正态分布的一种表面的解释是这样的：事物总是中间状态居多，而极端状态较少，所以呈现正态分布。但仔细想想，这根本没有解释问题，无非是正态分布的另一种表述形式而已。假如我们将正态分布中靠近均值的部分称为"中间状态"，离均值较远的部分称为"极端状态"，那么上述表述无非是换个词语描述正态分布而已。所以，正态分布背后的原理究竟是什么呢？

其实，正态分布背后的原理就是我们前文讲述的中心极限定理。中心极限定理说明了大量相互独立的随机变量在抽样次数足够多的时候（一般要求大于 30 次），每次抽取样本的均值或者和的分布情况都逼近正态分布。中心极限定理还指出一个重要的结论：无论随机变量呈现出什么分布，只要我们抽样次数足够多，抽取样本的均值就围绕总体的均值呈现正态分布。随着抽取组数的增多，每次抽样的均值分布越来越趋近正态分布，如图 3-5 ～图 3-9 所示。

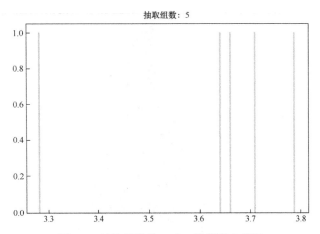

图3-5　抽取组数为5时，均值分布情况

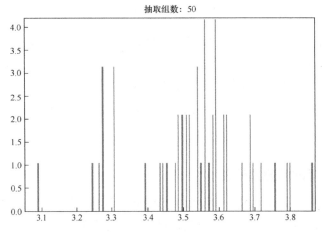

图3-6　抽取组数为50时，均值分布情况

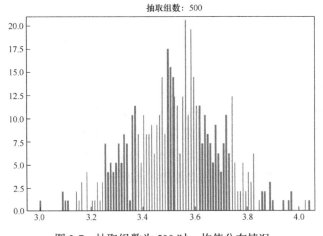

图3-7　抽取组数为500时，均值分布情况

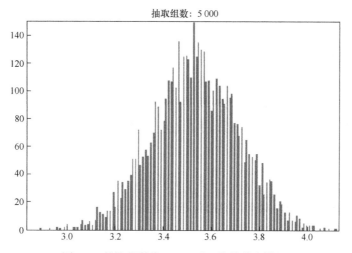

图 3-8 抽取组数为 5 000 时，均值分布情况

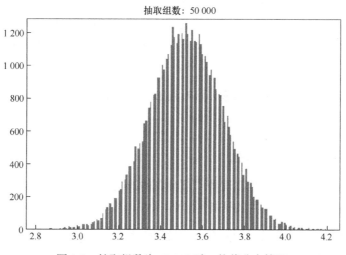

图 3-9 抽取组数为 50 000 时，均值分布情况

　　中心极限定理指出大量相互独立的随机变量的均值经适当标准化后依分布收敛于正态分布，其中有 3 个要素：独立、随机、相加。例如大量男生的身高服从正态分布，但是为什么会这样呢？我们假设男生身高受到 3 个独立因素的影响：基因、营养、运动。那么实际上每个男生的身高都是 3 个独立随机因素"基因""营养"和"运动"的加和作用，因此可以把单个男生的身高看作 3 个随机因素的加和。根据中心极限定理，大量男生的身高就会服从正态分布。

　　所以现在读者应该就更加能够明白前文所说的：正是中心极限定理的发现，使得正态分布在概率统计领域有独特的地位和广泛的应用场景。

3.3.2　真正搞懂泊松分布

1. 泊松分布是什么

泊松分布（Poisson 分布）是一种统计学与概率学里常见到的离散概率分布，由法国数学家西梅翁·德尼·泊松在 1838 年发表。公交车站根据每天客流量的变化情况来安排班次，银行根据每天的排号人数来决定开放的柜台数，书店根据图书销售情况来备货等常见的生产、生活问题都和泊松分布息息相关。

泊松分布的概率函数为 $P(X=k)=\dfrac{\lambda^k}{k!}\mathrm{e}^{-\lambda}$，$k=0$，1，2，3…，其中，参数 λ 指单位时间（或单位面积）内事件发生的平均概率。泊松分布表达的含义是，单位时间里某事件发生了 λ 次，那么事件发生 k 次的概率是多少。例如，一个公交车站有多辆不同线路的公交车，平均每 10 分钟就会来 3 辆公交车，那么 10 分钟内来 5 辆公交车的概率是多少呢？我们根据泊松分布的公式，可以计算 $P(X=k=5)=\dfrac{3^5}{5!}\times\mathrm{e}^{-3}=0.100\,818\,813\,445$。也就是说，这个公交车站 10 分钟内会有 5 辆公交车来的概率为 10.08%。那么，这种计算是否合理呢，或者说泊松分布适用于哪些条件下？经过研究，泊松分布适用的事件需要满足以下 3 个条件：第一，事件是小概率事件；第二，事件之间相互独立；第三，事件的概率是稳定的。

一般来说，如果某事件以固定频率 λ 随机且独立地发生，那么该事件在单位时间内出现的次数（个数）就可以看作服从泊松分布。

2. 泊松分布背后的原理是什么

要理解泊松分布的由来首先需要理解二项分布的情况，因为泊松分布是二项分布的一种极限形式，可以通过二项分布公式取极限推导出来。

抛硬币实验就是一个典型的二项分布。假设我们抛掷 n 次硬币，每次抛掷后出现正面朝上的概率是 p，那么最终出现 k 次正面朝上的概率是多少？

根据排列组合公式，n 次独立事件中出现 k 次正面朝上的概率为 $P=C_n^k\times p^k\times(1-p)^{n-k}$，二项分布的数学期望 $\mu=np$。那么这个二项分布和泊松分布有什么联系呢？我们还是以前面的公交车出现在站台事件为例来理解。我们将公交车到站和抛掷硬币进行类比，单位时间内公交车有两种结果：到站或者不到站。假设公交车到站是独立事件，单位时间内公交车到站的概率为 p，那么公交车到站就服从二项分布。单位时间内到站的公交车为 k 辆的概率就是 $P=C_n^k\times p^k\times(1-p)^{n-k}$。由于二项分布的数学期望 $\mu=np$，因此有 $p=\mu/n$。当 $n\to\infty$ 时有：

$$P = \lim_{n \to \infty} C_n^k \times p^k \times (1-p)^{n-k} = \lim_{n \to \infty} C_n^k \times \left(\frac{\mu}{n}\right)^k \times \left(1 - \frac{\mu}{n}\right)^{n-k}$$

$$= \lim_{n \to \infty} \frac{n(n-1)(n-2)\cdots(n-k+1)}{k!} \times \left(\frac{\mu}{n}\right)^k \times \left(1 - \frac{\mu}{n}\right)^{n-k}$$

$$= \lim_{n \to \infty} \frac{\mu^k}{k!} \times \frac{n(n-1)(n-2)\cdots(n-k+1)}{n^k} \times \left(1 - \frac{\mu}{n}\right)^{-k} \times \left(1 - \frac{\mu}{n}\right)^{n}$$

对其中部分求极限，可以得到部分极限值如下。

$\lim_{n \to \infty} \dfrac{n(n-1)(n-2)\cdots(n-k+1)}{n^k} \times \left(1 - \dfrac{\mu}{n}\right)^{-k} = 1$ 且 $\lim_{n \to \infty}\left(1 - \dfrac{\mu}{n}\right)^{n} = \mathrm{e}^{-\mu}$。因此，上式可以化简为

$P = \dfrac{\mu^k}{k!}\mathrm{e}^{-\mu}$。这就是泊松分布的数学表达形式。

由此可见，泊松分布可作为二项分布的极限而得到。一般来说，若 $X \sim B(n,p)$，其中 n 很大、p 很小，则当 $np = \lambda$ 不太大时，X 的分布接近于泊松分布 $P(\lambda)$。因此，有时可将较难计算的二项分布转化为泊松分布去计算。

3.4 理解朴素贝叶斯思想很重要

朴素贝叶斯是经典的机器学习算法，也是基于概率论的分类算法。朴素贝叶斯原理简单，容易实现，多用于文本分类问题，如垃圾邮件过滤，需要读者仔细体会。

朴素贝叶斯思想由"条件概率"这个概念发展而来，要理解朴素贝叶斯思想首先要理解条件概率。下面通过一个例子来理解条件概率及其计算方式。

3.4.1 如何理解条件概率

假设我们将一枚硬币连续抛掷 3 次，观察其出现正反两面的情况。设"至少出现一次反面"为事件 A，"3 次出现相同面（同正或同反）"为事件 B。现在，我们已经知道了事件 A 发生，那么事件 B 发生的概率是多少呢？这里已知事件 A 发生而求事件 B 发生的概率 $P(B|A)$ 就是条件概率。

我们以最经典的思路来分析，首先列出样本空间 $S=\{$ 正正正，正正反，正反正，反正正，反反正，反正反，正反反，反反反 $\}$，共计 8 种情况；事件 $A=\{$ 正正反，正反正，反正正，反反正，反正反，正反反，反反反 $\}$，共计 7 种情况；事件 $B=\{$ 正正正，反反反 $\}$，共计 2 种情况。

那么应如何定义 $P(B|A)$ 的计算公式才合理呢？我们知道，如果没有"事件 A 发生"这一信

息的话，那么按照古典概率的定义和计算方式，事件 B 发生的概率 $P(B)=\dfrac{2}{8}=\dfrac{1}{4}$。

但是现在情况出现了变化，即我们知道了"事件 A 发生"这一信息了。因此，样本空间就不再是原来的空间 S 而是空间 A，即 { 正正反，正反正，反正正，反反正，反正反，正反反，反反反 }，共计 7 种情况；而事件 B 对应的空间则不可能出现"正正正"这种情况，事件 B 的空间为 $P(AB)$，即 { 反反反 }，共计 1 种情况。所以，知道了"事件 A 发生"这一条信息后，$P(B|A)=\dfrac{P(AB)}{P(A)}=\dfrac{1}{7}$。由此，我们得到条件概率计算公式 $P(B|A)=\dfrac{P(AB)}{P(A)}$。

3.4.2　如何理解贝叶斯公式

在事件 A 发生的情况下，事件 B 发生的概率计算公式为 $P(B|A)=\dfrac{P(AB)}{P(A)}$。那么，在事件 B 发生的情况下，事件 A 发生的概率的计算公式如何呢？不难得到 $P(A|B)=\dfrac{P(AB)}{P(B)}$。综合上述公式，$P(A|B)P(B)=P(B|A)P(A)$，变形即可得到贝叶斯公式：$P(A|B)=\dfrac{P(A)P(B|A)}{P(B)}$。

如何直观地理解上述公式呢？这里提供一个粗略的、直观的理解方式。我们从"空间"和"约束"两个概念来理解：原本样本空间 S 大小为 1，$P(B) \times 1$ 表示在样本空间 S 基础上增加"约束" B 后得到的子空间，而 $P(A|B)$ 表示以 $P(B)$ 为全集（大小为 1）并在此基础上增加"约束" A 后得到的子空间。$P(A|B)P(B)$ 则表示在样本空间 S 上先后增加两个"约束" B 和 A 后得到的最终子空间，也就是 $P(A|B) \times 1$。同理，$P(B|A)P(A)$ 则表示在样本空间 S 上先后增加两个"约束" A 和 B 后得到的最终子空间，也是 $P(AB) \times 1$。两个"约束" A 和 B 的先后次序对于整个过程不产生影响，所以 $P(A|B)P(B)=P(B|A)P(A)$。样本空间 S 如图 3-10 所示。

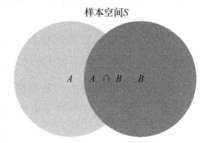

图 3-10　样本空间 S

3.4.3　贝叶斯公式的应用

我们来看一下贝叶斯公式的典型应用案例。

案例 1：假如你就读于一所著名的理工科大学，里面有 70% 的学生是男生，30% 的学生是女生。男生总是穿长裤，而女生则一半穿长裤一半穿裙子。知道以上信息后，我们很容易进行正向概率的计算，比如"随机抽取一个学生，计算该学生穿长裤的概率"：$P($ 长裤 $)=0.7 \times 1+0.3 \times 0.5=0.85$。

但是对一些逆向概率的计算就会有点困难了。假设你高度近视，这时候过来一个学生，你只能确定这个学生穿着长裤，但是不知道性别，请你计算学生性别为男的概率是多少。

我们通过分析可知，这是一个条件概率计算问题，是在"已知学生穿长裤"的条件下，求解"这个学生是男生的概率"问题（女生同样处理，不再赘述）。上述问题可以转换为"前面来了一个穿长裤学生，求其是男生的概率"。根据常识，我们只需要计算：多少学生穿长裤？穿长裤男生的数量是多少？假设，学生总数为 S，那么根据前述信息，穿长裤学生的数量 $=S×0.7×1+S×0.3×0.5$，穿长裤男生的数量 $= S×0.7×1$。因此，已知学生穿长裤，这个学生是男生的概率 $P($ 男生 | 长裤 $)=S×0.7×1/(S×0.7×1+S×0.3×0.5)=14/17$。

上述过程其实就是再次展示了贝叶斯公式的由来，当然也可以直接使用贝叶斯公式来计算 $P($ 男生 | 长裤 $)=P($ 男生 $)×P($ 长裤 | 男生 $)/P($ 长裤 $)= 0.7×1/0.85=14/17$。

案例 2：今天是周日，你们一群小伙伴考虑是否适合郊游。早上起来，发现是多云天气，但是你们还是担心会下雨。这个时候，通过历史数据你们发现：40% 的下雨天早上都是多云天气；多云天气在该地区这个季度比较常见，40% 的日子都是多云天气；现在是梅雨季节，平均 90 天有 60 天都会下雨。根据以上信息，我们来算算周日是否适合郊游。

本案例的问题是"已知早上是多云天气的情况下，当天下雨的概率是多少"。根据贝叶斯公式 $P($ 雨天 | 早上多云 $)=P($ 雨天 $)×P($ 早上多云 | 雨天 $)/P($ 早上多云 $)=(60/90)×0.4/0.4=2/3$。计算结果说明，有 2/3 的概率周日会下雨，看来还是不宜郊游。

3.4.4　最大似然估计

拉普拉斯说"概率论只是把常识用数学公式表达出来"，实际上我们在日常生活中很多时候都在无意识地使用最大似然原理。

（1）某次考试，老师发现有两份卷子（95 分和 65 分）忘了写名字。老师填写学生得分表时，发现平时学习成绩较好的甲同学和平时学习成绩较差的乙同学忘了写名字。那么老师怎么填写两人的成绩表呢？

（2）我们已经知道一个袋子中有黑白两种颜色的球，总共 100 个，其中一种颜色的球有 95 个，但具体是哪种颜色并不清楚。现在随机取出一个球发现是白球。那么袋子里究竟是白球多还是黑球多呢？

对于第（1）个问题，由于甲同学平时成绩较好，因此我们猜测得分高的卷子是甲同学的；对于第（2）个问题，数量为 95 的某种颜色的球被我们抽中的概率更大，所以当我们抽出来的球是白球时，我们自然会认为数量为 95 的球是白球，也就是白球数量更多。

在上面的例子中，我们并没有运用什么数学公式来计算，只是凭直觉和常识。我们认为：

概率最大的事件是最可能发生的，因此现实中发生的事件往往就是概率最大的那个事件。这其实就是最大似然原理的思想。

最大似然原理中的"最大似然"表示"最大概率看起来是这个样子"，所以最大似然原理的意思其实就是"最大概率看起来是这个样子，那我们认为真实情况就是这个样子"。上述只是一个通俗但不严谨的表述，更加准确的最大似然原理应该表述为，若一次试验有 n 个可能的结果，分别为 $A_1, A_2, \cdots, A_n$，现在做一次试验的结果为 A_i，那么我们可以认为本次试验的结果事件 A_i 在这 n 个可能的结果中出现的概率最大。

上面解释了最大似然原理，那么最大似然估计又是什么呢？最大似然估计实际上就是利用最大似然原理完成一项任务：参数估计。

最大似然估计的目的是，利用已知样本结果，反推最有可能（最大概率）导致出现这样结果的参数值是多少。最大似然估计是一种统计方法，属于统计学的范畴。最大似然原理是一种基础原理，属于概率论的范畴。最大似然估计是建立在最大似然原理基础上的一种统计方法。它通过现实中已经给定的观察数据来倒推和评估模型参数，例如经过若干次试验并观察结果，构造试验结果概率的某个含参表达式，通过假定该概率值最大来求解参数值。

第**4**章

全景图：机器学习路线图

随着大数据时代的来临和人工智能技术的广泛应用，人工智能的重要分支——机器学习受到越来越多的关注。但机器学习知识体系庞杂，如果读者没有形成整体的认知而盲目陷入细节之中，不仅学习过程会变得艰难，学习效率也会大打折扣。本章力图整体、全面地介绍机器学习的主干知识，从而帮助读者快速抓住重点和关键，形成完整的知识体系和学习路线。

4.1　通俗讲解机器学习是什么

北宋词人张先在他的《天仙子·水调数声持酒听》中有这样的名句："风不定，人初静，明日落红应满径。"为什么词人会认为"明日落红应满径"呢？这是因为他之前的生活经验告诉他，一旦出现"风不定"的特征，第二天早上起来落花就会铺满小径。这些问题的实质都是人类根据自身的生产、生活经验对事物做出预判。那么如果这些信息能够告诉计算机，计算机能否来帮助我们处理类似的问题呢？这正是机器学习致力于解决的问题。

4.1.1　究竟什么是机器学习

对人类来说，经验以记忆（图片、声音或其他形式）形式存储在我们的大脑里面。对计算机来说，经验以数据形式存储在机器里面。机器学习，就是研究如何从数据产生模型，从而让人们利用模型来对未来进行预测。

卡内基梅隆大学机器学习领域的著名学者汤姆·米切尔曾经在 1997 年对机器学习做出过更为严谨和经典的定义：

A program can be said to learn from experience E with respect to some class of tasks T and performance measure P, if its performance at tasks in T, as measured by P, improves with experience E.

翻译过来就是，假设用 P 来评估计算机程序在某一项任务 T 上的性能表现，如果程序能够利用经验 E 提升在任务 T 上的性能表现，那么我们就说对于任务 T 的性能 P，这个程序对经验 E 进行了学习。从米切尔的定义中，我们也可以发现机器学习的 3 个重要概念：任务（Task）、经验（Experience）和性能（Performance）。

机器学习有时候又被称为统计学习，它是计算机基于数据来构建概率统计模型并运用模型对数据进行分析和预测的学科。机器学习基于统计方法，以计算机为工具对数据进行分析和预测。之所以将其称为"统计学习"或者"机器学习"，是因为统计学习具有"自我改进"的特征。按照西蒙对"学习"的定义："如果一个系统能够通过执行某个过程而改进它的性能，这就是学习。"

例如，我们通过火车站或者机场的时候，检票口处的身份识别软件通过人脸识别对旅客的身份进行验证从而判定旅客是否可通行。这里，旅客向身份识别软件输入身份证件照和检票口软件识别的人脸照，身份识别软件判定人脸照和身份证件照是否一致。身份识别软件的关键和核心就是建立一个算法模型来对人脸照和身份证件照进行判别，判别的准确率越高则模型越好，这也是机器学习的关键和核心。我们研究机器学习，绝大部分研究的目的就是建立这样一个性能良好的模型，从而能够对具体事物进行高精度预测。机器学习过程如图 4-1 所示。

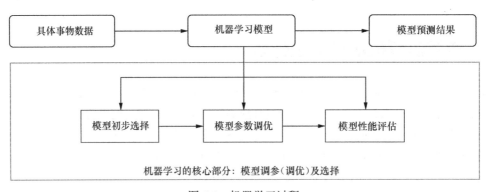

图 4-1 机器学习过程

机器学习的应用不限于上述案例。目前，机器学习已经开始在各种场景之中广泛使用。

（1）营销场景：商品推荐、用户画像系统、广告精准投放。

（2）文本挖掘场景：新闻分类、关键词提取、文本情感分析。

（3）社交关系挖掘场景：微博用户领袖分析、社交关系链分析。

（4）金融反欺诈场景：贷款发放、金融风控。

（5）非结构化数据场景：人脸识别、图片分类、光学字符识别（OCR）等。

上述应用只是机器学习使用的一部分典型应用场景，随着人们的需求越来越丰富，未来还有更多、更丰富的应用场景等待我们去开拓。

4.1.2 机器学习的分类

机器学习按照不同的分类方法，有不同的种类。

（1）按照是否有监督，机器学习可以分为有监督学习和无监督学习。什么是有监督学习，什么是无监督学习呢？举个例子：小孩成长过程中，大人不断教小孩认识各种事物，比如什么是房子、什么是鸡、什么是狗等。当小孩被教导过多次之后，碰到一个从未见过的房子时，他也知道这是房子；碰到一只从未见过的小鸡时，他也知道这是小鸡。如果把小孩的大脑看作计算机的话，那么房子、小鸡在各个维度上的特征信息，比如"尺寸""颜色""是否移动""能否发出声音""形状"等信息，就通过小孩的眼睛、耳朵等"传感器"，输入了小孩的大脑之中。大人教育小孩这是房子、那是小鸡等，就相当于告诉了小孩他所观察到的信息（"尺寸""颜色""是否移动""能否发出声音""形状"等）的"分类结果"。这种既给予"特征信息"又反馈"结果信息"的机器学习类型，就叫作"有监督学习"。形象地讲，有监督学习就是大人监督着小孩的学习过程和结果。一个典型的有监督学习流程如图4-2所示。

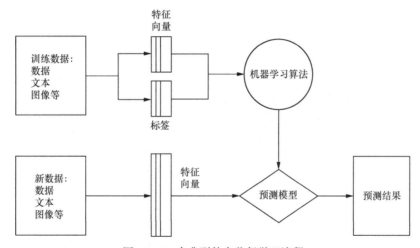

图 4-2   一个典型的有监督学习流程

那什么又是无监督学习呢？无监督学习与有监督学习的不同之处在于，我们只给了训练样本的特征信息，但是没有告诉结果。比如我们去参加画展，画展上展出了古今中外的各种名画。虽然你对绘画知之甚少，但是当你看完了所有画之后，你也能够分出中国山水画、油画、抽象画。为什么呢？因为你会发现，有一类画都是用墨水画的山水；有一类画很逼真，就像照相机拍的照片一样；有一类画有很多稀奇古怪的线条，很难理解。虽然你不一定能够把每种画的名称对应上，但是你至少可以在没有人指导和告知你结果的情况下，把展示的画分为几类。这其实就是无监督学习里面的一种常用算法，叫作"聚类"。

有监督学习与无监督学习的任务、理解和典型算法如图 4-3 所示。

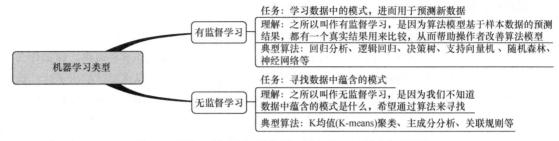

图 4-3 有监督学习与无监督学习的任务、理解和典型算法

（2）按照预测值是连续还是离散，机器学习可以分为分类和回归。比如，预测某个贷款申请人是否合格，这类学习任务就是"分类"，因为结果只有两种可能："合格"或者"不合格"。如果我们需要根据房屋所在地段、面积、朝向、建筑年代、开发商等信息进行房屋销售价格的预测，由于房屋的销售价格是一个连续变量，因此这类学习任务就是一个典型的"回归"任务。总的来说，如果预测值是离散变量，这类学习任务常常是"分类"；如果预测值是连续变量，这类学习任务常常是"回归"。常见的算法分类，如表 4-1 所示。

表 4-1 常见的算法分类

问题分类	有监督学习	无监督学习
连续值预测	回归 决策树 随机森林	奇异值分解 主成分分析 K 均值聚类
离散值分类	决策树 逻辑回归 朴素贝叶斯 支持向量机	Apriori 算法 FP-Growth

相对无监督学习，有监督学习在工业界具有更大的影响力，我们日常所说的"机器学习"其实更多偏重于"有监督学习"。接下来，我们主要以有监督学习为例进行讲解。

4.2 机器学习所需环境介绍

机器学习离不开代码实践，本节主要面对初学者讲解机器学习的主流编程语言与环境。目前，Python 是最受欢迎的机器学习编程语言，因此本书的所有代码均使用 Python 来编写。

4.2.1 Python的优势

目前，Python 是最受欢迎的机器学习编程语言，这是多方面因素综合作用的结果。

（1）跨平台应用性。Python 是一门解释型编程语言，源码都需要通过解释器转换为字节码，因此只要一个平台安装了用于运行这些字节码的虚拟机，Python 就可以执行跨平台作业。机器学习任务广泛地运行在多种平台上，因此采用 Python 这种解释型语言作为编程语言具有良好的跨平台应用性。

（2）广泛的应用接口。Python 除了第三方程序库可以调用外，很多业界大公司也向互联网用户提供机器学习功能的 Python 应用编程接口。互联网用户只需要使用 Python 并遵循对应的应用程序接口（API）协议，就可以方便地调用对应的模块功能。

（3）丰富的开源工具包。Python 自带丰富的开源工具包可供广大用户免费使用，例如提供具有高级数学运算功能的 NumPy 和 SciPy，提供具有数据分析和绘图功能的 Matplotlib，提供具有大量经典机器学习模型的 Scikit-learn（又写作 sklearn），提供具有数据预处理功能的 Pandas 和集成上述第三方程序库的综合平台 Anaconda 等。

4.2.2 Python下载、安装及使用

对普通读者而言，本书推荐安装 Anaconda 平台。Anaconda 平台只需要简单下载并安装就可以自动获取相关的多个第三方程序库。

1. 下载 Anaconda 平台

打开 Anaconda 官网，Anaconda 平台有两个版本可供选择：Python 3.7 和 Python 2.7，建议选择 Python 3.7。选择版本之后读者根据自己操作系统的情况单击"64-Bit Graphical Installer"或"32-Bit Graphical Installer"下载。

2. 配置环境变量

Windows 用户需要在"控制面板→系统和安全→系统→高级系统设置→环境变量→用户变量→ Path"中设置 Anaconda 的安装目录的 Scripts 文件夹路径，如"C:\Program\Anaconda3\Scripts"，读者可以根据自己不同的安装路径进行调整。

3. 使用 Jupyter Notebook

配置好 Anaconda 后，建议使用 Anaconda 平台中的 Jupyter Notebook 作为编程应用工具来进行 Python 编程操作。

上述内容比较简单且互联网上有大量 Anaconda 安装配置手册可供参考，读者可以根据自己的情况选择阅读和参考。

4.3 跟着例子熟悉机器学习全过程

前文讲述了机器学习的一些基本知识，本节我们将通过实践操作来熟悉机器学习的流程。一个典型的机器学习模型构建过程包含准备数据、选择算法、调参优化、性能评估，如图 4-4 所示。

图 4-4 一个典型的机器学习模型构建过程

以下案例教学中，将会不断地给读者强化这 4 个步骤，使读者对机器学习的过程有整体的认识。下面先通过一个例子来搞清楚机器学习算法模型构建的整体过程。考虑到数据的合法性和读者数据获取的便捷性，这里使用 sklearn 自带的经典公开数据集。

这里使用 sklearn 自带的糖尿病数据集 load_diabetes，它主要包括 442 行数据，10 个属性值，分别是年龄（Age）、性别（Sex）、体重指数（Body Mass Index）、平均血压（Average Blood Pressure）、S1 ~ S6 指标（6 个患病级数指标）。Target 为一年后患病定量指标。

我们对该数据集一个常见的想法是，这些数据中各特征变量（如年龄、性别、体重指数、平均血压、S1 ~ S6 指标）与目标变量（患病定量指标）之间可能存在某种线性规律，可以考虑通过机器学习算法来学习一个具体的算法模型，从而对患病定量指标进行预测，代码如下。

```
>>>#从sklearn.datasets自带的数据中读取糖尿病数据并将其存储在变量diabetes中
>>>from sklearn.datasets import load_diabetes
>>>diabetes=load_diabetes()
>>>#明确特征变量与目标变量
>>>x= diabetes.data
>>>y= diabetes.target
>>>#从sklearn.model_selection中导入数据分割器
>>>from sklearn.model_selection import train_test_split
>>>#使用数据分割器将样本数据分割为训练数据和测试数据，其中测试数据占比为20%。数据分割是为了获得训练集和测试集。训练集用来训练模型，测试集用来评估模型性能
>>>x_train,x_test,y_train,y_test=train_test_split(x,y,random_state=33,test_size=20%)
>>>#从sklearn.linear_model中选用线性回归模型LinearRegression来学习数据。我们认为糖尿病数据的特征变量与目标变量之间可能存在某种线性关系，这种线性关系可以用线性回归模型LinearRegression来表达，所以选择该算法进行学习
```

```
>>>from sklearn.linear_model import LinearRegression
>>>#使用默认配置初始化线性回归器
>>>lr=LinearRegression()
>>>#使用训练数据来估计参数，也就是通过训练数据的学习，为线性回归器找到一组合适的参数，从而获得一个
带有参数的、具体的线性回归模型
>>>lr.fit(x_train,y_train)
>>>#对测试数据进行预测。利用上述训练数据学习得到的带有参数的、具体的线性回归模型对测试数据进行预
测，即将测试数据中每一条记录的特征变量（例如年龄、性别、体重指数等）输入该线性回归模型中，得到一个该条记
录的预测值
>>>lr_y_predict=lr.predict(x_test)
>>>#模型性能评估。上述模型预测能力究竟如何呢？我们可以通过比较测试数据的模型预测值与真实值之间的差
距来评估，例如使用R-squared来评估
>>>from sklearn.metrics import r2_score
>>> print'r2_score:',r2_score(y_test,lr_y_predict)
r2_score: 0.49754301479
```

（1）准备数据。

为了避免给刚接触机器学习的读者造成过多困扰，上述处理过程中尽可能简化了数据处理环节。上述代码中准备数据内容包括数据获取、特征变量与目标变量选取、数据分割，即如下代码。

```
>>>#从sklearn.datasets自带的数据中读取糖尿病数据并将其存储在变量diabetes中
>>>from sklearn.datasets import load_diabetes
>>>diabetes=load_diabetes()
>>>#明确特征变量与目标变量
>>>x= diabetes.data
>>>y= diabetes.target
>>>#从sklearn.model_selection中导入数据分割器
>>>from sklearn.model_selection import train_test_split
>>>#使用数据分割器将样本数据分割为训练数据和测试数据，其中测试数据占比为20%。数据分割是为了获得训
练集和测试集。训练集用来训练模型，测试集用来评估模型性能
>>>x_train,x_test,y_train,y_test=train_test_split(x,y,random_state=33,test_size=20%)
```

其实，算法工程师在机器学习实践中将绝大部分时间都花在了"准备数据"这个环节。常见的准备数据环节包括数据采集、数据清洗、不均衡样本处理、数据类型转换、数据标准化、特征工程等。

（2）选择算法。

机器学习过程中的一个重头戏就是各个算法原理的学习，而之所以要学习各个算法原理，很重要的一个原因就是，在机器学习过程中需要正确合理地选择算法。我们只有对算法原理有比较深入的理解，才能够知道哪些问题可以使用哪些算法来解决。例如糖尿病患病定量指标预测示例中，我们认为数据集的特征变量（年龄、体重指数等）与目标变量（患病定量指标）之间存在着线性关系，而线性回归算法正好可以用来处理线性相关问题，所以我们选择了线性回

归算法来进行模型训练。上述代码中，选择算法的部分如下。

```
>>>#从sklearn.linear_model中选用线性回归模型LinearRegression来学习数据。我们认为糖尿病数据
的特征变量与目标变量之间可能存在某种线性关系，这种线性关系可以用线性回归模型LinearRegression来表达，
所以选择该算法进行学习
>>>from sklearn.linear_model import LinearRegression
```

（3）调参优化。

在上面的示例中，我们采用了模型默认的配置来进行学习和训练。实践中，模型的调参优化是算法工程师很重要的一项工作内容，甚至有人戏称算法工程师为"调参工程师"。需要说明的是，这里的"调参"调整的是超参数，而调整超参数的目的是给算法模型找到最合适的参数，从而确定一个具体的算法模型。

很多刚接触机器学习的读者，往往会被"参数""超参数"等概念搞晕，这里我们做一个详细说明。当你选择算法的时候，例如你"选择线性回归算法"来进行机器学习的时候，实际上你认为历史糖尿病数据的特征变量（年龄、体重指数等，用 $x_1, x_2, \cdots, x_d$ 表示）与目标变量[患病定量指标，用 $f(x)$ 表示]之间满足形式如 $f(x)=\omega_1 x_1+\omega_2 x_2+\cdots+\omega_d x_d+b$ 的关系。但目前为止，你还不能够直接使用线性回归算法 $f(x)=\omega_1 x_1+\omega_2 x_2+\cdots+\omega_d x_d+b$ 来进行预测，因为算法式子中的参数 ω 和 b 尚未确定。我们进行机器学习的目的，就是希望通过历史数据的学习，确定线性回归算法的参数 ω 和 b，从而找到一个最能够体现历史样本数据"规律"的、参数值 ω 和 b 确定的、具体的线性回归算法模型。

寻找上述线性回归算法参数的过程中（参数估计），往往需要算法工程师通过设定和调整某些额外的参数值（例如正则化的惩罚系数）来更快、更好地找到线性回归算法的参数 ω 和 b。这些为了更快、更好地找到线性回归算法参数值而由算法工程师人为调整的参数就是超参数，也就是日常所说的"调参"。

上述代码中，为了简便，调参优化采用的是默认配置，对应的部分如下。

```
>>>#使用默认配置初始化线性回归器
>>>lr=LinearRegression()
>>>#使用训练数据来估计参数，也就是通过训练数据的学习，为线性回归器找到一组合适的参数，从而获得一个
带有参数的、具体的线性回归模型
>>>lr.fit(x_train,y_train)
>>>#对测试数据进行预测。利用上述训练数据学习得到的带有参数的、具体的线性回归模型对测试数据进行预测，
即将测试数据中的每一条记录的特征变量（例如年龄、性别、体重指数等）输入该线性回归模型中，得到一个该条记录的
预测值
>>>lr_y_predict=lr.predict(x_test)
```

（4）性能评估。

算法工程师通过调参，更快、更好地为算法模型找到了某些确定的参数值，进而获得了参

数值确定的、具体的算法模型。接下来，我们就可以使用这些算法模型进行预测了。但是这些算法模型的预测能力究竟好不好呢？这就需要对算法模型（参数值确定的）进行性能评估了。简单地讲，性能评估主要用于评估算法模型的预测能力。上述代码中，性能评估的部分如下。

>>>#模型性能评估。上述模型预测能力究竟如何呢？我们可以通过比较测试数据的模型预测值与真实值之间的差距来评估，例如使用R-squared来评估
>>>from sklearn.metrics import r2_score
>>> print 'r2_score:',r2_score(y_test,lr_y_predict)
r2_score: 0.49754301479

以上就是一个典型的机器学习过程，包括准备数据、选择算法、调参优化、性能评估等关键环节，希望读者留意并重视。

4.4　准备数据包括什么

业界广泛流传着这样一句话："数据决定了机器学习的上限，而算法只是尽可能逼近这个上限。"只要数据量足够大、数据特征维度足够丰富，即便使用简单的算法也可以达到非常好的效果。实践中，算法工程师大约70%以上的时间都花费在准备数据上。准备数据包含多个环节，例如数据采集、数据清洗、不均衡样本处理、数据类型转换、数据标准化、特征工程等。

4.4.1　数据采集

如果我们参加天池或者Kaggle竞赛，原始数据集会公开提供给各参赛方。但现实中公司不会在下发一个预测任务的同时就为你准备好数据集，所以准备数据的第一步是数据采集。

假设公司下发了一项任务：给某电商平台的用户推荐商品，从而提高平台销售业绩。这个时候，我们首先应该思考3个问题，即预测任务究竟是什么？什么样的数据可能与预测任务密切相关呢？这些数据是否可以获取，获取的方式是什么？具体内容如图4-5所示。

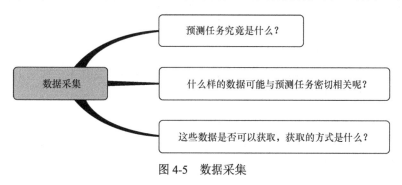

图4-5　数据采集

在上面的例子中，我们的预测任务是，当我们向消费者推荐一款商品时，如何提高消费者的购买率；我们认为消费者以前的购物数据与购物行为有密切关系，这些消费者历史购物数据就是所需要的一部分数据；这部分历史购物数据，可以亲自从公司数据仓库中提取，也可以委托数据采集部门的同事帮助提取。

数据采集环节对算法工程师来说，重点的工作是，真正理解预测任务的本质，明确哪些数据可能会对最后的预测结果造成影响。而具体的数据采集工作倒是其次，算法工程师可以自己亲自提取数据（如从数据仓库中提取数据），也可以向数据采集部门的同事提出数据采集需求，让他们埋点采集新数据或者从数据仓库中提取数据。

4.4.2　数据清洗

数据采集之后，并不意味着数据就可以直接使用，例如可能存在数据缺失或者无效的情况，这时就需要进行数据清洗。现实中，公司数据仓库中的数据来自各个业务数据库的历史数据，这样就难免会出现数据缺失、数据错误甚至数据之间矛盾冲突的情况，也就是产生"脏"数据。业界有句流行语"garbage in,garbage out"，它表达的意思是机器学习算法类似于一个加工机器，最后成品的质量如何在很大程度上受到原材料（数据）质量的影响。所以这些"脏"数据是不能够直接使用的，必须经过清洗。

数据清洗，顾名思义就是把"脏"数据"清洗"干净，使数据能够使用的过程，常包括数据一致性检查，数据缺失值、错误值或无效值的纠正等。

4.4.3　不均衡样本处理

数据经过清洗后，是不是就可以送入算法模型中进行训练了呢？未必。很多情况下，数据的正负样本是不均衡的，而大多数算法模型又对正负样本比较敏感，所以还需要进行样本均衡处理。例如极端情况下一个数据集的正样本为 990 个，负样本为 10 个，那么无论什么算法模型只需要预测结果为正样本，准确率就可以高达 99%。这显然有问题，因此必须考虑正负样本的均衡问题。正负样本不平衡一般采取如下处理方法。

（1）如果正负样本数量较多，且正样本远多于负样本，则采用下采样方法来处理。例如，样本数据中有 3 亿正样本、1 000 万负样本，那么我们可以从 3 亿正样本中抽取 1 000 万正样本，这样正负样本就达到了均衡。

（2）如果正样本远多于负样本，且负样本数量较少，则可以采取上采样方法来处理。例如，样本数据中有 3 000 万正样本、10 万负样本。如果继续采用下采样，即从 3 000 万正样本中抽取 10 万正样本，那样的话正负样本总数才 20 万，可能达不到我们的数据量要求。这个时候，就考虑采用上采样，也就是把 10 万负样本进行扩充，扩充为 3 000 万负样本，从而达到正负样本均衡。

常见的上采样方法有合成少数类过采样技术（Synthetic Minority Oversampling Technique，SMOTE），即对少数类样本进行分析并根据少数类样本人工合成新样本，将新样本添加到数据集中。

4.4.4 数据类型转换

如果数据已经经过清洗，并且也符合正负样本均衡要求，那么可以正式进行数据类型转换了。我们知道数据类型多种多样，既包含数值型，也包含时间型、类别型、文本型、统计型，以及组合特征等。不同的数据类型，数据类型转换的方法也各有不同。常见的数据类型转换方法如下。

（1）连续数据离散化。

连续数据离散化是一种常见的数值型数据预处理方法。在某些情况下，特征离散化会大大增加模型的稳定性。例如，职工年龄是一个连续值，但如果对职工年龄进行离散化操作，将 35 ～ 40 岁作为一个年龄区间，则会更好地反映出不同年龄阶段对事业发展程度的影响，而不会仅因为职工年龄增长一岁就将其当作一个完全不同的人。另外，某些算法模型本身也对数据有着离散化的要求，例如，在工业界，人们很少将连续值直接作为逻辑回归（Logistics Regression，LR）模型的特征输入，往往需要将连续特征离散化为一系列（0,1）特征再交给逻辑回归模型。

曾经有人这样谈论特征数据离散化问题：模型究竟采用离散特征还是连续特征，是一个"海量离散特征 + 简单模型"与"少量连续特征 + 复杂模型"的权衡问题。处理同一个问题，你可以采用线性模型处理离散化特征的方式，也可以采用深度学习处理连续特征的方式，各有利弊。不过从实践角度来讲，采用离散特征往往更加容易和成熟。

（2）类别数据数值化。

计算机能够处理的是数值型数据，但是原始数据集中却常常有类别型数据，例如性别有男和女，颜色有红、橙、黄、绿、青、蓝、紫等，年龄段有儿童、少年、青年、中年、老年，等等。这些类别型数据需要通过一定的方法转换成数值型数据，才能够被计算机所处理。常见的转换方法有 one-hot 编码。one-hot 编码也叫"独热码"，简单地讲就是有多少个状态就有多少比特，其中只有一比特为 1，其他全为 0 的一种编码机制。假如只有一个特征"性别"是离散值 {sex：{male，female}}，由于性别特征总共有两个不同的分类值，采用 one-hot 编码，男性可以表示为 {10}，女性可以表示为 {01}。

假如多个特征需要 one-hot 编码，则可以依次将每个特征的 one-hot 编码拼接起来：{sex：

{male, female}}, {age：{ 儿童，少年，青年，中年，老年 }}。此时对输入为 {sex：male； age：中年 } 的数据进行 one-hot 编码，首先将性别（sex）进行 one-hot 编码得到 {10}，然后按照年龄段（age）进行 one-hot 编码得到 {00010}，两者连接起来即可得到最后的 one-hot 编码 {1000010}。除了 one-hot 编码外，类别型数据也可以采用散列方法来处理。

4.4.5　数据标准化

数据标准化是特征处理环节中非常重要的一步，主要是为了消除不同指标量纲带来的影响，提高不同数据指标之间的可比性。数据标准化方法如下。

（1）最大值-最小值（max-min）标准化：最大值-最小值标准化也称为离差标准化，主要是将原始指标缩放到 0 ～ 1，相当于对原变量做了一次线性变化。具体做法是，首先找到样本特征 x 的最大值（max）和最小值（min），然后计算 $(x-min)/(max-min)$ 来代替原特征 x。通过这样的处理，我们就消除了样本特征不同量纲带来的影响，而将不同的特征维度都缩放为 [0,1]，实现数据的可比性。

实践中，我们常常使用 sklearn 中的 MinMaxScaler 来进行最大值-最小值标准化操作。不过，如果测试集数据或者预测数据中部分样本特征超过了训练集数据的最大值或最小值，会导致 max 和 min 发生变化，需要重新计算极值。

（2）z-score 标准化：这是一种较为常见的数据标准化方法，几乎所有线性模型进行拟合时都会考虑使用 z-score 标准化。z-score 标准化的做法是，首先找到样本特征的均值（$mean$）和标准差（std），然后将每个样本特征 x 变换为 $(x-mean)/std$，从而将数据转换为均值为 0、标准差为 1 的正态分布。实践中，我们常常使用 sklearn 中的 StandardScaler 来进行 z-score 标准化操作。

4.4.6　特征工程

（1）特征工程概述。

我们知道机器学习过程中，很重要的一个环节就是通过训练集数据来对模型进行训练，那么是否所有的数据维度都用于训练模型呢？答案是否定的。如果直接使用算法对所有数据维度进行学习，既增加了计算的复杂性，又增加了噪声的影响。

通过特征工程对数据进行预处理，能够降低算法模型受噪声干扰的程度，能够更好地找出发展趋势。特征工程的目的是筛选出更好的特征，获取更好的训练数据。因为更好的特征意味着特征具有更强的灵活性，可以使用更简单的算法模型同时得到更优秀的训练结果。一般来说，特征工程可以分为特征构建、特征提取、特征选择 3 种方式，如图 4-6 所示。

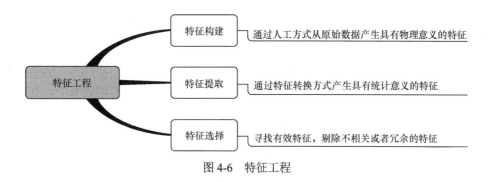

图 4-6　特征工程

实践中，特征工程更多的是工程上的经验和权衡，是机器学习中较耗时间和精力的一部分工作。好的特征工程需要算法工程师具有较好的数学基础和丰富的专业知识，可以说是技术与艺术的结合。

特征工程在实践中具有非常重要的地位。互联网公司中除了少数算法工程师做着算法改进、优化等"高大上"的工作外，其他大部分算法工程师不是在数据仓库中"搬运"数据（各种 MapReduce、Hive SQL 等），就是在清洗数据，或者根据业务场景和特性寻找数据特征。例如某些互联网公司的广告部门要求算法工程师 2 ～ 3 周就要完成一次特征迭代工作，不断对模型进行优化和改进，从而提升曲线下面积（Area Under Curve，AUC）值。

（2）特征选择。

特征工程中使用最广泛的技术就是特征选择。特征选择之所以是使用最为广泛的特征工程技术，一方面是因为部分特征之间相关度较高导致特征冗余，从而容易造成计算资源浪费，需要进行特征选择来降低计算资源的浪费；另一方面是因为部分特征是噪声，会对预测结果产生负面影响，需要进行特征选择。

这里需要明确一些概念。"特征选择"是从原来的特征集合中剔除部分对预测结果无效甚至会产生负面影响的特征，从而提高预测模型的性能；而"降维"是对原来的特征集合中的某些特征做计算组合，从而构建新的特征。

特征选择的技巧和方法较多，但总的来说可以分为以下 3 类。

第一，过滤法。过滤法主要是评估某个特征与预测结果之间的相关度，对相关度进行排序，保留排序靠前的特征维度。实践中经常使用 pearson 相关系数、距离相关度等指标来进行相关度度量。但这种方法只考虑到了单个特征维度，忽略了特征之间的关联关系，可能存在误删的风险，工业界实践中会谨慎使用。

第二，包装法。最常用的包装法是递归消除特征法（Recursive Feature Elimination，RFE）。递归消除特征法将特征选择看作特征子集搜索过程，首先使用全量特征进行算法模型构建，得到基础模型；然后根据线性模型系数，删除部分弱特征后观察模型预测能力的变化情况，当模型预测能力大幅下降时停止删除弱特征。

第三，嵌入法。嵌入法主要是利用正则化方法来做特征选择，使用正则化方法来对特征进行处理，从而剔除弱特征。一般来讲，正则化惩罚项越大，模型的系数就会越小，而当正则化惩罚项大到一定的程度时，部分特征系数会趋于0；继续增大正则化惩罚项，极端状态下所有特征系数都会趋于0。这个过程中，有些特征系数会先趋于0，这部分特征就可以先剔除，只保留特征系数较大的特征。例如，一些平台产品使用 LR 模型做点击率（Click-Through Rate，CTR）预估时，会对上亿维度的特征进行 L1 正则化处理，从而将弱特征剔除。

4.5 如何选择算法

算法工程师很重要的一项工作就是根据问题类型选择合适的算法来进行机器学习。机器学习算法模型可以分为两类，一类是单一算法模型，另一类是集成学习模型。

4.5.1 单一算法模型

算法工程师需要根据问题类型选择合适的算法来进行机器学习。这需要算法工程师对各个算法的原理和实现过程有较为深入的理解，从而明确各个算法的适用场景。典型的算法原理和实现过程，我们在后文"搞懂算法"中会有所介绍，此处不赘述。

4.5.2 集成学习模型

机器学习过程中，除了使用单一算法模型外，还可以使用集成学习模型。集成学习通过构建多个学习器并将其结合，从而更好地完成预测任务，也常被称为模型融合或者基于委员会的学习。模型融合的一般步骤是，首先产生一系列"个体学习器"，然后通过某种策略将这些"个体学习器"组合起来使用，从而获得更好的预测效果，如图 4-7 所示。

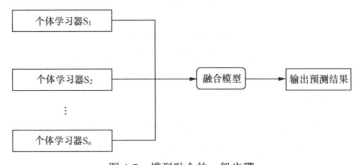

图 4-7　模型融合的一般步骤

那么，融合模型是否总能产生更好的预测结果呢？答案是否定的！我们考虑一个例子：假定在前文的人脸照和身份证件照识别判定任务中，我们建立了"个体学习器 S_1""个体学习器 S_2""个体学习器 S_3"，它们在测试集数据上的表现如表 4-2 所示。

表 4-2 融合模型性能变化情况

情形	个体学习器	测试例 1	测试例 2	测试例 3	准确率	效果
情形 1	S_1	正确	正确	错误	66.67%	融合提升性能
	S_2	正确	错误	正确	66.67%	
	S_3	错误	正确	正确	66.67%	
	融合模型	正确	正确	正确	100.00%	
情形 2	S_1	正确	正确	错误	66.67%	融合不改变性能
	S_2	正确	正确	错误	66.67%	
	S_3	正确	正确	错误	66.67%	
	融合模型	正确	正确	错误	66.67%	
情形 3	S_1	错误	错误	正确	33.33%	融合降低性能
	S_2	错误	正确	错误	33.33%	
	S_3	正确	错误	错误	33.33%	
	融合模型	错误	错误	错误	0.00%	

在上述例子中，融合模型采取"少数服从多数"的策略来组合各个个体学习器得出最终的融合模型预测结果。情形 1 中，各个个体学习器测试数据预测准确率为 66.67%（2/3），融合各个不同的个体学习器，最后提升了融合模型的预测能力（100%）。情形 2 中，各个个体学习器测试数据预测准确率虽然也是 66.67%，但是由于各个个体学习器的预测准确率相同，因此最后融合模型的预测能力并没有改变和提升（66.67%）。情形 3 中，各个个体学习器测试数据预测准确率只有 33.33%，融合各个不同的个体学习器，最后反而降低了融合模型的预测能力（0.00%）。由此可见，产生并融合"好而不同"的个体学习器，是融合模型的关键所在。

目前，融合模型根据个体学习器生成方式的不同，可以分为两大类：个体学习器之间存在强依赖关系、必须串行生成的序列化算法，代表算法是 Boosting；个体学习器之间不存在强依赖关系、可同时生成的并行化算法，代表算法是 Bagging 和随机森林。

1. Boosting

Boosting 算法的思想是，首先从初始训练集中训练一个基学习器，基学习器对不同的样本数据有着不同的预测结果，有些样本基学习器能够很好地预测，有些则不能；对于预测错误的样本，增加其权重后，再次训练下一个基学习器；如此反复进行，直到基学习器数目达到事先

指定的数值 T，然后将 T 个基学习器进行加权结合。Boosting 算法实际上是算法族，表示一系列将基学习器提升为强学习器的算法，典型的 Boosting 算法有 AdaBoost。AdaBoost 算法也完整地体现了上述算法思想。

（1）首先在训练集中用初始权重训练一个基学习器 1，如果基学习器 1 对样本 m_1 和 m_2 的分类效果较好，但是对 m_3 的分类效果较差，那么接下来就增加 m_3 的权重，重新训练一个基学习器 2。这里的思想是，既然基学习器 1 已经很好地对 m_1 和 m_2 进行了分类，那么基学习器 2 就没有必要把精力消耗在 m_1 和 m_2 上，而应该集中精力去对 m_3 进行分类。也就是说，基学习器 2 应该多考虑学习器 1 无法很好进行分类的样本。

（2）不断重复上述过程，直到基学习器数目达到事先指定的数值 T，把这些基学习器通过集合策略进行整合，得到最终的强学习器。Boosting 算法过程如图 4-8 所示。

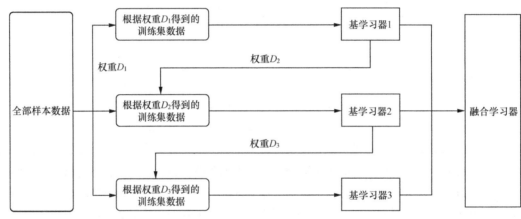

图 4-8 Boosting 算法过程

2. Bagging 和随机森林

（1）Bagging 算法。

在融合模型中，如果个体学习器之间高度保持一致，那么通过融合的方法并不能够提升最后的预测效果。前文讲过，我们需要的个体学习器是"好而不同"的。现实中，虽然各个学习器之间没有办法做到"独立"，但我们可以设法通过尽可能增加每个学习器训练集的差异来使得学习器之间产生较大差异，从而避免各个学习器雷同。这个思想的具体做法：第一，从原始样本集中抽取训练集，每次随机抽取 n 个训练样本（训练集中，有些样本可能被多次抽取，有些样本则可能一次都没有被抽取），抽取 T 次得到 T 个训练集；第二，每次使用一个训练集得到一个模型，T 个训练集共得到 T 个模型；第三，对上述 T 个学习器采取某种策略进行结合。一般来说，Bagging 对分类问题通常采用简单投票法，对回归问题通常采用简单平均法。Bagging

算法过程如图 4-9 所示。

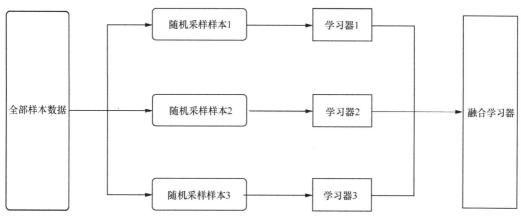

图 4-9　Bagging 算法过程

Bagging 是并行式集成学习算法的代表,它还有一个拓展变体的算法就是随机森林算法。

(2)随机森林算法。

随机森林算法思想仍然是 Bagging 算法思想,但是进行了部分改进,所以随机森林也被看成 Bagging 的拓展变体。随机森林使用了分类与回归树(Classification and Regression Tree,CART)作为弱学习器,并对决策树的建立做了改进,通过随机选择节点上的一部分样本特征进一步增强了模型的泛化能力。具体来说,随机森林的"随机"主要体现在两方面:数据的随机选择、待选特征的随机选择。

第一,数据的随机选择。随机森林从原始数据集中采取有放回抽样的方式来构造子数据集,并且子数据集的数据量和原始数据集是相同的,如表 4-3 所示。

表 4-3　构造子数据集

原始数据集	子数据集 1	子数据集 2	子数据集 3
甲	甲	乙	甲
乙	甲	乙	丙
丙	乙	丙	丙

由于是有放回抽样,因此子数据集中的数据可能重复,也可能与其他子数据集中的数据相同。

使用构造的子数据集数据来构建决策树,会得出一个判别结果。例如随机森林中有 3 棵子决策树,其中 2 棵子决策树的分类结果是 B,1 棵子决策树的分类结果是 A,如果采取投票法的结合策略,最后的随机森林分类结果就是 B,如图 4-10 所示。

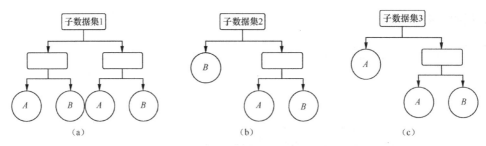

图 4-10 数据的随机选择

第二，待选特征的随机选择。随机森林不仅可以实现数据的随机选择，还可以实现待选特征的随机选择。随机森林中子决策树特征的选择步骤是，首先从所有待选特征中随机选取一定的特征，再在这些随机选取的特征中选取最优特征。这样能够使随机森林中的决策树互不相同，通过提升系统多样性从而提升分类性能。

总的来说，相对 Bagging，随机森林中的基学习器不仅通过样本数据随机，还通过待选特征随机实现了多样性，最终使得集成的泛化性能因为个体学习器差异度的提升而提升。

4.5.3 算法选择路径

当然，人们在使用各个算法模型进行机器学习的过程中，也总结了一些经验规则供大家参考。有人专门总结了各个算法的适用场景，给出了算法选择路径和步骤。

（1）观察数据量大小。如果数据量太小（例如样本数小于 50），那么首先要做的应该是获取更多的数据。或者说，数据量较小时，你未必需要使用机器学习算法来解决问题，可能一个简单的数据统计就能够解决问题。总之，数据量足够大是使用机器学习算法的一个前提，可以防止由于数据量太小带来的过拟合问题。

（2）问题类型。如果数据量足够大并且特征维度足够多，我们就可以尝试采用机器学习的方法来解决问题。一个首要的任务就是，明确问题类型，究竟是连续值预测还是离散值分类。

（3）分类问题解决。分类问题根据数据是否存在标签数据，可以分为有监督分类问题和无监督分类问题。如果数据存在标签数据，那么我们可以采用有监督分类算法来予以解决，例如可以采取 LR、支持向量机（Support Vector Machine，SVM）或者梯度提升决策树（Gradient Boosting Decision Tree，GBDT）等算法；如果数据不存在标签数据，那么我们可以采用一些无监督算法来予以解决，例如聚类算法。

（4）连续值预测问题解决。如果问题类型是连续值预测，那么根据特征维度可以采取不同的处理方法。如果特征维度不是特别多，我们可以直接采用回归算法来处理；如果特征维度很多则需要先进行降维处理。

实际中,我们很少只使用一个算法模型来训练学习,而是使用几个适用的算法模型,然后对各个算法模型的预测能力进行评估,"优中选优",最终确定合适的算法模型。一般来讲,我们对数据有了直观感知后,可以考虑先采用机器学习算法产生一个"基线系统"来作为算法模型选择的基础,然后后续的算法模型可以跟"基线系统"进行比较,最后选择一个合适的算法模型作为最终模型。

4.6 调参优化怎么处理

调参优化是算法工程师最主要的工作内容之一,做好调参优化工作需要算法工程师理解调参相关的基础知识和常见算法的调参内容等。

4.6.1 关于调参的几个常识

为了帮助读者更好地阅读和理解本部分内容,我们有必要回顾一下几个重要的知识点。

(1)机器学习通过训练数据得到一个具体算法模型的过程,就是确定这个算法模型参数的过程。例如线性回归算法 $f(x)=\omega_1 x_1+\omega_2 x_2+\cdots+\omega_d x_d+b$ 中,通过对训练数据的学习,我们希望得到一组最好的参数 ω 和 b,从而得到一个参数值给定的、具体的线性回归算法模型来进行预测。这些参数(ω 和 b)是在模型训练的过程中,计算机根据训练集数据自动得到的。

(2)超参数是在模型训练前我们手动设定的。超参数设定的目的是更快、更好地得到算法模型的参数。而我们一般谈论的调参指的实际上是调整超参数。

(3)如果以线性回归算法为例,回归模型一般表达式里面的系数 ω 和 b 是参数,而正则项的惩罚系数就是超参数。神经网络算法中,节点的权重是参数,而神经网络的层数和每层节点个数就是超参数。

其实,有监督学习的核心环节就是选择合适的算法模型和调整超参数,通过损失函数最小化来为算法模型找到合适的参数值,确定一个泛化性能良好的算法模型。有监督学习过程如图4-11所示。

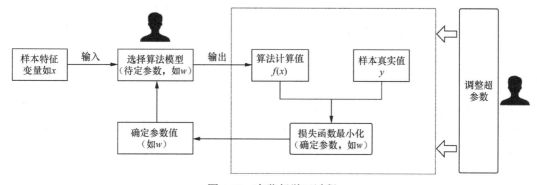

图 4-11 有监督学习过程

4.6.2 模型欠拟合与过拟合

机器学习的本质是利用算法模型对样本数据进行拟合，从而对未知的新数据进行有效预测。一般来说，我们把算法模型预测数据与样本真实数据之间的差异称为"误差"，其中算法模型在训练集上的误差称为"经验误差"或者"训练误差"，而在新样本上的误差称为"泛化误差"。算法模型对训练集以外数据的预测能力（即模型的泛化能力），是机器学习所追求的目标。

欠拟合和过拟合是导致模型泛化能力不高的两种常见原因。"欠拟合"是指模型学习能力较弱，无法学习到样本数据中的"一般规律"，因此导致模型泛化能力较弱。而"过拟合"则恰好相反，是指模型学习能力太强，以至于将样本数据中的"个别特点"也当成了"一般规律"，因此导致模型泛化能力同样较弱。

我们希望通过机器学习得到在新样本上表现良好的学习器，这就要求我们从训练样本中尽量学到适用于所有潜在样本的"普遍规律"。如果学习器学习能力不足，就会造成欠拟合，即学习器从训练样本中学到的东西太少；而如果学习器能力过于强大，把训练样本中非常独特的"个性"也当作所有潜在样本的"共性"来处理，就可能出现过拟合。

虽然欠拟合与过拟合都说明模型的泛化能力较弱，但两者还是存在较大差异的：欠拟合是在训练集和测试集上的性能都较差，因为它压根儿就没有学到"一般规律"；而过拟合是在训练集上表现优异，但是在测试集上表现较差，因为它"生搬硬套"训练集的"规律"，一股脑儿不加区别地把噪声和"普遍规律"都学进去了。这两类问题中，欠拟合相对容易解决，提高学习器的学习能力即可，例如在决策树中扩展分支数量或者在神经网络算法中增加训练轮数等；而过拟合是机器学习的重要难题，无法被避免，只能被缓解。一般来说，各个算法都会有缓解过拟合问题的措施，例如线性算法模型中的正则化惩罚项。过拟合产生的原因是模型"过度用力"去学习训练样本的分布情况，甚至把噪声特征也学习到了，从而导致模型的普适性不够。常见的解决方法包括增大样本量和正则化。增大样本量是解决过拟合问题最根本的方法，由于增大了样本量，噪声数据的比例就相对降低，从而使得算法模型受到噪声的影响降低，提高了算法模型的普适性。而正则化可以在不损失信息的情况下，缓解过拟合问题。也就是说，通过调节正则化系数这个超参数，可以部分缓解过拟合现象，提高算法模型的预测能力。总的来说，过拟合问题是超参数存在的一个重要原因。

4.6.3 常见算法调参的内容

不同的算法由于原理和实现过程不同，所对应的超参数也各不相同，例如线性算法需要调整的超参数主要是正则化系数，而决策树算法需要调整的超参数主要是决策树最大深度、决策树分裂标准等。算法工程师需要针对不同算法进行超参数的调优工作，汇总各算法对应的超参数，如表 4-4 所示。

表 4-4 各算法对应的超参数

算法	超参数
线性回归	正则化参数（L1 正则化、L2 正则化）
LR	正则化参数（L1 正则化、L2 正则化）
决策树	决策树分裂标准 叶子节点最小尺寸 叶子节点最大数量 决策树最大深度
SVM	软间隔常数 核参数 不敏感参数
k 近邻算法	最近邻数值
随机森林	决策树的所有超参数 决策树个数 拆分的变量数
神经网络	隐藏层数值 每层神经元数量 训练迭代次数 学习率 初始权重值

4.6.4 算法调参的实践方法

通常情况下，算法模型的超参数可以手动设定（如 k 近邻算法中的 k 值）。但由于超参数组合空间巨大，手动设定超参数的过程过于繁杂，这个时候我们就可以考虑使用网格搜索（Grid Search）方法来寻找合适的超参数。

网格搜索本质上是穷举所有的超参数组合。例如，当你对决策树进行调参时，如果只对一个超参数进行优化，如决策树最大深度，我们可以尝试（1,3,5,7）4 种可能；如果需要调整的不止决策树最大深度这一个超参数，还包括决策树分裂标准这个超参数，因为决策树分裂标准一般包括基尼系数"gini"和信息增益"entropy"两种，这样，超参数组合（决策树最大深度，决策树分裂标准）就有 4×2=8 种可能。

网格搜索其实就是遍历超参数组合的各种可能，找到一个性能最好的超参数组合，进而确定一个性能最好的算法模型。这看起来是一个"稳妥而可行"的方案，但是它的缺点是计算资源开支较大。因为如果我们有 m 个超参数，每个超参数有 n 种可能，那么超参数组合就有 mn 种可能，所需的计算代价也较大。

4.7　如何进行性能评估

不管是选择算法还是调整超参数都是为了获得更好的算法模型。那么，算法模型究竟如何度量好坏呢？这就需要一把"尺子"来度量，这把"尺子"就是性能度量。针对不同的任务需求，这把"尺子"是不同的，也就是说模型的好坏本身是相对的。

根据机器学习问题类型的不同，算法模型有着不同的性能度量标准。回归预测问题通常采用平均绝对误差、均方误差等指标来度量算法模型的预测能力。分类问题则通过采用精度与错误率、查全率（Recall）与查准率（Precision）等指标来度量算法模型的预测能力。

4.7.1　回归预测性能度量

（1）平均绝对误差。

平均绝对误差（Mean Absolute Error，MAE）也称平均绝对离差，是反映预测值与真实值之间差异程度的一种度量，是各预测值偏离真实值的绝对值之和的平均数。平均绝对误差可以避免误差相互抵消的问题，常用于回归预测能力的度量。

（2）均方误差。

均方误差（Mean Square Error，MSE）是反映预测值与真实值之间差异程度的一种度量，是各预测值偏离真实值的距离平方之和的平均数，也即误差平方和的平均数。

4.7.2　分类任务性能度量

（1）精度与错误率。

精度与错误率是分类任务最常用的两个指标。其中，精度是分类正确的样本数占样本总数的比例，错误率是分类错误的样本数占样本总数的比例。

（2）查全率与查准率。

精度与错误率都是常用的性能度量指标，但是仅有这两个指标是不够的。比如，进行疾病检查的时候，知道医院对癌症检测正确的比例或者错误的比例固然重要，但实际上患者更希望知道的是"诊断为癌症的患者中有多少实际上并未患病"或者"所有癌症患者有多大比例被正确地检测出来了"。这就需要引入两个常用的概念：查全率和查准率。

查全率也被称为"召回率"，查准率也被称为"准确率"。不过，我个人还是推荐使用查全率与查准率，因为这两个名字容易理解和记忆。大家可以这样记忆：查全率表示有多少癌症患者被医院真正检测出来了（比例），查准率表示医院检测出来的癌症患者有多少真的是癌症患者

（比例）。

对于二分类问题，可以把样本的真实情况和预测情况做一个组合，进而可以划分为 4 种情形，如表 4-5 所示。

表 4-5 分类结果混淆矩阵

真实情况	预测情况	
	阳性（Positive）	阴性（Negative）
阳性（Positive）	TP（真阳性）	FN（假阴性）
阴性（Negative）	FP（假阳性）	TN（真阴性）

根据表 4-5，查全率与查准率的定义分别如下。

在 $P=TP/(TP+FP)$ 中，分母是预测为阳性的数量，分子是真正阳性的数量，表示预测是阳性的样本中，究竟有多大比例是真的阳性。

在 $R=TP/(TP+FN)$ 中，分母是真正阳性的数量，分子是预测为阳性的数量，表示所有真正阳性的样本中，究竟有多大比例被检测出来。

查全率与查准率是一对矛盾体。一般来说，如果要求查准率比较高，那么查全率就会比较低；而如果要求查全率比较高，那么查准率就会比较低。例如，我们希望癌症检测的查准率比较高，也就是说希望检测出来的癌症患者都尽可能真的是患有癌症的人，那么只需要把检测的标准设定得严格一些，只挑选病情特征最明显的病人，查准率自然就高了。但这样的话，一些病情特征不是那么明显的癌症患者（确实患有癌症）就会被遗漏，查全率就会变低。

第**5**章

数据降维：深入理解 PCA 的来龙去脉

机器学习中经常会遇到高维变量的大数据集，并且大数据集的很多高维变量之间并不是独立的，它们之间往往存在相关关系。这些变量一方面为机器学习提供了大量的信息，另一方面由于信息冗余也增加了数据处理的复杂度和计算开支。

例如一个变量是人群年龄（18 岁、19 岁……），而另一个变量是人群年龄分组（少年、青年、中年……），类似这样的大量相关变量所贡献的有效信息较少，但增加了数据的复杂度，增大了数据建模难度和计算资源耗费，所以在数据处理过程中就需要考虑删除一些冗余维度。

再比如电商网站的店铺数据有"浏览量""访客量""下单量""成交量"等。我们根据经验可以知道，浏览量和访客量往往具有较强的相关性，而下单量和成交量也具有较强的相关性。也就是说，当某天店铺的浏览量较高（或较低）时，我们有理由认为店铺的访客量也较高（或较低）；当某天店铺的下单量较高（或较低）时，我们有理由认为店铺的成交量也较高（或较低）。这说明如果删除浏览量、访客量或者下单量、成交量的其中一个指标，我们有理由相信并不会丢失太多信息。这样数据维度就实现了缩减，从而降低了机器学习算法的复杂度。

上述删除部分冗余数据维度的方法就是一种最直接、最"暴力"的数据降维方法。数学中数据降维是经常碰到的一类问题，例如三维空间中的一个数据点 $A(1,2,3)$，它的坐标就表达了其空间信息。如果我们只使用 $(1,2)$ 来代表 A 点，显然就只是保留了原来三维空间中 A 点的部分空间信息。实际上，$(1,2)$ 就是原来三维空间中 A 点 $(1,2,3)$ 在 xOy 平面上的投影。这里将三维空间中 A 点的坐标 $(1,2,3)$ 投影到二维空间 xOy 平面上 $(1,2)$ 的过程就是数学中一个典型的数据降维的例子。

实际上我们经常需要通过一系列特征属性来对研究对象进行分析。特征属性越多越有利于刻画和分析事物，但属性越多带来的数据计算量也会越大，这就需要在两者之间取得一个平衡点。既能够减少研究对象的特征维度从而降低计算复杂度，又能够尽量减少因为降维导致的信息损失，就是数据降维的关键和首要目标。主成分分析（Principal Component Analysis，PCA）就是机器学习中一种常用且有效的数据降维方法。

5.1 PCA是什么

PCA 将相关性高的变量转变为较少的独立新变量，实现用较少的综合指标分别代表存在于各个变量中的各类信息，既减少高维数据的变量维度，又尽量降低原变量数据包含信息的损失程度，是一种典型的数据降维方法。PCA 保留了高维数据最重要的一部分特征，去除了数据集中的噪声和不重要特征，这种方法在承受一定范围内的信息损失的情况下节省了大量时间和资源，是一种应用广泛的数据预处理方法。

PCA 在数据挖掘和机器学习实践中的应用主要集中于几个方面，如图 5-1 所示。

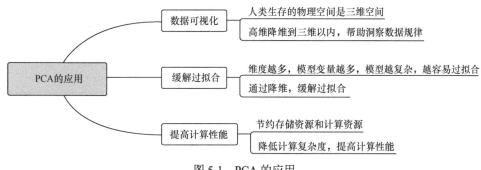

图 5-1 PCA 的应用

（1）数据可视化。人类生存的物理空间是三维空间，任何高于三维的数据我们都无法通过视觉直接感知。因此，数据科学家常常使用 PCA 对高维数据进行降维，从而便于可视化地展示数据特点，帮助研究人员洞察数据中蕴含的规律。

（2）缓解过拟合。机器学习中数据维度越多就意味着模型的变量越多，也就意味着模型的复杂度越高。越高的模型复杂度越容易导致过拟合。因此，机器学习中通过 PCA 对训练数据进行降维处理，能够在一定程度上缓解过拟合。

（3）提高计算性能。高维数据不仅占用过多的存储资源，而且由于维度较高导致计算的复杂度不断上升。例如一张长 32 像素点、宽 32 像素点的人脸或者手写数字的图像，它的向量的维度可以达到 32×32=1 024。这会导致庞大的存储量和计算量，并造成存储资源和计算资源的巨大开销。因此，通过 PCA 进行降维处理可以节约存储资源和计算资源，提高计算性能。

5.2 用一个例子来理解PCA过程

假设我们收集到某班级 5 名同学的各科成绩，如表 5-1 所示。

表 5-1   各科成绩

科目	姓名					平均分
	张小小	张大大	王小小	王大大	李小小	
语文	80	60	50	95	86	74.2
历史	85	65	54	98	88	78
地理	87	63	61	93	82	77.2
数学	60	80	90	80	90	80
物理	55	80	93	78	90	79.2
化学	45	86	80	76	90	75.4

为了便于后续计算展示，我们采用特征维度零均值化方式（所有科目成绩减去该科目所有学生成绩平均值）来处理数据，如表 5-2 所示。

表 5-2   零均值化处理后各科成绩

科目	姓名					平均分
	张小小	张大大	王小小	王大大	李小小	
语文	5.8	−14.2	−24.2	20.8	11.8	0
历史	7	−13	−24	20	10	0
地理	9.8	−14.2	−16.2	15.8	4.8	0
数学	−20	0	10	0	10	0
物理	−24.2	0.8	13.8	−1.2	10.8	0
化学	−30.4	10.6	4.6	0.6	14.6	0

我们首先将上述经过零均值化处理的数据写成矩阵形式，如下所示。

$$A = \begin{bmatrix} 5.8 & -14.2 & -24.2 & 20.8 & 11.8 \\ 7 & -13 & -24 & 20 & 10 \\ 9.8 & -14.2 & -16.2 & 15.8 & 4.8 \\ -20 & 0 & 10 & 0 & 10 \\ -24.2 & 0.8 & 13.8 & -1.2 & 10.8 \\ -30.4 & 10.6 & 4.6 & 0.6 & 14.6 \end{bmatrix}$$

我们发现，上面矩阵为 6 行 5 列。其中，每一列表示一名学生的成绩，每一行表示一个维度（如语文、历史、地理、数学、物理、化学）。例如第一列表示的是姓名为"张小小"的学生各科成绩经过零均值化后的结果。

经过零均值化的数据预处理后，我们就可以正式开启 PCA 过程了，步骤如下。

（1）计算协方差矩阵。

计算矩阵 A 的 6 个行向量（如语文、历史、地理、数学、物理、化学）的协方差矩阵：

$$C = \frac{1}{5}AA^{\mathrm{T}} \begin{bmatrix} 278.56 & 268 & 207.16 & -48 & -76.64 & -50.68 \\ 268 & 258.8 & 201.2 & -56 & -85.4 & -60.6 \\ 207.16 & 201.2 & 166.56 & -62 & -87.84 & -88.68 \\ -48 & -56 & -62 & 120 & 146 & 160 \\ -76.64 & -85.4 & -87.84 & 146 & 178.96 & 192.92 \\ -50.68 & -60.6 & -88.68 & 160 & 192.92 & 254.24 \end{bmatrix}$$

（2）计算特征值与特征向量。

上述协方差矩阵 C 的特征值为 $\begin{bmatrix} 830.701 \\ 399.845 \\ 26.33 \\ 0.245 \\ 0 \\ 0 \end{bmatrix}$。

假设我们现在需要将原矩阵 A（6 维，即 6 个行向量）降为 2 维矩阵，那么我们可以选择最大的两个特征值 830.701、399.845。这样，我们就可以得到对应的特征值与特征向量。

第一，特征值为 830.701 时，对应的特征向量为 $\begin{bmatrix} 0.506 \\ 0.502 \\ 0.427 \\ -0.261 \\ -0.345 \\ 0.351 \end{bmatrix}$。

第二，特征值为 399.845 时，对应的特征向量为 $\begin{bmatrix} -0.405 \\ -0.352 \\ -0.174 \\ -0.384 \\ -0.427 \\ -0.594 \end{bmatrix}$。

（3）矩阵相乘实现降维。

上面选择的特征向量就是我们降维后新空间的基，将其作为行向量形成 2×6 的矩阵 P，如：

$$P = \begin{bmatrix} 0.506 & 0.502 & 0.427 & -0.261 & -0.345 & -0.351 \\ -0.405 & -0.352 & -0.174 & -0.384 & -0.427 & -0.594 \end{bmatrix}$$

然后，再将矩阵 P 与矩阵 A 相乘，就可以实现降维。

$$PA = \begin{bmatrix} 34.873 & -23.771 & -40.196 & 27.515 & 1.58 \\ 29.553 & 6.16 & 8.603 & -18.057 & -26.258 \end{bmatrix}$$

所以，PCA 过程包含以下几个步骤，如图 5-2 所示。

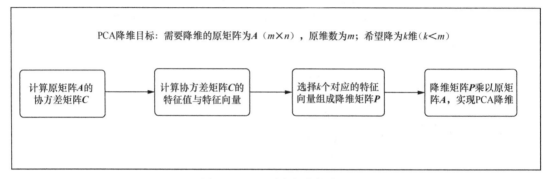

图 5-2 PCA 过程包含的步骤

从上述 PCA 降维的实际过程来看，对某个矩阵 A（$m×n$）降维实际上就是寻找对应的降维矩阵 $P(k×m)$。

5.3 如何寻找降维矩阵 P

上面讲到利用 PCA 对某个矩阵 A（$m×n$）降维实际上就是寻找对应的降维矩阵 $P(k×m)$，并且也给出了求解降维矩阵 P 的方法。但是，这样做的原因是什么呢？为什么求解到降维矩阵 P 就可以实现降维？更进一步讲，为什么要构建那样特性的矩阵 P 来实现降维？下面我们将回答这些问题，讲述 PCA 降维的原理和降维矩阵 P 的由来。

给定一个 $m×n$ 的矩阵 $A = \begin{bmatrix} a_{11} & a_{12} & a_{13} & \cdots & a_{1n} \\ a_{21} & a_{22} & a_{23} & \cdots & a_{2n} \\ a_{31} & a_{32} & a_{33} & \cdots & a_{3n} \\ \vdots & \vdots & \vdots & & \vdots \\ a_{m1} & a_{m2} & a_{m3} & \cdots & a_{mn} \end{bmatrix}$，对矩阵 A 降维就是要降低其行数，使

得矩阵 A 的行数从 m 降至 k。PCA 降维的原理如图 5-3 所示。

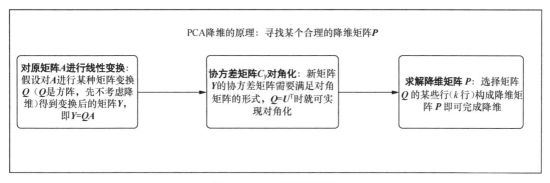

图 5-3　PCA 降维的原理

（1）矩阵 Q 左乘矩阵 A：我们已经知道找到某个特别的降维矩阵 P（$k×m$），然后使用矩阵 P（$k×m$）乘以矩阵 A（$m×n$）就可以实现将矩阵 A 从 m 维降到 k 维。

现在先不考虑降维矩阵 P，而采用一个方阵 Q（$n×n$）来左乘矩阵 A 得到矩阵 Y，即 $Y=QA$。计算线性变换后的矩阵 Y 的协方差矩阵 $C_y = \dfrac{1}{n-1}YY^T$，进一步化简得到 $C_y=QCQ^T$。关于化简的过程后文会详细介绍，这里暂且略过，以下类同。

（2）矩阵 Y 的协方差矩阵 C_y 对角化：目的是使矩阵 Y 的协方差矩阵 $C_y=QCQ^T$ 为对角矩阵。根据实对称矩阵正交对角化的定理可以得到 $\Lambda=U^TCU$，其中矩阵 U 是由矩阵 A 的协方差矩阵 C 的特征向量构成的矩阵。

所以要使矩阵 Y 的协方差矩阵 $C_y=QCQ^T$ 是对角矩阵，只需要 $Q=U^T$ 即可。这个结果表明，矩阵 Q 如果是由协方差矩阵 C 的特征向量构成的矩阵，矩阵 A 经过线性变换之后的矩阵 Y 的协方差矩阵 C_y 就为对角矩阵。

（3）求解降维矩阵 P：选择矩阵 Q 的某些行（k 行）构成降维矩阵 P 即可完成降维。

上述即求解降维矩阵 P 的步骤，下面将对每个步骤进行详细讲解。讲解每个步骤的详细推导过程之前，首先需要理解 PCA 降维的核心思想。

5.4　PCA降维的核心思想

数据降维是因为高维数据中部分维度之间相关性较高造成了数据冗余，但数据降维的过程中又不可避免地造成部分信息的损失。如何做到既能够通过数据降维降低原始数据的冗余程度，又能够尽可能多地保留原始数据的信息呢？这其实就是 PCA 的核心思想。

5.4.1 核心思想一：基变换向量投影

原始数据的矩阵为 6 行 5 列。其中，每一列表示一名学生的成绩，每一行表示一个维度（如语文、历史、地理、数学、物理、化学）。例如第一列表示的是姓名为"张小小"的学生各科成绩经过零均值化处理的结果，如下所示。

$$A=\begin{bmatrix} 5.8 & -14.2 & -24.2 & 20.8 & 11.8 \\ 7 & -13 & -24 & 20 & 10 \\ 9.8 & -14.2 & -16.2 & 15.8 & 4.8 \\ -20 & 0 & 10 & 0 & 10 \\ -24.2 & 0.8 & 13.8 & -1.2 & 10.8 \\ -30.4 & 10.6 & 4.6 & 0.6 & 14.6 \end{bmatrix}$$

每一列数据都是 6 维列向量，要实现原始数据降维就是要将矩阵 A 中每个列向量的维度或者行数合理地降低。要实现高维向量降维，一个常见的方法就是高维向量向低维空间投影。

1. 向量投影与向量内积

向量内积的代数定义和几何定义表明：一个向量在另一个单位向量上的投影值，就是这两个向量的内积数值。例如，向量 a 在模长为 1 的向量 b 方向上的投影长度 $|a|\cos\theta$，就是向量 a 与向量 b 的内积数值 $a\cdot b$。

（1）向量内积的代数定义。

两个向量内积的运算规则是，参与向量内积的两个向量必须维度相等，向量内积运算时将两个向量对应位置上的元素分别相乘之后求和即可得到向量内积的结果。向量内积结果是一个标量。例如，假设有两个维度相同的向量 $a=\begin{bmatrix} a_1 \\ a_2 \\ a_3 \\ \vdots \\ a_n \end{bmatrix}$ 和 $b=\begin{bmatrix} b_1 \\ b_2 \\ b_3 \\ \vdots \\ b_n \end{bmatrix}$，那么这两个向量内积为

$$a\cdot b=\begin{bmatrix} a_1 \\ a_2 \\ a_3 \\ \vdots \\ a_n \end{bmatrix}\cdot\begin{bmatrix} b_1 \\ b_2 \\ b_3 \\ \vdots \\ b_n \end{bmatrix}=a_1b_1+a_2b_2+a_3b_3+\cdots+a_nb_n。$$

（2）向量内积的几何定义。

向量内积的几何定义用来表征某个向量 a 在另一个向量 b 方向上的投影长度乘以向量 b 的

模长，即 $a \cdot b = |a||b|\cos\theta$。如果向量 b 是单位向量（即模长为1），那么向量 a 与向量 b 的内积结果就等于向量 a 在向量 b 方向上的投影长度 $|a|\cos\theta$。这就是向量内积的几何定义。

2. 向量投影与矩阵向量乘法

前文已经讲过，向量的表示依赖于基向量的选择。同一个向量，选择的标准正交基不同，所得到的向量坐标表示也不同。

（1）二维空间中。

二维空间中一个向量 $\begin{bmatrix} 4 \\ 2 \end{bmatrix}$ 实际上位于以两个标准正交向量 $\begin{bmatrix} 0 \\ 1 \end{bmatrix}$ 与向量 $\begin{bmatrix} 1 \\ 0 \end{bmatrix}$ 为基底所张成的二维空间，并且向量 $\begin{bmatrix} 4 \\ 2 \end{bmatrix}$ 的坐标值是分别在标准正交基向量上的投影值。例如，向量 $\begin{bmatrix} 4 \\ 2 \end{bmatrix}$ 在标准正交基向量 $\begin{bmatrix} 1 \\ 0 \end{bmatrix}$ 的投影值，就是两个向量的内积 $\begin{bmatrix} 1 \\ 0 \end{bmatrix} \cdot \begin{bmatrix} 4 \\ 2 \end{bmatrix} = 4$。这个投影值就是向量 $\begin{bmatrix} 4 \\ 2 \end{bmatrix}$ 在 x 轴上的坐标值。向量 $\begin{bmatrix} 4 \\ 2 \end{bmatrix}$ 在标准正交基向量 $\begin{bmatrix} 0 \\ 1 \end{bmatrix}$ 的投影值，就是两个向量的内积 $\begin{bmatrix} 0 \\ 1 \end{bmatrix} \cdot \begin{bmatrix} 4 \\ 2 \end{bmatrix} = 2$。这个投影值就是向量 $\begin{bmatrix} 4 \\ 2 \end{bmatrix}$ 在 y 轴上的坐标值。上述向量投影可以写作矩阵向量乘积

$$\begin{bmatrix} 1 & 0 \\ 0 & 1 \end{bmatrix}\begin{bmatrix} 4 \\ 2 \end{bmatrix} = \begin{bmatrix} \begin{bmatrix} 1 \\ 0 \end{bmatrix} \cdot \begin{bmatrix} 4 \\ 2 \end{bmatrix} \\ \begin{bmatrix} 0 \\ 1 \end{bmatrix} \cdot \begin{bmatrix} 4 \\ 2 \end{bmatrix} \end{bmatrix} = \begin{bmatrix} 4 \\ 2 \end{bmatrix}。$$

如图 5-4 所示，对于二维空间中的同一个向量 $\begin{bmatrix} 4 \\ 2 \end{bmatrix}$，如果选择两个标准正交向量 $\begin{bmatrix} \frac{1}{\sqrt{2}} \\ \frac{1}{\sqrt{2}} \end{bmatrix}$ 和 $\begin{bmatrix} -\frac{1}{\sqrt{2}} \\ \frac{1}{\sqrt{2}} \end{bmatrix}$ 作为基底，则向量 $\begin{bmatrix} 4 \\ 2 \end{bmatrix}$ 在标准正交基向量 $\begin{bmatrix} \frac{1}{\sqrt{2}} \\ \frac{1}{\sqrt{2}} \end{bmatrix}$ 上的投影值为 $\begin{bmatrix} \frac{1}{\sqrt{2}} \\ \frac{1}{\sqrt{2}} \end{bmatrix} \cdot \begin{bmatrix} 4 \\ 2 \end{bmatrix} = 3\sqrt{2}$，向量 $\begin{bmatrix} 4 \\ 2 \end{bmatrix}$ 在标准正交基向量 $\begin{bmatrix} -\frac{1}{\sqrt{2}} \\ \frac{1}{\sqrt{2}} \end{bmatrix}$ 上的投影值为 $\begin{bmatrix} -\frac{1}{\sqrt{2}} \\ \frac{1}{\sqrt{2}} \end{bmatrix} \cdot \begin{bmatrix} 4 \\ 2 \end{bmatrix} = -\sqrt{2}$。上述向量投影可以写作如下矩阵向量乘积的形式。

$$\begin{bmatrix} \dfrac{1}{\sqrt{2}} & -\dfrac{1}{\sqrt{2}} \\ \dfrac{1}{\sqrt{2}} & \dfrac{1}{\sqrt{2}} \end{bmatrix} \begin{bmatrix} 4 \\ 2 \end{bmatrix} = \begin{bmatrix} \begin{bmatrix} \dfrac{1}{\sqrt{2}} \\ \dfrac{1}{\sqrt{2}} \end{bmatrix} \cdot \begin{bmatrix} 4 \\ 2 \end{bmatrix} \\ \begin{bmatrix} -\dfrac{1}{\sqrt{2}} \\ \dfrac{1}{\sqrt{2}} \end{bmatrix} \cdot \begin{bmatrix} 4 \\ 2 \end{bmatrix} \end{bmatrix} = \begin{bmatrix} 3\sqrt{2} \\ -\sqrt{2} \end{bmatrix}$$

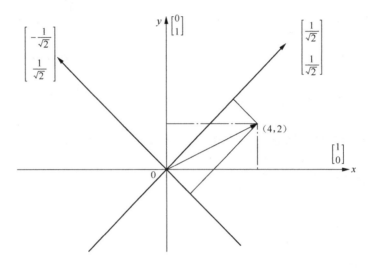

图 5-4　向量图

（2）推广到 m 维空间，中。

m 维空间向量 $\begin{bmatrix} x_1 \\ x_2 \\ x_3 \\ \vdots \\ x_m \end{bmatrix}$ 实际上位于以 m 个标准正交基向量 $\begin{bmatrix} 1 \\ 0 \\ 0 \\ \vdots \\ 0 \end{bmatrix}, \begin{bmatrix} 0 \\ 1 \\ 0 \\ \vdots \\ 0 \end{bmatrix}, \cdots, \begin{bmatrix} 0 \\ 0 \\ 0 \\ \vdots \\ 1 \end{bmatrix}$ 为基底所张成的 m

维空间中，并且坐标值是向量 $\begin{bmatrix} x_1 \\ x_2 \\ x_3 \\ \vdots \\ x_m \end{bmatrix}$ 分别在标准正交基向量上的投影值。上述向量投影可写成矩阵向量乘积形式，即标准正交基向量作为行向量所构成的 $m \times m$ 矩阵与向量相乘，具体如下。

$$\begin{bmatrix} 1 & 0 & 0 & \cdots & 0 \\ 0 & 1 & 0 & \cdots & 0 \\ 0 & 0 & 1 & \cdots & 0 \\ \vdots & \vdots & \vdots & & \vdots \\ 0 & 0 & 0 & \cdots & 1 \end{bmatrix} \begin{bmatrix} x_1 \\ x_2 \\ x_3 \\ \vdots \\ x_m \end{bmatrix} = \begin{bmatrix} x_1 \\ x_2 \\ x_3 \\ \vdots \\ x_m \end{bmatrix}$$

由于选择的标准正交基向量不同，向量的坐标表示也不同。对于某个 m 维向量 $\boldsymbol{x} = \begin{bmatrix} x_1 \\ x_2 \\ x_3 \\ \vdots \\ x_m \end{bmatrix}$，想

将其变换到由 k 个 m 维标准正交基向量表示的新空间中，那么首先将 k 个 m 维标准正交基向量按行组成矩阵 $\boldsymbol{Q}$，最终矩阵向量乘积 $\boldsymbol{Qx}$ 就是变换结果。

推广来看，如果有 n 个 m 维列向量 $\boldsymbol{a}_j$，要将其变换到由 k 个 m 维标准正交列向量 $\boldsymbol{q}_i$ 作为基底表示的新空间中，首先需要将 k 个 m 维标准正交基向量按行组成矩阵 $\boldsymbol{Q}$，然后将 n 个 m 维向量按列组成矩阵 $\boldsymbol{A}$，那么两个矩阵的乘积 $\boldsymbol{QA}$ 就是变换结果，如下所示。

$$\begin{bmatrix} \boldsymbol{q}_1^{\mathrm{T}} \\ \boldsymbol{q}_2^{\mathrm{T}} \\ \boldsymbol{q}_3^{\mathrm{T}} \\ \vdots \\ \boldsymbol{q}_k^{\mathrm{T}} \end{bmatrix} \begin{bmatrix} \boldsymbol{a}_1 & \boldsymbol{a}_2 & \boldsymbol{a}_3 & \cdots \boldsymbol{a}_n \end{bmatrix} = \begin{bmatrix} \boldsymbol{q}_1^{\mathrm{T}}\boldsymbol{a}_1 & \boldsymbol{q}_1^{\mathrm{T}}\boldsymbol{a}_2 & \boldsymbol{q}_1^{\mathrm{T}}\boldsymbol{a}_3 & \cdots & \boldsymbol{q}_1^{\mathrm{T}}\boldsymbol{a}_n \\ \boldsymbol{q}_2^{\mathrm{T}}\boldsymbol{a}_1 & \boldsymbol{q}_2^{\mathrm{T}}\boldsymbol{a}_2 & \boldsymbol{q}_2^{\mathrm{T}}\boldsymbol{a}_3 & \cdots & \boldsymbol{q}_2^{\mathrm{T}}\boldsymbol{a}_n \\ \boldsymbol{q}_3^{\mathrm{T}}\boldsymbol{a}_1 & \boldsymbol{q}_3^{\mathrm{T}}\boldsymbol{a}_2 & \boldsymbol{q}_3^{\mathrm{T}}\boldsymbol{a}_3 & \cdots & \boldsymbol{q}_3^{\mathrm{T}}\boldsymbol{a}_n \\ \vdots & \vdots & \vdots & & \vdots \\ \boldsymbol{q}_k^{\mathrm{T}}\boldsymbol{a}_1 & \boldsymbol{q}_k^{\mathrm{T}}\boldsymbol{a}_2 & \boldsymbol{q}_k^{\mathrm{T}}\boldsymbol{a}_3 & \cdots & \boldsymbol{q}_k^{\mathrm{T}}\boldsymbol{a}_n \end{bmatrix}$$

其中 $\boldsymbol{q}_i$ 是 m 维标准正交列向量，因此 $\boldsymbol{q}_i^{\mathrm{T}}$ 是一个行向量，表示第 i 个基向量；$\boldsymbol{a}_j$ 是一个 m 维列向量，表示第 j 个原始数据记录。

这里的 k（$k \leqslant m$）决定了变换后数据的维度，也就是说可以将 m 维数据 $\boldsymbol{a}_j$ 变换到更低维度的空间中，变换后的维度取决于基向量的数量 k，因此矩阵相乘也可以表示降维变换。

上述矩阵相乘的几何意义就是，两个矩阵相乘的结果是将右边矩阵中的每一个列向量变换到以左边矩阵中每一个行向量为基底所表示的空间中。也就是前文所说的，一个矩阵代表着一种线性变换。因此，要实现对矩阵 $\boldsymbol{A}$ 的线性变换可以考虑左乘一个以标准正交基为行向量的矩阵 $\boldsymbol{Q}$。

5.4.2　核心思想二：协方差归零投影

既然数据降维的起因是高维数据的维度之间存在较高的相关性导致数据信息存在冗余，那么数据降维的一个核心思想自然就是，数据降维后的维度之间尽可能相对独立，也就是降维之后的数据维度之间的协方差为 0。

为了照顾数学基础薄弱的读者，此处我们将回顾一下方差与协方差的基础知识。

（1）什么是方差。

方差和标准差是最常用的度量一组数据分散程度的指标。对于一组含有 n 个样本的集合，我们容易知道以下公式。

均值：$\bar{x} = \dfrac{\sum\limits_{i=1}^{n} x_i}{n}$

方差：$S^2 = \dfrac{\sum\limits_{i=1}^{n} (x_i - \bar{x})^2}{n-1}$

标准差：$S = \sqrt{\dfrac{\sum\limits_{i=1}^{n} (x_i - \bar{x})^2}{n-1}}$

例如两组数据为 [1,4,8,13,24] 和 [8,9,10,11,12] 且它们的均值都是 10，但这两组数据的分布情况差别很大。前者标准差为 9.03，后者标准差为 1.58。也就是说，虽然两组数据均值相等，但是后者相对前者数据分布上更为"拥挤"和"集中"。方差和标准差描述的就是这种"散布度"。

一组数据如果越"拥挤"，数据点就越接近，每个数据点与均值的差距 $(x_i - \bar{x})^2$ 就越小，对应的方差和标准差就越小。所以方差和标准差能够较好地反映一组数据的分散程度。

（2）协方差。

协方差度量的是维度和维度之间的关系。例如我们收集到某年级所有学生的语文、历史、地理、英语、数学、物理、化学、生物等科目的考试成绩，对于这样的数据集我们可以对每一维数据也就是每个科目数据进行独立的方差计算，但通常我们还想了解这些科目成绩之间的关系。于是，我们就需要用到协方差这个概念。

假设两组数据分别是 x 和 y，那么这两组数据的协方差为

$$cov(x,y) = \frac{\sum\limits_{i=1}^{n} (x_i - \bar{x})(y_i - \bar{y})}{n-1}$$

上述协方差公式的通俗理解就是，协方差表达了两个变量在变化过程中变化的方向一致性和变化大小的程度。例如两个变量是同方向变化，还是反方向变化？两个变量同向或反向变化

的程度如何？

x 变大，同时 y 也变大，说明两个变量 x 和 y 是同向变化的，这时协方差就为正。协方差数值越大，两个变量同向变化的程度也就越高。

x 变大，但同时 y 变小，说明两个变量 x 和 y 是反向变化的，这时协方差就为负。协方差数值（绝对值）越大，两个变量反向变化的程度也就越高。

x 变化趋势和 y 变化趋势相互独立的时候，协方差就为 0。

总的来说，协方差是度量各个维度偏离其均值程度的一个指标。协方差为正说明两者是正相关的，协方差为负说明两者是负相关的，协方差为 0 说明两者的关系就是统计上说的"相互独立"。

（3）协方差矩阵。

方差和标准差主要用来处理一维数据，协方差只能处理二维数据，那么多维数据怎么办呢？多维数据就需要多次计算协方差，也就是将多维数据中的维度数据两两计算协方差，例如一个 10 维数据就需要计算 45（$C_{10}^2 = 45$）个不同维度间的协方差。

如此多的协方差该如何处理呢？这个时候矩阵就派上用场了，我们使用矩阵来组织这些协方差，即构建协方差矩阵。协方差矩阵就是度量维度和维度之间关系的矩阵。

假设向量 $\boldsymbol{X} = (X_1, X_2, \cdots, X_n)^{\mathrm{T}}$ 为 n 维随机变量，则称矩阵

$$\boldsymbol{C} = (c_{ij})_{n \times n} = \begin{bmatrix} C_{11} & C_{12} & C_{13} & \cdots & C_{1n} \\ C_{21} & C_{22} & C_{23} & \cdots & C_{2n} \\ C_{31} & C_{32} & C_{33} & \cdots & C_{3n} \\ \vdots & \vdots & \vdots & & \vdots \\ C_{m1} & C_{m2} & C_{m3} & \cdots & C_{mn} \end{bmatrix}$$ 为 n 维 随 机 变 量 $\boldsymbol{X}$ 的 协 方 差 矩 阵，其 中

$c_{ij} = cov(X_i, X_j), (i, j = 1, 2, \cdots, n)$ 为 $\boldsymbol{X}$ 的分量 X_i 和 X_j 的协方差。

例如，某年级学生成绩单上有语文、数学、物理 3 门课程的成绩，记作 $x =$ 语文、$y =$ 数学、$z =$ 物理。那么这 3 门课程的协方差矩阵如下。

$$\boldsymbol{C} = \begin{bmatrix} cov(x,x) & cov(x,y) & cov(x,z) \\ cov(y,x) & cov(y,y) & cov(y,z) \\ cov(z,x) & cov(z,y) & cov(z,z) \end{bmatrix}$$

而且不难得知，协方差矩阵是一个对称矩阵，主对角线元素就是各个维度的方差，非主对角线元素就是不同维度之间的协方差。

所以，我们降维之后希望各个维度之间相互独立，也就是希望降维之后不同维度之间的协

方差为 0，同样也就是希望上面的协方差矩阵除了主对角线之外的部分都为 0。

5.4.3 核心思想三：最大方差投影

我们对三维空间中的一个水杯进行拍照，实际上就是将三维空间中的数据点（水杯）投影到二维空间（照片）中，如图 5-5 所示。

(a)　　　　　　　　　　(b)　　　　　　　　　　(c)

图 5-5　三维水杯图片

照片（二维空间）是平面的，水杯（三维空间）是立体的，从"立体"到"平面"的过程中肯定会失真，但是不同的投影方式（拍摄角度）其失真程度不同。观察图 5-5 不难知道，图 5-5（c）的侧面拍摄相对来说失真程度最小，最大程度地保留了三维空间中水杯的"重要信息"。这背后有什么道理吗？

更一般的情况，假设我们有二维空间中的一些点，如图 5-6 所示。

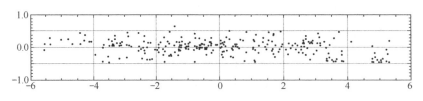

图 5-6　二维空间中点分布示意

现在我们对这些数据点进行降维，也就是把这些点映射到一条直线上。每个二维空间的数据点如 $\begin{bmatrix} 4 \\ 1 \end{bmatrix}$，最后都会对应到一条直线（一维空间）上的某个数值，如 1.5 或者 3.2 等。

我们知道二维空间数据降维的方法是将数据点投影到某条直线上，那么应该选择哪条直线才合理呢？只要进行数据降维，将二维空间中的数据点投影到一维空间的某条直线上，就一定会带来信息的损失，这是无法避免的。所以我们考虑选择哪条直线来投影比较合理其实就是考虑选择哪条直线来投影带来的信息损失最小。

那二维空间中数据点最重要的信息是什么呢？我们有理由认为二维空间中数据点最重要的信息就是这些数据点之间的分布规律，这种分布规律必然要通过数据点的"差异"来体现。同时，我们要注意从高维空间向低维空间降维的过程中，数据点一定会变得更加"拥挤"。例如二维空间的数据点 $\begin{bmatrix} 2 \\ 1 \end{bmatrix}$ 和 $\begin{bmatrix} 4 \\ 1 \end{bmatrix}$ 如果向 y 轴进行投影，那么得到的投影数值都是 1。原来二维空间的 2 个数据点都变成了一维空间（直线）上的 1 个数值点，变得更加"拥挤"了。投影效果展示如图 5-7 所示。

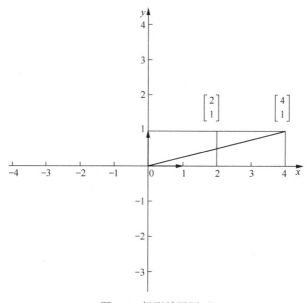

图 5-7　投影效果展示

既然降维过程中天然存在将高维空间中的数据点在低维空间中变得更加"拥挤"从而造成信息损失的倾向，那么合理、科学的降维投影方式就应该是使投影之后的数据点尽可能分散，尽可能降低这种降维带来的"拥挤"程度。

这种投影数据点的分散实际上就是要求原始数据矩阵降维处理之后的新矩阵的维度的方差尽可能大，也就是降维之后矩阵的协方差矩阵的对角线元素尽可能大。我们可以将这种降维投影的要求称为"最大方差投影"。

5.4.4　PCA降维的关键：协方差矩阵对角化

PCA 降维本质上是通过对矩阵 A 进行线性变换来实现的，但是这种降维并不是随意的，而是要求降维之后的矩阵 Y 能够最大程度地保持原有矩阵的性质，也就是原始数据的失真程度应尽可能小。

如何才能保证降维过程中数据失真尽可能小呢？我们知道协方差矩阵度量的是维度和维度之间的关系，协方差矩阵主对角线上的元素就是各个维度上的方差，非主对角线上的元素就是各维度之间的相关性（协方差）。一个合理的降维过程应该满足"协方差归零投影"和"最大方差投影"的要求，也就是，降维之后新矩阵 Y 的协方差矩阵 C_y 的非主对角线元素尽可能为 0，而主对角线元素尽可能大。满足上述要求的矩阵是一个对角矩阵，所以降维的实质就是要求降维之后的新矩阵 Y 的协方差矩阵 C_y 是对角矩阵。

5.5　面向零基础读者详解PCA降维

本节内容主要是考虑到部分读者可能缺乏线性代数的基础知识，故尽可能做到零基础详解 PCA 降维推导的各个环节；读者可以根据自己数学基础的掌握水平，选择性阅读。

5.5.1　计算矩阵 Y 的协方差矩阵 C_y

对一个零基础的读者来说，可能好奇和关心的问题有：为什么要计算变换之后的矩阵 Y 的协方差矩阵？矩阵 Y 的协方差矩阵表达式为什么是 $C_y = \dfrac{1}{n-1} YY^{\mathrm{T}} = QCQ^{\mathrm{T}}$？下面我们将针对这些问题进行直观详细的讲解。

1. 为什么计算协方差矩阵

PCA 降维的原理推导过程中，我们通过对原矩阵 A 进行线性变换得到 $Y=QA$。紧接着，我们就开始计算矩阵 Y 的协方差矩阵。那么，我们为什么会考虑计算矩阵 Y 的协方差矩阵 C_y 呢？

这是因为矩阵 Y 的协方差矩阵 C_y 的主对角线元素是降维后新维度的方差，非主对角线元素是降维后各新维度的协方差。而 PCA 降维的核心思想就是"协方差归零投影"和"最大方差投影"，也就是希望降维之后得到的新矩阵 Y 的各维度间的协方差尽量为 0，而维度的方差尽可能大。上述要求翻译成数学语言，就是要求降维后矩阵 Y 的协方差矩阵为对角矩阵，这就是我们考虑计算矩阵 Y 的协方差矩阵的原因。下面我们用事例进行详细讲述。

在前面的例子中，学生成绩零均值化后的原矩阵 A 为

$$A = \begin{bmatrix} 5.8 & -14.2 & -24.2 & 20.8 & 11.8 \\ 7 & -13 & -24 & 20 & 10 \\ 9.8 & -14.2 & -16.2 & 15.8 & 4.8 \\ -20 & 0 & 10 & 0 & 10 \\ -24.2 & 0.8 & 13.8 & -1.2 & 10.8 \\ -30.4 & 10.6 & 4.6 & 0.6 & 14.6 \end{bmatrix}$$

矩阵 A 的各行就是学生各科目（语文、历史、地理、数学、物理、化学）成绩经过零均值化处理之后的数据。我们对矩阵 A 降维，实际上就是希望用新维度（例如文科、理科）去代替原有的维度（6 个科目），数学上的表现就是希望降低矩阵 A 的行数。通过矩阵 A 左乘某个合适的矩阵 Q 得到新的矩阵 $Y=QA$。

PCA 的核心思想"协方差归零投影"和"最大方差投影"，也就是要求降维之后的矩阵 $Y=QA$ 的各行（新维度，如文科、理科）之间的协方差为 0，而自身方差尽可能大。

矩阵 Y 的协方差矩阵 C_y 的主对角线元素就是新维度的方差，而非主对角线元素就是新维度之间的协方差。所以，一个合理的降维过程对应的新矩阵 Y 的协方差矩阵应该是一个对角矩阵。

2. 详解协方差矩阵的表达式

下面将面向零基础读者详细讲述协方差矩阵数学表达式 $C_y = \dfrac{1}{n-1}YY^{\mathrm{T}} = QCQ^{\mathrm{T}}$ 的推导过程。

（1）为什么 $C_y = \dfrac{1}{n-1}YY^{\mathrm{T}}$。

这里先给出一个结论。一个对行数据进行归零化处理的矩阵 X，其协方差矩阵为 $C_x = \dfrac{1}{n-1}XX^{T}$。

为了表述简单，假设矩阵 $X = \begin{bmatrix} a_1 & a_2 & a_3 & a_4 & a_5 \\ b_1 & b_2 & b_3 & b_4 & b_5 \end{bmatrix}$。矩阵的行就是维度，例如 a 表示文科，b 表示理科。那么矩阵 X 的转置矩阵 $X^{\mathrm{T}} = \begin{bmatrix} a_1 & b_1 \\ a_2 & b_2 \\ a_3 & b_3 \\ a_4 & b_4 \\ a_5 & b_5 \end{bmatrix}$。

因此，XX^{T} 的计算结果为

$$\begin{bmatrix} a_1^2 + a_2^2 + a_3^2 + a_4^2 + a_5^2 & a_1b_1 + a_2b_2 + a_3b_3 + a_4b_4 + a_5b_5 \\ a_1b_1 + a_2b_2 + a_3b_3 + a_4b_4 + a_5b_5 & b_1^2 + b_2^2 + b_3^2 + b_4^2 + b_5^2 \end{bmatrix}。$$

观察上面矩阵中的各个元素，不难发现以下结论。

第一，根据方差公式 $S^2 = \dfrac{\sum\limits_{i=1}^{n}(x_i - \bar{x})^2}{n-1}$，当对矩阵 $\boldsymbol{X}$ 进行零均值化处理后，方差公式就简

化为 $S^2 = \dfrac{\sum\limits_{i=1}^{n} x_i^2}{n-1}$。于是，上述 $\boldsymbol{XX}^{\mathrm{T}}$ 结果矩阵的主对角线元素正好就是矩阵 $\boldsymbol{X}$ "维度" 的方差的

$(n-1)$ 倍。

第二，根据协方差公式 $cov(x, y) = \dfrac{\sum\limits_{i=1}^{n}(x_i - \bar{x})(y_i - \bar{y})}{n-1}$，当对矩阵 $\boldsymbol{X}$ 进行零均值化处理后，

协方差公式就简化为 $cov(x, y) = \dfrac{\sum\limits_{i=1}^{n} x_i y_i}{n-1}$。于是，上述 $\boldsymbol{XX}^{\mathrm{T}}$ 结果矩阵的非主对角线元素正好就是

矩阵 $\boldsymbol{X}$ "维度" 的协方差的 $(n-1)$ 倍。

总结，我们将上述 $\boldsymbol{XX}^{\mathrm{T}}$ 结果矩阵乘以 $1/(n-1)$ 正好就是矩阵 $\boldsymbol{X}$ 的协方差矩阵 $\boldsymbol{C}_x$。也就是说，一个对行数据进行归零化处理的矩阵 $\boldsymbol{X}$，其协方差矩阵为 $\boldsymbol{C}_x = \dfrac{1}{n-1}\boldsymbol{XX}^{\mathrm{T}}$。

由于原始数据的矩阵 $\boldsymbol{A}$ 是经过行数据归零化处理的，因此有 $\boldsymbol{C} = \dfrac{1}{n-1}\boldsymbol{AA}^{\mathrm{T}}$。那么，矩阵 $\boldsymbol{Y}=\boldsymbol{QA}$ 是否也经过行数据归零化处理了呢？假设行数据归零化后的矩阵 $\boldsymbol{A}=[a_1\ a_2\ a_3\ \cdots a_m]$，则 $a_1+a_2+a_3+\cdots+a_m=0$。于是 $\boldsymbol{Y}=\boldsymbol{QA}=[\boldsymbol{Q}a_1\ \boldsymbol{Q}a_2\ \boldsymbol{Q}a_3\ \cdots \boldsymbol{Q}a_m]$，则也有 $\boldsymbol{Q}a_1+\boldsymbol{Q}a_2+\boldsymbol{Q}a_3+\cdots+\boldsymbol{Q}a_m=0$。也就是说，矩阵 $\boldsymbol{Y}=\boldsymbol{QA}$ 的行数据也是符合归零化条件的。

因此，可以知道矩阵 $\boldsymbol{Y}$ 的协方差矩阵 $\boldsymbol{C}_y = \dfrac{1}{n-1}\boldsymbol{YY}^{\mathrm{T}}$。

（2）为什么 $\boldsymbol{C}_y = \dfrac{1}{n-1}\boldsymbol{YY}^{\mathrm{T}} = \boldsymbol{QCQ}^{\mathrm{T}}$。

由于 $\boldsymbol{Y}=\boldsymbol{QA}$，因此 $\boldsymbol{C}_y = \dfrac{1}{n-1}\boldsymbol{YY}^{\mathrm{T}} = \dfrac{1}{n-1}\boldsymbol{QA}(\boldsymbol{QA})^{\mathrm{T}}$。由转置矩阵性质可知 $(\boldsymbol{QA})^{\mathrm{T}}=\boldsymbol{A}^{\mathrm{T}}\boldsymbol{Q}^{\mathrm{T}}$，所以

上式可以写作 $\boldsymbol{C}_y = \dfrac{1}{n-1}\boldsymbol{YY}^{\mathrm{T}} = \dfrac{1}{n-1}\boldsymbol{QAA}^{\mathrm{T}}\boldsymbol{Q}^{\mathrm{T}}$。观察发现其中的 $\dfrac{1}{n-1}\boldsymbol{AA}^{\mathrm{T}}$ 就是矩阵 $\boldsymbol{A}$ 的协方差矩

阵 $\boldsymbol{C}$，因此上式可以写作 $\boldsymbol{C}_y = \dfrac{1}{n-1}\boldsymbol{YY}^{\mathrm{T}} = \boldsymbol{QCQ}^{\mathrm{T}}$。

5.5.2　矩阵 Y 的协方差矩阵 C_y 对角化

数据降维后新矩阵 $\boldsymbol{Y}$ 的各个新维度要线性无关，也就是要求矩阵 $\boldsymbol{Y}$ 的协方差矩阵 $\boldsymbol{C}_y = \dfrac{1}{n-1}\boldsymbol{YY}^{\mathrm{T}} = \boldsymbol{QCQ}^{\mathrm{T}}$ 能够实现对角化。

1. 什么样的矩阵 Q 能够对角化 C_y

根据实对称矩阵正交对角化的定理可以得到 $\Lambda=U^{\mathrm{T}}CU$。所以，要使矩阵 Y 的协方差矩阵 $C_y = \dfrac{1}{n-1}YY^{\mathrm{T}}=QCQ^{\mathrm{T}}$ 是对角矩阵，只需要 $Q=U^{\mathrm{T}}$ 即可。这个结果表明，矩阵 Q 如果是由原矩阵 A 的协方差矩阵 C 的特征向量构成的矩阵，矩阵 A 经过矩阵 Q 线性变换之后的矩阵 Y 的协方差矩阵 C_y 就为对角矩阵。

2. 实对称矩阵对角化性质

实对称矩阵有一个非常好的性质，那就是其可以转化为对角矩阵。原矩阵的协方差矩阵 C 满足实对称矩阵的条件，所以可以通过线性变换将 C 转化为对角矩阵 Λ，具体来说就是 $\Lambda=U^{\mathrm{T}}CU$。

下面将以一个简单的例子来帮助读者理解实对称矩阵对角化的相关性质。

示例 1：假设有实对称矩阵 $A = \begin{bmatrix} 0 & 1 \\ 1 & 0 \end{bmatrix}$，我们能否找到合适的矩阵 U 使得 $\Lambda=U^{\mathrm{T}}AU$ 呢？答案是肯定的。实际上这个矩阵 U 就是由矩阵 A 的特征向量组成的矩阵。对矩阵 A 来说，它的特征值为 1 和 -1，对应各个特征值的特征向量为 $\begin{bmatrix} 0.707 \\ 0.707 \end{bmatrix}$ 和 $\begin{bmatrix} -0.707 \\ 0.707 \end{bmatrix}$。将这些特征向量组成单位正交矩阵，即可得 $U = \begin{bmatrix} 0.707 & -0.707 \\ 0.707 & 0.707 \end{bmatrix}$，这就是我们所求的矩阵 U。计算可知 $U^{\mathrm{T}}AU = \begin{bmatrix} 0 & 1 \\ 1 & 0 \end{bmatrix}$，并且对角矩阵 Λ 的主对角线元素恰好就是矩阵 A 的特征值。

示例 2：假设有实对称矩阵 $A = \begin{bmatrix} 1 & -2 & 0 \\ -2 & 2 & -2 \\ 0 & -2 & 3 \end{bmatrix}$，我们求解得到它的特征值为 5、2 和 -1。单位正交化后的特征向量分别为 $\begin{bmatrix} 0.333 \\ -0.667 \\ 0.667 \end{bmatrix}$、$\begin{bmatrix} -0.667 \\ 0.333 \\ 0.667 \end{bmatrix}$ 和 $\begin{bmatrix} 0.667 \\ 0.667 \\ 0.333 \end{bmatrix}$。由这些单位正交的特征向量组成的矩阵 $U = \begin{bmatrix} 0.333 & -0.667 & -0.667 \\ -0.667 & 0.333 & -0.667 \\ 0.667 & 0.667 & -0.333 \end{bmatrix}$ 就是使 $\Lambda=U^{\mathrm{T}}AU$ 成立的矩阵 U。我们可以验证一下 $U^{\mathrm{T}}AU = \begin{bmatrix} 5 & 0 & 0 \\ 0 & 2 & 0 \\ 0 & 0 & -1 \end{bmatrix}$。

观察上式可以发现，由实对称矩阵 A 的单位正交的特征向量组成的矩阵就是使矩阵 A 对角化的矩阵 U，并且矩阵 A 对角化后的主对角线元素就是矩阵 A 的特征值。

总结来说，原矩阵 A 的协方差矩阵 C 是一个实对称矩阵，因此一定可以找到单位正交矩阵 U 使得 $A=U^{T}CU$。而我们通过 PCA 降维的原理推导过程已经知道矩阵 Y 的协方差矩阵 $C_{y}=QCQ^{T}$。

我们降维的目标是使 $C_{y}=QCQ^{T}$ 是对角矩阵 A，那么如何使 $C_{y}=QCQ^{T}$ 是对角矩阵 A 呢？通过对比，我们发现只需要 $Q=U^{T}$ 就可以实现对角化。也就是说，我们寻找的矩阵 Q 就是矩阵 U^{T}，也就是由协方差矩阵 C 的单位正交的特征向量组成的矩阵的转置矩阵。

5.5.3　求解降维矩阵 P

通过前文的讲解，我们知道 PCA 推导的逻辑链条如下。

（1）对原矩阵 A（$m×n$）进行降维就是对矩阵 A 进行某种线性变换，也就等效于寻找某个合适的矩阵 Q 来乘以矩阵 A，从而得到降维后的新矩阵 $Y=QA$。

（2）这个合适的矩阵 Q 应该满足一些条件，具体来说就是"协方差归零投影"和"最大方差投影"。其中"协方差归零投影"也就是希望矩阵 Y 的协方差矩阵 C_{y} 是对角矩阵。

（3）但是"最大方差投影"体现在哪里呢？我们知道原矩阵 A（$m×n$）是 m 维，而降维矩阵 P（$k×m$）是 k 维，k 取值不同对应的降维程度就不同。"最大方差投影"要求我们降维的时候，首先选取协方差矩阵 C_{y} 对角化矩阵主对角线元素中最大值（也就是协方差矩阵 C 的特征值的最大值）所对应的特征向量，依此类推。这才是我们最后对应某个 k 值的降维矩阵 P。

前面的讲述稍显抽象，下面我们用前面的例子来形象具体地讲解。某年级学生的成绩经过零均值化后的数据写成如下矩阵形式。

$$A=\begin{bmatrix} 5.8 & -14.2 & -24.2 & 20.8 & 11.8 \\ 7 & -13 & -24 & 20 & 10 \\ 9.8 & -14.2 & -16.2 & 15.8 & 4.8 \\ -20 & 0 & 10 & 0 & 10 \\ -24.2 & 0.8 & 13.8 & -1.2 & 10.8 \\ -30.4 & 10.6 & 4.6 & 0.6 & 14.6 \end{bmatrix}$$

上面的矩阵为 6 行 5 列。其中，每一列表示一名学生的成绩，每一行表示一个维度（如语文、历史、地理、数学、物理、化学）。假设我们现在的任务是将原矩阵 A（$6×5$）降到 2 维，也就是 $k=2$。

我们知道求解矩阵 Q，实际上就是寻找由协方差矩阵 C 的单位正交的特征向量组成的矩阵的转置矩阵。矩阵 A 的协方差矩阵 C 如下。

$$C = \frac{1}{5}AA^{\mathrm{T}} \begin{bmatrix} 278.56 & 268 & 207.16 & -48 & -76.64 & -50.68 \\ 268 & 258.8 & 201.2 & -56 & -85.4 & -60.6 \\ 207.16 & 201.2 & 166.56 & -62 & -87.84 & -88.68 \\ -48 & -56 & -62 & 120 & 146 & 160 \\ -76.64 & -85.4 & -87.84 & 146 & 178.96 & 192.92 \\ -50.68 & -60.6 & -88.68 & 160 & 192.92 & 254.24 \end{bmatrix}$$

由协方差矩阵 C 的单位正交的特征向量组成的矩阵如下。

$$U = \begin{bmatrix} 0.506 & 0.405 & -0.044 & -0.522 & 0.064 & -0.544 \\ 0.502 & 0.352 & -0.119 & -0.022 & 0.141 & 0.776 \\ 0.427 & 0.174 & 0.34 & 0.753 & -0.21 & -0.258 \\ -0.261 & 0.384 & 0.417 & -0.269 & -0.711 & 0.137 \\ -0.345 & 0.427 & 0.525 & 0.039 & 0.649 & 0.035 \\ -0.351 & 0.594 & -0.646 & 0.294 & -0.072 & -0.126 \end{bmatrix}$$

U 的转置矩阵，就是我们所求的矩阵 Q。

$$Q = \begin{bmatrix} 0.506 & 0.502 & 0.427 & -0.261 & -0.345 & -0.351 \\ 0.405 & 0.352 & 0.174 & 0.384 & 0.427 & 0.594 \\ -0.044 & -0.119 & 0.34 & 0.417 & 0.525 & -0.646 \\ -0.522 & -0.022 & 0.753 & -0.269 & 0.039 & 0.294 \\ 0.064 & 0.141 & -0.21 & -0.711 & 0.649 & -0.072 \\ -0.544 & 0.776 & -0.258 & 0.137 & 0.035 & -0.126 \end{bmatrix}$$

并且我们知道降维后的矩阵 Y 的协方差矩阵 C_y 可以表示为如下形式。

$$C_y = QCQ^{\mathrm{T}} = \begin{bmatrix} 830.701 & 0 & 0 & 0 & 0 & 0 \\ 0 & 399.845 & 0 & 0 & 0 & 0 \\ 0 & 0 & 26.33 & 0 & 0 & 0 \\ 0 & 0 & 0 & 0.245 & 0 & 0 \\ 0 & 0 & 0 & 0 & 0 & 0 \\ 0 & 0 & 0 & 0 & 0 & 0 \end{bmatrix}$$

协方差矩阵 C_y 的主对角线元素表示矩阵 Y 的新维度的方差，由于我们的目标是降到 2 维，也就是 $k=2$，根据"最大方差投影"原则，我们应该选取主对角线元素中数值最大的两个元素，也就是 830.701 和 399.845 这两个特征值所对应的单位正交的特征向量来构建最终的降维矩阵 P。

上述选择的特征向量就是我们降维后新空间的基，将其作为行向量形成矩阵 P 如下。

$$P = \begin{bmatrix} 0.506 & 0.502 & 0.427 & -0.261 & -0.345 & -0.351 \\ -0.405 & -0.352 & -0.174 & -0.384 & -0.427 & -0.594 \end{bmatrix}$$

然后，再将矩阵 P 与矩阵 A 相乘，就可以实现降维。

$$PA = \begin{bmatrix} 34.873 & -23.771 & -40.196 & 27.515 & 1.58 \\ 29.553 & 6.16 & 8.603 & -18.057 & -26.258 \end{bmatrix}$$

经观察我们发现，此时的 C_y 情况如下。

$$C_y = PCP^{\mathrm{T}} = \begin{bmatrix} 830.701 & 0 \\ 0 & 399.845 \end{bmatrix}$$

由此，我们总结出 PCA 降维的步骤如下。

（1）计算原矩阵 A 的协方差矩阵 C。

（2）计算协方差矩阵 C 的单位正交的特征向量与对应的特征值。

（3）根据降维要求，确定 k 值大小。将 C 的特征值从大到小排列，选取前 k 个特征值所对应的特征向量。

（4）将这些特征向量作为行向量，求解出降维矩阵 P。

（5）将降维矩阵 P 乘以原矩阵 A 即可降维，得到 $Y=PA$。

5.6　编程实践：手把手教你写代码

本节将以鸢尾花数据降维任务为示例，详细讲解算法的代码实现环节和相关知识内容，包括背景任务介绍、代码展示与代码详解 3 个部分。

5.6.1　背景任务介绍：鸢尾花数据降维

鸢尾花数据集（iris 数据集）是一个经典数据集。该数据集共 150 条记录，可以将鸢尾花分为 3 类（iris-setosa、iris-versicolour、iris-virginica），每类各 50 条数据记录，每条记录都有 4 项特征：花萼长度、花萼宽度、花瓣长度、花瓣宽度。也就是说，原始的鸢尾花数据集的特征维度是 4 维。

那么这些特征维度之间是否存在数据冗余？或者说应如何合理降低该数据集的特征维度？这里我们可以用 PCA 降维方法来对鸢尾花数据集进行降维处理，从而熟悉 PCA 降维的原理和效果。所以，我们的目标就是，利用 PCA 降维方法对鸢尾花的特征维度（4 维）进行降维。

5.6.2 代码展示：手把手教你写

```
>>>import numpy as np
>>>import matplotlib.pyplot as plt
>>>from sklearn import datasets,decomposition
>>>#使用sklearn自带的鸢尾花数据集
>>>def load_data():
    >>>iris=datasets.load_iris()
    >>>return iris.data,iris.target
>>>def test_PCA(*data):
    >>>x,y=data
    >>>pca=decomposition.PCA(n_components=None)
    >>>pca.fit(x)
    >>>print('可解释的方差占比:%s'%
>>>str(pca.explained_variance_ratio_))
>>>x,y=load_data()
>>>print (x[0:5])
>>>test_PCA(x,y)
>>>def plot_PCA(*data):
    >>>x,y=data
    >>>pca=decomposition.PCA(n_components=2)
    >>>pca.fit(x)
    >>>x_r=pca.transform(x)
    >>>fig=plt.figure()
    >>>ax=fig.add_subplot(1,1,1)
    >>>colors=((1,0,0),(0,1,0),(0,0,1),(0.5,0.5,0.5),
(0,0.5,0.5),(0.5,0,0.5),(0.5,0.5,0),(0.5,0.5,0),(0,0.7,0.3),(0.4,0.4,0.2))
    >>>for label,color in zip(np.unique(y),colors):
        >>>position=y==label
        >>>ax.scatter(x_r[position,0],x_r[position,1],
>>>label='target=%d'%label,color=color)
    >>>ax.set_xlabel('x[0]')
    >>>ax.set_ylabel('y[0]')
    >>>ax.legend(loc='best')
    >>>plt.rcParams['font.sans-serif']=['SimHei']
    >>>plt.rcParams['axes.unicode_minus'] = False
    >>>ax.set_title('PCA降维后样本分布图')
    >>>plt.show()
    >>>plot_PCA(x,y)
```

5.6.3 代码详解：一步一步讲解清楚

（1）导入鸢尾花数据集。

```
>>>import numpy as np
```

```
>>>import matplotlib.pyplot as plt
>>>from sklearn import datasets,decomposition
>>>#使用sklearn自带的鸢尾花数据集
>>>def load_data():
    >>>iris=datasets.load_iris()
    >>>return iris.data,iris.target
>>>def test_PCA(*data):
    >>>x,y=data
    >>>pca=decomposition.PCA(n_components=None)
    >>>pca.fit(x)
    >>>print('可解释的方差占比:%s'%
>>>str(pca.explained_variance_ratio_))
>>>x,y=load_data()
>>>print (x[0:5])
>>>test_PCA(x,y)
```

运行结果显示，鸢尾花数据集的前 5 个特征数据示例为 [[5.1　3.5　1.4　0.2] [4.9　3.0　1.4　0.2] [4.7　3.2　1.3　0.2] [4.6　3.1　1.5　0.2] [5.0　3.6　1.4　0.2]]，这说明鸢尾花数据集有 4 个特征维度。而其特征维度可解释的方差占比情况为 [0.92461621　0.05301557　0.01718514　0.00518309]，这说明 4 个特征值中有 2 个特征比较显著，因此可以考虑将原始特征从 4 维降到 2 维。

（2）绘制降维样本分布图。

```
>>>def plot_PCA(*data):
    >>>x,y=data
    >>>pca=decomposition.PCA(n_components=2)
    >>>pca.fit(x)
    >>>x_r=pca.transform(x)
    >>>fig=plt.figure()
    >>>ax=fig.add_subplot(1,1,1)
    >>>colors=((1,0,0),(0,1,0),(0,0,1),(0.5,0.5,0.5),
(0,0.5,0.5),(0.5,0,0.5),(0.5,0.5,0),(0.5,0.5,0),(0,0.7,0.3),(0.4,0.4,0.2))
    >>>for label,color in zip(np.unique(y),colors):
        >>>position=y==label
        >>>ax.scatter(x_r[position,0],x_r[position,1],
>>>label='target=%d'%label,color=color)
    >>>ax.set_xlabel('x[0]')
    >>>ax.set_ylabel('y[0]')
    >>>ax.legend(loc='best')
    >>>plt.rcParams['font.sans-serif']=['SimHei']
    >>>plt.rcParams['axes.unicode_minus'] = False
    >>>ax.set_title('PCA降维后样本分布图')
    >>>plt.show()
    >>>plot_PCA(x,y)
```

运行结果如图 5-8 所示，可以发现使用 PCA 降维之后，样本分布效果比较符合预期。

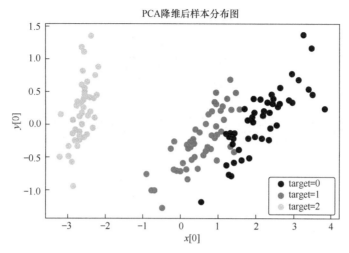

图 5-8   PCA 降维后样本分布

第**6**章

凸优化核心过程：真正搞懂梯度下降过程

优化问题可以分为凸优化问题和非凸优化问题，非凸优化问题相对凸优化问题来说要困难得多，一个问题如果可以表述为凸优化问题，很大程度上意味着这个问题可以被彻底解决，而非凸优化问题常常无法被解决。因此，凸优化在数学规划领域具有非常重要的地位。凸优化问题是指定义在凸集中的凸函数最优化的问题，它在机器学习领域有十分广泛且重要的应用，典型应用场景就是目标函数极值问题的求解。凸优化问题的求解目前已经较为成熟，所以当一个极值求解问题被归为凸优化问题时往往意味着该问题是可以被求解的。凸优化问题的局部最优解就是全局最优解，因此机器学习中很多非凸优化问题都需要被转化为等价凸优化问题或者被近似为凸优化问题。

6.1 通俗讲解凸函数

凸函数与凸集是紧密相连的两个概念，介绍凸函数之前首先讲解什么是凸集。

6.1.1 什么是凸集

凸集表示一个欧几里得空间中的区域，这个区域具有如下特点：区域内任意两点之间的线段都包含在该区域内；更为数学化的表述为，集合 C 内任意两点间的线段也均在集合 C 内，则称集合 C 为凸集。下面我们通过一些常见图形示例来认识什么是凸集，如图 6-1 所示。

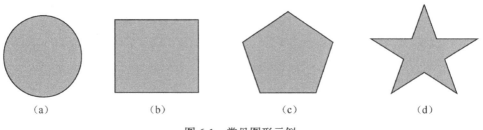

| (a) | (b) | (c) | (d) |

图 6-1　常见图形示例

图 6-1 所示的图形中，哪些满足"集合 C 内任意两点间的线段也均在集合 C 内"这个特征呢？不难发现，五角星［图 6-2（d）］中某两点间的线段落在了五角星外，故不满足凸集的定义，而其他图形，如圆形［图 6-2（a）］、四边形［图 6-2（b）］、五边形［图 6-2（c）］等均满足凸集的要求，如图 6-2 所示。

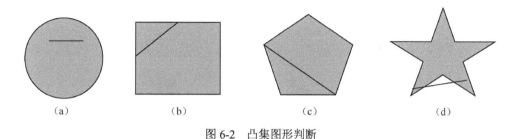

（a）　　　　　　（b）　　　　　　（c）　　　　　　（d）

图 6-2　凸集图形判断

6.1.2　什么是凸函数

凸函数是一个定义在某个向量空间的凸子集 C（区间）上的实值函数 f，而且对于凸子集 C 中的任意两个向量，如果 $f((x_1+x_2)/2) \leqslant (f(x_1)+f(x_2))/2$，则 $f(x)$ 是定义在凸子集 C 中的凸函数。实际上，如果某函数的上镜图（函数曲线上的点和函数曲线上方所有的点的集合）是凸集，那么该函数就是凸函数。

因此我们可以通过观察函数的上镜图是否为凸集来判断函数是否为凸函数。首先来看一个典型的凸函数与非凸函数图像，如图 6-3 所示。

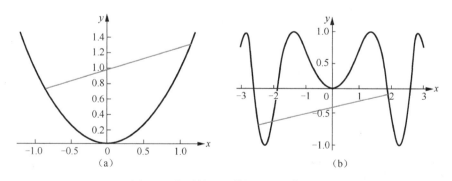

（a）　　　　　　　　　　　　　　（b）

图 6-3　典型的凸函数与非凸函数图像

对比上述凸函数图像［图 6-3（a）］与非凸函数图像［图 6-3（b）］可以发现：凸函数图像任意两点连接而成的线段与函数没有交点。通常，我们可以考虑使用这条规则来快速判断函数是否为凸函数。

6.1.3   机器学习"热爱"凸函数

我们之所以如此"热爱"凸函数是因为，凸函数的局部极小值就是全局最小值。这样，我们就可以利用这条性质快速找到问题的最优解。机器学习中有很多优化问题都要通过凸优化来求解，另外一些非凸优化问题也常常被转化为凸优化问题来求解。凸曲面与非凸曲面示意如图6-4所示。

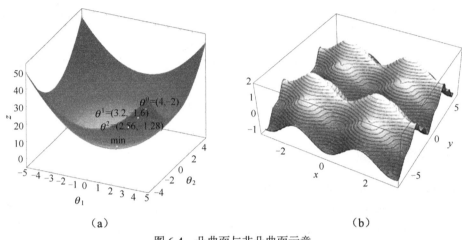

图6-4   凸曲面与非凸曲面示意

如果我们将一颗弹珠扔到曲面中，会出现不同的情况。当函数是凸函数时［如图6-4（a）所示的凸曲面］，无论弹珠起始位置在何处，弹珠最终都会落在曲面的最低点，而这个极小值恰好是全局最小值。当函数是非凸函数时［如图6-4（b）所示的非凸曲面］，弹珠仍然会落在曲面的某个低点，但这个极小值不能保证是全局最小值。

上述弹珠下降的过程跟梯度下降的最优化算法思想是类似的，这也正是我们"热爱"凸函数的原因。实际上，学术界对于非凸优化的优化问题也没有一个很好的通用解决方法，所以我们定义损失函数的时候尽量将其定义为凸优化问题或者转化为等价凸优化问题，这样有助于问题的求解。

6.2   通俗讲解梯度下降

很多机器学习算法都可归结为凸优化问题的求解，因此凸优化问题在机器学习中具有特别重要的地位，而梯度下降法是最简单、也是最常见的一种最优化问题求解方法。机器学习中一般将凸优化问题统一表述为函数极小值求解问题，即 $\min f(x)$。其中 x 是需要被优化的变量，f 为目标函数。如果碰到极大值问题，则可以将目标函数加上负号，从而将其转换成极小值问题来求解。目

标函数的自变量 x 往往受到各种约束，满足约束条件的自变量 x 的集合称为自变量的可行域。

　　梯度下降法是一种逐步迭代、逐步缩减损失函数值，从而使损失函数值最小的方法。如果把损失函数的值看作一个山谷，我们刚开始站立的位置可能是在半山腰，甚至可能是在山顶。但是，只要我们往下不断迭代、不断前进，总可以到达山谷，也就是损失函数的最小值处。例如，假设一个高度近视的人在山的某个位置上（起始点），需要从山上走下来，也就是走到山的最低点。这个时候，他可以以当前位置点（起始点）为基准，寻找这个位置点附近最陡峭的地方，然后朝着山的高度下降的方向走，如此循环迭代，最后就可以到达山谷位置。梯度下降过程示意如图 6-5 所示。

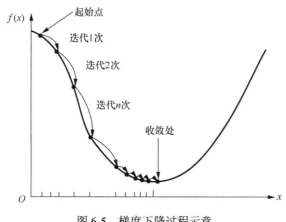

图 6-5　梯度下降过程示意

　　首先，选取任意参数（ω 和 b）值作为起始值。刚开始，我们并不知道使损失函数取得最小值的参数（ω 和 b）值是多少，所以选取任意参数值作为起始值，从而得到损失函数的起始值。

　　其次，明确迭代方向，逐步迭代。我们站在半山腰或者山顶，环顾四周，找到一个最陡的方向下山，也就是直接指向山谷的方向下山，这样下山的速度是最快的。这个最陡在数学上的表现就是梯度，也就是说沿着负梯度方向下降能够最快到达山谷。

　　最后，确定迭代步长。下山的起始点知道了，下降的方向也知道了，还需要我们确定下降的步长。如果步长太大，虽然能够更快逼近山谷，但是也可能由于步子太大，踩不到谷底点，直接就跨过了山谷的谷底，从而造成来回振荡。如果步长太小，则延长了到达山谷的时间。所以，这需要做一下权衡和调试。

　　上述梯度下降的过程中有个问题需要特别注意，就是当我们沿着负梯度方向进行迭代的时候"每次走多大的距离"，也就是"学习率"的大小是需要算法工程师去调试的；或者说，算法工程师的一项工作就是要调试合适的"学习率"，从而找到"最佳"参数。

6.2.1 梯度是什么

上述梯度下降的过程中，一个重要的知识点是，沿着负梯度方向下降最快。那么为什么负梯度方向就是下降最快的方向呢？让我们从微分讲起。

中学时，我们最早接触"微分"这个概念是从"函数图像上某点的切线斜率"或"函数的变化率"这样的认知开始的。典型的函数微分有 $d(2x)=2dx$、$d(x^2)=2xdx$、$d(x^2y^2)=2xy^2\,dx$，等等。

梯度实际上就是多变量微分的一般化，例如 $J(\theta)=3\theta_1+4\theta_2-5\theta_3-1.2$。对该函数求解微分，也就得到了梯度 $\nabla J(\theta)=\left\langle \dfrac{\partial J}{\partial \theta_1}, \dfrac{\partial J}{\partial \theta_2}, \dfrac{\partial J}{\partial \theta_3} \right\rangle = \langle 3,4,-5 \rangle$。梯度的本质是一个向量，表示某一函数在该点处的方向导数沿着该方向取得最大值，即函数在该点处沿着该方向（此梯度的方向）变化最快，变化率（该梯度的模）最大。一般来说，梯度可以定义为一个函数的全部偏导数构成的向量。总结来说有如下两种情况。

（1）在单变量函数中，梯度就是函数的导数，表示函数在某个给定点的切线斜率，表示单位自变量变化引起的因变量变化值。

（2）在多变量函数中，梯度就是函数分别对每个变量进行微分的结果，表示函数在给定点上升最快的方向和单位自变量（每个自变量）变化引起的因变量变化值。

梯度是一个向量，它的方向就是函数在给定点上升最快的方向，因此负梯度方向就是函数在给定点下降最快的方向。一旦我们知道了梯度，就相当于知道了凸函数下降最快的方向。

6.2.2 梯度下降与参数求解

梯度下降是一种求解凸函数极值的方法，它以损失函数作为纽带，从而在机器学习的参数求解过程中"大放异彩"。损失函数是模型预测值与训练集数据真实值的差距，它是模型参数（如 ω 和 b）的函数。这里需要注意区分一个细节，损失函数有时候指代的是训练集数据中单个样本的预测值与真实值的差距，有时候指代的则是整个训练集所有样本的预测值与真实值的差距（也称为成本函数）。

例如训练集有 100 个样本，那么参数求解的过程中模型会对这 100 个样本逐一预测并与其真实值比较。根据损失函数可以求得每个样本的预测偏差值。有时候某组模型参数（如 ω 和 b）使得其中某个样本（如 1 号样本）损失函数值最小，但可能导致其他样本（如 2 号样本、3 号样本等）损失函数值很大，所以我们不能只看一部分样本的损失函数值就决定模型参数，而应该考虑总体情况。成本函数描述的就是样本总体的预测偏差情况，它可以是各个样本损失函数值之和，也可以是各个样本损失函数值之和的平均值。

所以损失函数描述的是个体预测值与真实值的差距，成本函数描述的是总体预测值与真实值的差距，但由于两者本质上一致且只在引入样本数据进行模型实际求解的时候才需要严格区分，因此大部分图书中并未严格区分两者，往往都是用损失函数来统一指代。

6.2.3 梯度下降具体过程演示

上文介绍了梯度下降法的基本思想，接下来我们将详细演示梯度下降法的实现过程。梯度下降法中最重要的是如下的迭代式。

$$\theta^1 = \theta^0 - a\nabla J(\theta)$$

上述公式表示的含义是，任意给定一组初始参数值 θ^0，只要沿着损失函数 $J(\theta)$ 的梯度下降方向前进一段距离 a，就可以得到一组新的参数值 θ^1。这里的 θ^0 和 θ^1 对应到机器学习中就是指模型参数（如 ω 和 b）。

下面我们用一个例子来熟悉上述过程，某个算法模型的总体损失函数是 $J(\theta) = \theta_1^2 + \theta_2^2$，根据微积分的知识很容易知道损失函数在点（0,0）处取得最小值。接下来，我们就通过该例子来体会梯度下降法如何一步一步找到（0,0）这个最佳参数值，从而使得损失函数在该点取得最小值。

假设参数的起始值 $\theta^0 =$（4,−2），初始学习率 $a=0.1$。由此可以知道该点（4,−2）的函数梯度为 $\nabla J(\theta) = \left\langle \dfrac{\partial J}{\partial \theta_1}, \dfrac{\partial J}{\partial \theta_2} \right\rangle = \langle 2\theta_1, 2\theta_2 \rangle$。历次迭代结果如下所示。

```
θ⁰=(4,−2)
θ¹=θ⁰−α∇J(θ)=(4,−2)−0.1*(8,−4)=(3.2,−1.6)
θ²=θ¹−α∇J(θ)=(3.2,−1.6)−0.1*(6.4,−3.2)=(2.56 ,−1.28)
...
θ¹⁰=(0.4294967296000001 ,−0.21474836480000006)
...
θ²⁰=(0.04611686018427388 ,−0.02305843009213694)
...
θ⁵⁰=(5.7089907708238416e⁻⁵ ,−2.8544953854119208e⁻⁵)
...
θ¹⁰⁰=(8.148143905337951e⁻¹⁰ ,−4.0740719526689754e⁻¹⁰)
...
θ¹⁵⁰=(1.1629419588729723e⁻¹⁴ ,−5.8147097943648615e⁻¹⁵)
...
θ²⁰⁰=(1.6598062275523993e⁻¹⁹ ,−8.299031137761997e⁻²⁰)
```

我们可以发现，当迭代次数为 200 时，参数值 θ^{200}=(1.659 806 227 552 399 3e⁻¹⁹, −8.299 031 137 761 997e⁻²⁰),

对应的损失函数值已经非常趋近于 0 了。迭代效果展示如图 6-6 所示。

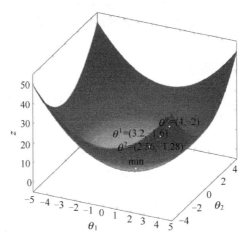

图 6-6　迭代效果展示

关于梯度下降法，迭代结束的常见情景有两种。

（1）设置阈值。设置一个迭代结束的阈值，当两次迭代结果的差值小于该阈值时，迭代结束。

（2）设置迭代次数。设置一个迭代次数（如 200），当迭代次数达到设定值，迭代结束。一般来说，只要这个迭代次数设置得足够大，损失函数最终都会停留在极值点附近。同时，采用这种方法我们也不用担心迭代次数过多会导致损失函数"跑过"极值点的情况，因为损失函数在极值点时函数梯度为 0，一旦过了极值点函数梯度正负性就发生变化了，会使函数围绕极值点再次"跑回来"。所以，即使设置的迭代次数过大，最终结果也会在极值点处"徘徊"。

6.3　编程实践：手把手教你写代码

为了便于读者更好地理解梯度下降过程，我们将分别以一元函数梯度下降过程和多元函数梯度下降过程为例进行讲解。接下来我们将用 Python 代码来演示梯度下降过程。

6.3.1　一元函数的梯度下降

给定一个一元函数 $f(x)=x^2+3$，为了更好地展示该一元函数梯度下降的整个过程，我们将其分解为 3 个步骤：第一，作函数图像，帮助读者建立感性认知；第二，展示梯度下降过程代码；第三，展示并解读代码运行结果。

1. 作函数图像

我们首先作一元函数 $f(x)=x^2+3$ 的图像，代码如下所示。

```
>>>import matplotlib.pyplot as plt
>>>import mpl_toolkits.axisartist as axisartist
>>>import numpy as np
>>>fig = plt.figure(figsize=(8, 8))
>>>ax = axisartist.Subplot(fig, 111)
>>>fig.add_axes(ax)
>>>ax.axis[:].set_visible(False)
>>>ax.axis["x"] = ax.new_floating_axis(0,0)
>>>ax.axis["x"].set_axisline_style("->", size = 1.0)
>>>ax.axis["y"] = ax.new_floating_axis(1,0)
>>>ax.axis["y"].set_axisline_style("-|>", size = 1.0)
>>>ax.axis["x"].set_axis_direction("bottom")
>>>ax.axis["y"].set_axis_direction("right")
>>>x=np.linspace(-10,10,100)
>>>y=x**2+3
>>>plt.xlim(-12,12)
>>>plt.ylim(-10, 100)
>>>plt.plot(x,y)
>>>plt.show()
```

代码运行结果如图 6-7 所示。

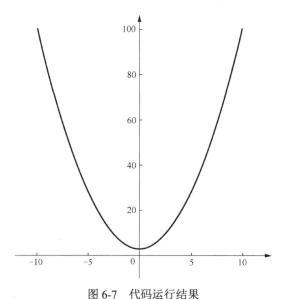

图 6-7 代码运行结果

上述作图代码稍显复杂，我们分段详细讲解。

（1）Python 数据可视化库中经常使用 Matplotlib 绘制图形，但默认设置中 x 轴和 y 轴不带箭头且图形为封闭矩形。

（2）要进行坐标轴设置，需要使用 Matplotlib 的辅助工具，其中 axisartist 包就可以用来进行坐标轴设置。

（3）进行坐标轴设置的具体过程包括引入 axisartist 工具并创建画布、绘制 x 轴和 y 轴的箭头图。

首先，引入 axisartist 工具并创建画布，代码如下所示。

```
>>>#引入axisartist工具
>>>import mpl_toolkits.axisartist as axisartist
>>>#创建画布
>>>fig = plt.figure(figsize=(8, 8))
>>>#使用axisartist.Subplot方法创建绘图区对象ax
>>>ax=axisartist.Subplot(fig,111)
>>>#把绘图区对象添加至画布
>>>fig.add_axes(ax)
```

其次，绘制 x 轴和 y 轴的箭头图，代码如下所示。

```
>>>#使用set_visible方法隐藏绘图区原有所有坐标轴
>>>ax.axis[:].set_visible(False)
>>>#使用ax.new_floating_axis添加新坐标轴
>>>ax.axis["x"] = ax.new_floating_axis(0,0)
>>>#给x轴添加箭头
>>>ax.axis["x"].set_axisline_style("->", size = 1.0)
>>>#给y轴添加箭头
>>>ax.axis["y"] = ax.new_floating_axis(1,0)
>>>ax.axis["y"].set_axisline_style("-|>", size = 1.0)
>>>#设置刻度显示方向，x轴为下方显示，y轴为右侧显示
>>>ax.axis["x"].set_axis_direction("bottom")
>>>ax.axis["y"].set_axis_direction("right")
```

（4）绘制函数图像。绘制好 x 轴和 y 轴的箭头图后，就可以开始绘制一元函数图像，代码如下所示。

```
>>>#x轴范围为-10~10，且分割为100份
>>>x=np.linspace(-10,10,100)
>>>#生成一元函数y值
>>>y=x**2+3
>>>#设置x、y轴范围
```

```
>>>plt.xlim(-12,12)
>>>plt.ylim(-10, 100)
>>>#绘制显示图形
>>>plt.plot(x,y)
>>>plt.show()
```

2. 梯度下降过程

```
>>># 定义一维函数f(x)=x²+3 的梯度或导数df/dx=2x
>>>def grad_1(x):
    >>>return x*2
>>># 定义梯度下降函数
>>>de grad_descent(grad,x_current,learning_rate,
>>>precision,iters_max):
    >>>for i in range(iters_max):
        >>>print ('第',i,'次迭代x值为:',x_current)
        >>>grad_current=grad(x_current)
        >>>if abs(grad_current)<precision:
            >>>break #   当梯度值小于阈值时，停止迭代
        >>>else:
            >>>x_current=x_current-grad_current*learning_rate
    >>>print ('极小值处x为:  ' ,x_current)
    >>>return x_current
#执行模块，赋值运行
>>>if __name__=='__main__':
 >>>grad_descent(grad_1,x_current=5,learning_rate=0.1,
>>>precision=0.000001,iters_max=10000)
```

3. 梯度下降代码运行结果及解读

```
第 0  次迭代x值为: 5
第 1  次迭代x值为: 4.0
第 2  次迭代x值为: 3.2
第 3  次迭代x值为: 2.56
第 4  次迭代x值为: 2.048
第 5  次迭代x值为: 1.6384
第 6  次迭代x值为: 1.31072
第 7  次迭代x值为: 1.0485760000000002
第 8  次迭代x值为: 0.8388608000000002
第 9  次迭代x值为: 0.6710886400000001
第 10  次迭代x值为: 0.5368709120000001
第 11  次迭代x值为: 0.4294967296000001
第 12  次迭代x值为: 0.3435973836800001
第 13  次迭代x值为: 0.27487790694400005
第 14  次迭代x值为: 0.21990232555520003
```

第 15 次迭代x值为: 0.17592186044416003
第 16 次迭代x值为: 0.140737488355328
第 17 次迭代x值为: 0.11258999068426241
第 18 次迭代x值为: 0.09007199254740993
第 19 次迭代x值为: 0.07205759403792794
第 20 次迭代x值为: 0.057646075230342354
第 21 次迭代x值为: 0.04611686018427388
第 22 次迭代x值为: 0.03689348814741911
第 23 次迭代x值为: 0.029514790517935284
第 24 次迭代x值为: 0.0236118324143 4823
第 25 次迭代x值为: 0.018889465931478583
第 26 次迭代x值为: 0.015111572745182867
第 27 次迭代x值为: 0.012089258196146294
第 28 次迭代x值为: 0.009671406556917036
第 29 次迭代x值为: 0.007737125245533628
第 30 次迭代x值为: 0.006189700196426903
第 31 次迭代x值为: 0.004951760157141522
第 32 次迭代x值为: 0.003961408125713218
第 33 次迭代x值为: 0.0031691265005705745
第 34 次迭代x值为: 0.00253530120045646
第 35 次迭代x值为: 0.0020282409603651678
第 36 次迭代x值为: 0.0016225927682921343
第 37 次迭代x值为: 0.0012980742146337075
第 38 次迭代x值为: 0.001038459371706966
第 39 次迭代x值为: 0.0008307674973655728
第 40 次迭代x值为: 0.0006646139978924582
第 41 次迭代x值为: 0.0005316911983139665
第 42 次迭代x值为: 0.00042535295865117324
第 43 次迭代x值为: 0.0003402823669209386
第 44 次迭代x值为: 0.00027222589353675085
第 45 次迭代x值为: 0.0002177807148294007
第 46 次迭代x值为: 0.00017422457186352054
第 47 次迭代x值为: 0.00013937965749081642
第 48 次迭代x值为: 0.00011150372599265314
第 49 次迭代x值为: 8.920298079412252e-05
第 50 次迭代x值为: 7.136238463529802e-05
第 51 次迭代x值为: 5.7089907708238416e-05
第 52 次迭代x值为: 4.567192616659073e-05
第 53 次迭代x值为: 3.653754093327259e-05
第 54 次迭代x值为: 2.923003274661807e-05
第 55 次迭代x值为: 2.3384026197294454e-05
第 56 次迭代x值为: 1.8707220957835564e-05
第 57 次迭代x值为: 1.4965776766268452e-05
第 58 次迭代x值为: 1.1972621413014761e-05
第 59 次迭代x值为: 9.578097130411809e-06

```
第 60 次迭代x值为: 7.662477704329448e-06
第 61 次迭代x值为: 6.129982163463559e-06
第 62 次迭代x值为: 4.903985730770847e-06
第 63 次迭代x值为: 3.923188584616677e-06
第 64 次迭代x值为: 3.138550867693342e-06
第 65 次迭代x值为: 2.5108406941546735e-06
第 66 次迭代x值为: 2.008672555323739e-06
第 67 次迭代x值为: 1.606938044258991e-06
第 68 次迭代x值为: 1.2855504354071928e-06
第 69 次迭代x值为: 1.0284403483257543e-06
第 70 次迭代x值为: 8.227522786606034e-07
第 71 次迭代x值为: 6.582018229284827e-07
第 72 次迭代x值为: 5.265614583427862e-07
第 73 次迭代x值为: 4.2124916667422894e-07
极小值处x为: 4.2124916667422894e-07
```

上述梯度下降中设置的 x 初始值为 5，学习率即迭代步长为 0.1，因此上述过程也可以有如下理解。

（1）当 x 初始值为 5 时，代价函数 $y=x^2+3$ 的梯度为 $2×5=10$，学习率为 0.1。由于代价函数的梯度值为 10，因此代价函数在 $x=5$ 时并非极小值点。虽然该点并非极小值点，但给了我们继续迭代的一个起始值。

（2）代价函数沿着负梯度方向下降最快，迭代步长为 0.1，因此 x 迭代的距离为 $-10×0.1=-1$。

（3）经过一次迭代后，$x=5-1=4$。此时代价函数的梯度为 $2×4=8$，学习率为 0.1。显然，在 $x=4$ 处，代价函数仍然没有到达极小值点，于是继续迭代。

（4）代价函数的 x 值沿着负梯度方向迭代 $-8×0.1=-0.8$，于是得到新的 $x=4-0.8=3.2$。如此继续……

（5）我们设置的最大迭代次数为 10 000，也就是说如果迭代次数达到 10 000，代价函数仍然未能取到极小值，那么也要停止迭代过程，防止计算机无休止地迭代下去。不过，可喜的是本例中迭代至第 73 次时，梯度值小于我们设置的阈值 0.000 001，我们可以认为代价函数达到了极小值。于是，整个梯度下降过程停止。

6.3.2 多元函数的梯度下降

给定一个多元函数 $f(x,y)=x^2+y^2$，为了更好地展示该多元函数梯度下降的整个过程，我们将其分解为 3 个步骤：第一，作函数图像，帮助读者建立感性认知；第二，展示梯度下降过程代码；第三，展示并解读代码运行结果。

1. 作函数图像

```
>>>import numpy as np
>>>import matplotlib.pyplot as plt
>>>import mpl_toolkits.mplot3d
>>>x,y = np.mgrid[-2:2:20j,-2:2:20j]
>>>#测试数据
>>>z=(x**2+y**2)
>>>#三维图形
>>>ax = plt.subplot(111, projection='3d')
>>>ax.set_title('f(x,y)=x^2+y^2');
>>>ax.plot_surface(x,y,z,rstride=9,cstride=1, cmap=plt.cm.Blues_r)
>>>#设置坐标轴标签
>>>ax.set_xlabel('X')
>>>ax.set_ylabel('Y')
>>>ax.set_zlabel('Z')
>>>plt.show()
```

代码运行结果如图 6-8 所示。

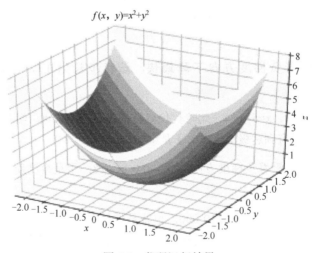

图 6-8　代码运行结果

2. 梯度下降过程

```
>>># 定义多元函数f(x,y)=x²+y²的梯度f'(x)=2x,f'(y)=2y,
>>>def grad_2(p):
    >>>derivx = 2 *p[0]
    >>>derivy = 2 * p[1]
    >>>return np.array([derivx, derivy])
```

```
>>># 定义梯度下降函数
>>>def grad_descent(grad,p_current,learning_rate,
>>>precision,iters_max):
    >>>for i in range(iters_max):
        >>>print ('第',i,'次迭代p值为:',p_current)
        >>>grad_current=grad(p_current)
        >>>if np.linalg.norm(grad_current, ord=2)<precision:
            >>>break  # 当梯度趋近于 0 时，视为收敛
        >>>else:
            >>>p_current=p_current-grad_current* learning_rate

    >>>print ('极小值处p为: ',p_current)
    >>>return p_current
#执行模块
>>>if __name__=='__main__':
    >>>grad_descent(grad_2,p_current=np.array([1,-1]),
>>>learning_rate=0.1,precision=0.000001,iters_max=10000)
```

3. 梯度下降代码运行结果及解读

```
第 0 次迭代p值为: [ 1 -1]
第 1 次迭代p值为: [ 0.8 -0.8]
第 2 次迭代p值为: [ 0.64 -0.64]
第 3 次迭代p值为: [ 0.512 -0.512]
第 4 次迭代p值为: [ 0.4096 -0.4096]
第 5 次迭代p值为: [ 0.32768 -0.32768]
第 6 次迭代p值为: [ 0.262144 -0.262144]
第 7 次迭代p值为: [ 0.2097152 -0.2097152]
第 8 次迭代p值为: [ 0.16777216 -0.16777216]
第 9 次迭代p值为: [ 0.13421773 -0.13421773]
第 10 次迭代p值为: [ 0.10737418 -0.10737418]
第 11 次迭代p值为: [ 0.08589935 -0.08589935]
第 12 次迭代p值为: [ 0.06871948 -0.06871948]
第 13 次迭代p值为: [ 0.05497558 -0.05497558]
第 14 次迭代p值为: [ 0.04398047 -0.04398047]
第 15 次迭代p值为: [ 0.03518437 -0.03518437]
第 16 次迭代p值为: [ 0.0281475 -0.0281475]
第 17 次迭代p值为: [ 0.022518 -0.022518]
第 18 次迭代p值为: [ 0.0180144 -0.0180144]
第 19 次迭代p值为: [ 0.01441152 -0.01441152]
第 20 次迭代p值为: [ 0.01152922 -0.01152922]
第 21 次迭代p值为: [ 0.00922337 -0.00922337]
第 22 次迭代p值为: [ 0.0073787 -0.0073787]
第 23 次迭代p值为: [ 0.00590296 -0.00590296]
```

第 24 次迭代p值为：[0.00472237 -0.00472237]
第 25 次迭代p值为：[0.00377789 -0.00377789]
第 26 次迭代p值为：[0.00302231 -0.00302231]
第 27 次迭代p值为：[0.00241785 -0.00241785]
第 28 次迭代p值为：[0.00193428 -0.00193428]
第 29 次迭代p值为：[0.00154743 -0.00154743]
第 30 次迭代p值为：[0.00123794 -0.00123794]
第 31 次迭代p值为：[0.00099035 -0.00099035]
第 32 次迭代p值为：[0.00079228 -0.00079228]
第 33 次迭代p值为：[0.00063383 -0.00063383]
第 34 次迭代p值为：[0.00050706 -0.00050706]
第 35 次迭代p值为：[0.00040565 -0.00040565]
第 36 次迭代p值为：[0.00032452 -0.00032452]
第 37 次迭代p值为：[0.00025961 -0.00025961]
第 38 次迭代p值为：[0.00020769 -0.00020769]
第 39 次迭代p值为：[0.00016615 -0.00016615]
第 40 次迭代p值为：[0.00013292 -0.00013292]
第 41 次迭代p值为：[0.00010634 -0.00010634]
第 42 次迭代p值为：[8.50705917e-05 -8.50705917e-05]
第 43 次迭代p值为：[6.80564734e-05 -6.80564734e-05]
第 44 次迭代p值为：[5.44451787e-05 -5.44451787e-05]
第 45 次迭代p值为：[4.35561430e-05 -4.35561430e-05]
第 46 次迭代p值为：[3.48449144e-05 -3.48449144e-05]
第 47 次迭代p值为：[2.78759315e-05 -2.78759315e-05]
第 48 次迭代p值为：[2.23007452e-05 -2.23007452e-05]
第 49 次迭代p值为：[1.78405962e-05 -1.78405962e-05]
第 50 次迭代p值为：[1.42724769e-05 -1.42724769e-05]
第 51 次迭代p值为：[1.14179815e-05 -1.14179815e-05]
第 52 次迭代p值为：[9.13438523e-06 -9.13438523e-06]
第 53 次迭代p值为：[7.30750819e-06 -7.30750819e-06]
第 54 次迭代p值为：[5.84600655e-06 -5.84600655e-06]
第 55 次迭代p值为：[4.67680524e-06 -4.67680524e-06]
第 56 次迭代p值为：[3.74144419e-06 -3.74144419e-06]
第 57 次迭代p值为：[2.99315535e-06 -2.99315535e-06]
第 58 次迭代p值为：[2.39452428e-06 -2.39452428e-06]
第 59 次迭代p值为：[1.91561943e-06 -1.91561943e-06]
第 60 次迭代p值为：[1.53249554e-06 -1.53249554e-06]
第 61 次迭代p值为：[1.22599643e-06 -1.22599643e-06]
第 62 次迭代p值为：[9.80797146e-07 -9.80797146e-07]
第 63 次迭代p值为：[7.84637717e-07 -7.84637717e-07]
第 64 次迭代p值为：[6.27710174e-07 -6.27710174e-07]
第 65 次迭代p值为：[5.02168139e-07 -5.02168139e-07]
第 66 次迭代p值为：[4.01734511e-07 -4.01734511e-07]
第 67 次迭代p值为：[3.21387609e-07 -3.21387609e-07]
极小值处p为：[3.21387609e-07 -3.21387609e-07]

上述梯度下降中设置的 $p(x,y)$ 初始值为 [1,−1]，学习率即迭代步长为 0.1，因此上述过程也可以有如下理解。

（1）当 p 初始值为 [1,−1] 时，代价函数 $p(x,y)=x^2+y^2$ 的梯度为向量 [2×1,2×(−1)]，学习率为 0.1。由于代价函数的梯度的模大于 0，因此代价函数在 p=[1,−1] 时并非极小值点。虽然该点并非极小值点，但给了我们继续迭代的一个起始值。

（2）代价函数沿着负梯度方向下降最快，迭代步长为 0.1，因此 x 迭代的距离为 −[2,−2]×0.1=−[0.2,−0.2]。

（3）经过一次迭代后，p=[1,−1]−[0.2,−0.2]=[0.8,−0.8]。此时代价函数的梯度为 2×[0.8,−0.8]=[1.6,−1.6]，学习率为 0.1。显然 p=[0.8,−0.8] 处，代价函数仍然没有到达极小值点，于是继续迭代。

（4）代价函数的 p 值沿着负梯度方向迭代 −[1.6,−1.6]×0.1=−[0.16,−0.16]，于是得到新的 p=[0.8,−0.8]−[0.16,−0.16]= [0.64,−0.64]。如此继续……

（5）我们设置的最大迭代次数为 10 000，也就是说如果迭代次数达到 10 000，代价函数仍然未能取到极小值，那么也要停止迭代过程，防止计算机无休止地迭代下去。不过，可喜的是本例中迭代至第 67 次时，梯度的模小于我们设置的阈值 0.000 001，我们可以认为代价函数达到了极小值。于是，整个梯度下降过程停止。

第7章

搞懂算法：线性回归是怎么回事

线性回归算法是机器学习算法中最简单的一类，也是读者较为熟悉的一种算法。线性回归算法主要用于连续值的预测问题，虽然算法原理较为简单，但能够全面地反映机器学习算法实现的整个过程，因此在"搞懂算法"部分本书将首先介绍线性回归算法相关知识。

7.1 什么是线性回归

现实生活中，我们经常会分析多个变量之间的关系，例如碳排放量与气候变暖的关系、某件商品广告投入量与该商品销售量之间的关系，等等。这种刻画了不同变量之间关系的模型叫作回归模型，如果这个模型是线性的，则为线性回归模型。

线性回归是一种虽然简单但应用广泛的算法模型。线性回归主要是应用回归分析来确定两种或两种以上变量间相互依赖的定量关系的一种统计分析方法，其表达形式为 $y=\omega^{\mathrm{T}}x+e$，e 为误差，服从均值为 0 的正态分布。

线性回归最早是由英国生物学家兼统计学家高尔顿在研究父母身高与子女身高关系时提出来的，他发现父母平均身高每增加一个单位，其成年子女的平均身高只增加 0.516 个单位，体现出一种衰退（Regression）效应，从此"Regression"就作为一个单独名词保留下来了。

如果回归分析包括一个自变量和一个因变量，且二者的关系可用一条直线近似表示，这种回归分析就称为一元线性回归分析。如果回归分析中包括两个或两个以上的自变量，且因变量和自变量之间是线性关系，则称为多元线性回归分析。

7.2　线性回归算法解决什么问题

机器学习过程中使用某个算法的任务和目标是，根据对已有数据的初步观察，认为数据样本中的特征变量和目标变量之间可能存在某种规律，希望通过算法找到某个"最佳"的具体算法模型，从而进行预测。例如，上面高尔顿例子中发现父母平均身高与子女平均身高之间存在 $y = 3.78+0.516x$ 的关系，其中 x 表示父母平均身高，y 表示子女平均身高。这个线性回归模型中有两个参数值，一个是系数 0.516，一个是常数项 3.78。机器学习过程中使用线性回归算法，就是希望找到上述参数，从而确定具体的线性回归算法模型，也就是参数已经确定下来的算法模型。

下面我们将以房价预测为例详细讲解线性回归算法的实现过程。假设某个房地产开发商要在某个地铁口附近新建房屋，需要给这些房屋定价，定价太高房屋可能卖不出去，定价太低开发商又要亏本。所以，开发商收集了某个城市的历史房屋信息，包括房屋面积、房间数、朝向、地址、价格等，希望根据这些历史数据来给每一个新建房屋进行定价。

然后，知道了房屋面积、房间数、朝向、地址、价格等信息，我们希望找到这些样本数据的某种规律帮助我们预测房价。我们的任务和目标就是，寻找某些"最佳"参数，得到某个具体的"最佳"算法模型，实现预测功能。

7.3　线性回归算法实现过程

整个预测任务和目标的实现过程可以分为 3 步：第一步，根据经验和观察，人为选定某个算法进行尝试；第二步，寻找某些"最佳"参数，从而得到某个具体的"最佳"算法模型；第三步，使用某个具体的"最佳"算法模型进行预测。线性回归算法实现过程如图 7-1 所示。

（1）选择算法。

根据经验和观察，我们认为房屋面积、房间数、朝向、地址等特征变量与目标变量"房价"之间似乎存在着某种线性关系。于是，我们就希望通过机器学习的方式来找到线性回归算法的某些"最佳"参数，从而得到某个具体的"最佳"线性回归模型，实现对房价的预测。

线性回归模型的基本形式是 $f(x)=\omega_1 x_1+\omega_2 x_2+\cdots+\omega_d x_d+b$，写成向量形式就是 $f(x)= w^{\mathrm{T}}x+b$，其中 $w = (\omega_1,\omega_2,\cdots,\omega_d)$。所以，我们的任务和目标就是，寻找具体的"最佳"的 w 和 b，从而得到一个具体的线性回归模型来预测房价。

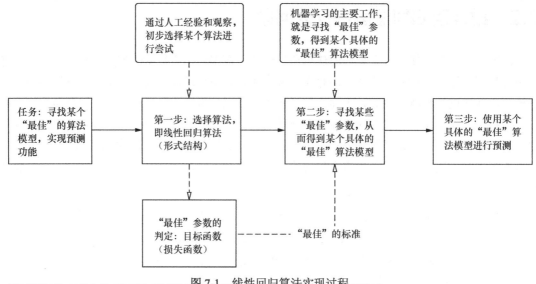

图 7-1 线性回归算法实现过程

（2）损失函数。

线性回归模型表达式 $f(x)=w^{\mathrm{T}}x+b$ 中，我们给予参数 w 和 b 不同的值，可以得到不同的具体算法模型，对应得出不同的房价预测值。显然，这里面不同参数对应的模型预测能力是不同的，有些模型更贴近实际情况，体现出了历史数据所蕴含的规律，有些模型则不是。那么，如何判断哪个具体的模型是"好模型"呢？评判的标准就在于损失函数。

这里，每给定一组参数 w 和 b，我们就会得到一个具体的线性回归模型 $f(x) = w^{\mathrm{T}}x+b$。对应每一个 x_i 值，都可以得到一个线性回归模型计算值 $f(x_i)$，而通过这个线性回归模型计算出来的房价值 $f(x_i)$ 和真实值 y_i 是存在差别的。显然，这种差别越小，说明模型拟合历史数据的情况越好，越能够体现历史数据中蕴含的规律，也就越能够很好地预测房价。这种"差别"如何度量呢？

根据线性回归模型的特点，我们采用最小二乘法，也就是历史房价真实值与预测值之间的均方误差作为"差别"的度量标准，也就是我们需要找到一组参数 w 和 b，使得均方误差最小化，即 $(w*,b*)=\mathrm{argmin}=\sum_{i=1}^{m}\left(f(x_i)-y_i\right)^2$，其中 $w*$ 和 $b*$ 表示使得均方误差最小的 w 和 b 的解。

（3）参数估计。

我们再来回顾一下整个过程：我们的任务是根据历史样本给出的房价及其相关因素（如房屋面积、房间数、朝向、地址等因素），建立模型来对新建房屋价格进行预测。根据经验和观察，结合预测任务的类型和历史样本数据特点，考虑使用线性回归模型来进行预测。不同的参数（w 和 b）会得到不同的具体线性回归模型，而不同的具体线性回归模型会得出不同的预测值。

为了找到"最佳"的线性回归模型，我们需要找到使损失函数最小的参数值，也就是使均方误差最小化的参数 w 和 b 的值。而求解"最佳"参数 w 和 b 的过程，就叫作参数估计。

对凸函数而言，一个通用的参数估计方法就是梯度下降。具体到线性回归算法本身，求解"最佳"参数过程中，除了针对凸函数的梯度下降法外，也可以通过损失函数求微分的方式，找到使损失函数最小的参数值。不过，计算机系统里面，其实我们更喜欢梯度下降这样的通过迭代方式来求解的方法，因为这种方法的通用性更广。

（4）正则化。

上面参数估计的步骤中，我们通过对损失函数（凸函数）采取梯度下降法，最终找到了一组"最佳"参数，从而得到了一个具体的"最佳"线性回归算法模型。这里的"最佳"是指，对于历史样本中的每个特征变量，根据这个具体算法模型计算出的房价数据和真实的历史房价数据之间的差距最小。也就是说，我们寻找的这个"最佳"线性回归模型充分学习到了历史数据的规律。

但是这里马上有个问题出现了，我们这个"最佳"算法模型很可能"学习过度"了，也就是与历史数据拟合太好，把很多历史数据中的噪声也学习进去了，反而降低了模型的泛化能力。如图 7-2 所示，当模型足够复杂的时候，模型可以精确地"穿过"每个历史数据点，对历史数据做出近乎完美的拟合。但是，正是由于这种过拟合情况的出现，模型学习了历史数据中的很多噪声，从而导致模型预测新数据的能力下降。

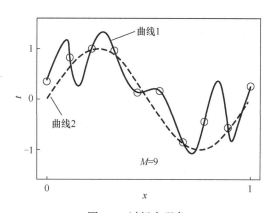

图 7-2　过拟合现象

为了解决这种过拟合的问题，算法科学家们发明了正则化的方法。概括来说，就是通过将系数估计（Coefficient Estimate）朝 0 的方向进行约束、调整或缩小，降低模型在学习过程中的复杂度和不稳定程度，从而避免过拟合情况。常见的正则化方法有 L1 正则化和 L2 正则化，通过给原来的损失函数（此处为原始的均方误差函数）增加惩罚项，建立一个带有惩罚项的损失函数。算法工程师在实践中，往往选择正则化的方式并调节正则化公式中的惩罚系数（调参优化）来实现正则化。

7.4　编程实践：手把手教你写代码

本节将以房价问题的预测任务为示例，详细讲解算法的代码实现环节和相关内容，包括背景任务介绍、代码展示与代码详解 3 个部分。

7.4.1　背景任务介绍：预测房价情况

下面将使用逻辑回归分类器来对 sklearn 自带的波士顿房屋数据集进行训练和预测。

（1）数据说明：sklearn 自带的 load_boston 数据集包含 506 条数据，每条数据 14 维，具体如下。

第一，数据集目标变量：MEDV，Median value of owner-occupied homes in \$1000's。

第二，数据集特征变量：特征变量共计 13 个属性，如下所示。

- CRIM per capita crime rate by town

- ZN proportion of residential land zoned for lots over 25000 sq.ft.

- INDUS proportion of non-retail business acres per town

- CHAS Charles River dummy variable (= 1 if tract bounds river; 0 otherwise)

- NOX nitric oxides concentration (parts per 10 million)

- RM average number of rooms per dwelling

- AGE proportion of owner-occupied units built prior to 1940

- DIS weighted distances to five Boston employment centres

- RAD index of accessibility to radial highways

- TAX full-value property-tax rate per \$10000

- PTRATIO pupil-teacher ratio by town

- B 1000(Bk - 0.63)^2 where Bk is the proportion of blacks by town

- LSTAT % lower status of the population

（2）数据来源：sklearn 自带的数据集 load_boston，可以直接获取。

（3）任务目标：采用线性回归模型来训练数据并评估模型性能。

7.4.2 代码展示：手把手教你写

```
>>>#从sklearn.datasets自带的数据中读取波士顿房价数据并将其存储在变量bostonHouse中
>>> from sklearn.datasets import load_boston
>>>bostonHouse=load_boston()
>>>#明确特征变量与目标变量
>>>x=bostonHouse.data
>>>y=bostonHouse.target
>>>#从sklearn.model_selection中导入数据分割器
>>>from sklearn.model_selection import train_test_split
```
>>>#使用数据分割器将样本数据分割为训练数据和测试数据，其中测试数据占比为25%。数据分割是为了获得训练集和测试集。训练集用来训练模型，测试集用来评估模型性能
```
>>>x_train,x_test,y_train,y_test=train_test_split(x,y,random_state=33,test_size=0.25)
```
>>>#从sklearn.linear_model中选用线性回归模型LinearRegression来学习数据。我们认为波士顿房价数据的特征变量与目标变量之间可能存在某种线性关系，这种线性关系可以用线性回归模型LinearRegression来表达，所以选择该算法进行学习
```
>>>from sklearn.linear_model import LinearRegression
```
>>>#使用默认配置初始化线性回归器
```
>>>lr=LinearRegression()
```
>>>#使用训练数据来估计参数，也就是通过训练数据的学习，为线性回归器找到一组合适的参数，从而获得一个带有参数的、具体的线性回归模型
```
>>>lr.fit(x_train,y_train)
```
>>>#对测试数据进行预测。利用上述训练数据学习得到的带有参数的、具体的线性回归模型对测试数据进行预测，即将测试数据中每一条记录的特征变量（例如房间数、不动产税率等）输入该线性回归模型中，得到一个该条记录的预测值
```
>>>lr_y_predict=lr.predict(x_test)
```
>>>#模型性能评估。上述模型预测能力究竟如何呢？我们可以通过比较测试数据的模型预测值与真实值之间的差距来评估，例如使用MSE来评估
```
>>>from sklearn.metrics import mean_squared_error
>>> print(MSE:',mean_squared_error(y_test,lr_y_predict))
```

7.4.3 代码详解：一步一步讲解清楚

一个典型的机器学习过程包括准备数据、选择算法、调参优化、性能评估，下面我们分别论述。

（1）准备数据。

为了避免给刚接触机器学习的读者造成过多的困扰，我们尽可能简化数据处理环节。准备数据的内容包括数据获取、特征变量与目标变量选取、数据分割，对应的代码如下。

```
>>>#从sklearn.datasets自带的数据中读取波士顿房价数据并将其存储在变量bostonHouse中
```

```
>>> from sklearn.datasets import load_boston
>>>bostonHouse=load_boston()
>>>#明确特征变量与目标变量
>>>x=bostonHouse.data
>>>y=bostonHouse.target
>>>#从sklearn.model_selection中导入数据分割器
>>>from sklearn.model_selection import train_test_split
>>>#使用数据分割器将样本数据分割为训练数据和测试数据，其中测试数据占比为25%。数据分割是为了获得训
练集和测试集。训练集用来训练模型，测试集用来评估模型性能。
>>>x_train,x_test,y_train,y_test=train_test_split(x,y,random_state=33,test_size=0.25)
```

（2）选择算法。

机器学习过程中的一个重头戏就是各个算法原理的学习，而之所以要学习各个算法原理，很重要的一个原因就是，在机器学习过程中需要正确合理地选择算法。我们只有对算法原理有比较深入的理解，才能够知道哪些问题可以使用哪些算法来解决。例如上面房价预测示例中，我们认为房屋的特征变量（房间数、不动产税率等）与目标变量（房价）之间存在着线性关系，而线性回归算法正好可以用来处理线性相关问题，所以我们选择了线性回归算法来进行模型训练。上述代码中，选择算法的部分如下。

```
>>>#从sklearn.linear_model中选用线性回归模型LinearRegression来学习数据。我们认为波士顿房价数
据的特征变量与目标变量之间可能存在某种线性关系，这种线性关系可以用线性回归模型LinearRegression来表
达，所以选择该算法进行学习。
>>>from sklearn.linear_model import LinearRegression
```

（3）调参优化。

在上面的示例中，我们采用了模型默认的配置来进行学习和训练。实践中，模型的调参优化是算法工程师很重要的一项工作内容，甚至有人戏称算法工程师为"调参工程师"。需要说明的是，这里的"调参"调整的是超参数，而调整超参数的目的是给算法模型找到最合适的参数，从而确定一个具体的算法模型。为了简便，调参优化采用的是默认配置，对应的部分如下。

```
>>>#使用默认配置初始化线性回归器
>>>lr=LinearRegression()
>>>#使用训练数据来估计参数，也就是通过训练数据的学习，为线性回归器找到一组合适的参数，从而获得一个带
有参数的、具体的线性回归模型
>>>lr.fit(x_train,y_train)
>>>#对测试数据进行预测。利用上述训练数据学习得到的带有参数的、具体的线性回归模型对测试数据进行预
测，即将测试数据中每一条记录的特征变量（例如房间数、不动产税率等）输入该线性回归模型中，得到一个该条记录
的预测值
>>>lr_y_predict=lr.predict(x_test)
```

（4）性能评估。

算法工程师通过调参（调整超参数），更快、更好地为算法模型找到了某些确定的参数值，进而获得了参数值确定的、具体的算法模型。接下来，我们就可以使用这些算法模型进行预测了。但是这些算法模型的预测能力究竟好不好呢？这就需要对算法模型（参数值确定的）进行性能评估了。简单地讲，性能评估主要用于评估算法模型的预测能力。上述代码中，性能评估的部分如下。

```
>>>#模型性能评估。上述模型预测能力究竟如何呢？我们可以通过比较测试数据的模型预测值与真实值之间的差距来评估，例如使用MSE来评估
>>>from sklearn.metrics import mean_squared_error
>>> print'MSE:',mean_squared_error(y_test,lr_y_predict)
MSE:22.7604834365
```

第 8 章

搞懂算法：逻辑回归是怎么回事

我们很熟悉前面线性回归的例子，即历史样本数据给出了房屋面积、房间数、朝向、地址等特征变量的数据和房价这个目标变量的数据。我们也很容易理解特征变量和目标变量之间存在的相关性，例如房屋面积越大、房间数越多、地址离交通站越近等，房价就越高。这种特征变量和目标变量之间的内在规律，我们用线性回归算法来表达。

如果现在情况发生了变化，历史样本数据中的"房价"数据不再给出具体的数值，而是按照某个划分标准给出的"高档房屋""普通房屋"这种分类，我们如何利用历史样本数据对新建房屋的"房价"分类做出预测呢？房价从"数值"变成了"分类"后，特征变量与房价之间的"内在规律"发生了改变吗？这种新情况就可以使用本章将要讲述的逻辑回归算法来解决。

8.1　如何理解逻辑回归

对比线性回归算法中的房价预测案例，不难想到"房价"数据虽然从具体数值变化为分类数据，但是"房价"这个目标变量和其他特征变量（如房屋面积、房间数等）之间的内在规律并没有改变！

虽然历史数据中的内在规律仍然可以用线性回归算法来表达，但是我们并不能够直接使用线性回归算法模型，因为根据线性回归算法模型如 $f(x)=\omega_1 x_1+\omega_2 x_2+\cdots+\omega_d x_d+b$ 算出来的"房价" $f(x)$ 是一个实数域上的数值，取值范围为 $(-\infty,+\infty)$。而现在给出的"房价"已经不再是一个取值范围为 $(-\infty,+\infty)$ 的具体数值了，而是分类数据"普通房屋"和"高档房屋"。这个分类数据标准化处理后可以表达为 0 和 1，其中 0 表示"普通房屋"，1 表示"高档房屋"。

如何做到既能够继续使用线性回归算法模型 $f(x)=\omega_1 x_1+\omega_2 x_2+\cdots+\omega_d x_d+b$ 来表达内在规律，又能够使得 $f(x)$ 的取值范围从 $(-\infty,+\infty)$ 变为 $(0,1)$ 呢？这需要对线性回归算法进行改造，准确地说需要将其函数值压缩为 0 ～ 1。而 sigmoid 函数恰好提供了这样的功能。

sigmoid 函数 $f(x) = \dfrac{1}{1+e^{-x}}$，其定义域是 $(-\infty,+\infty)$，值域是 $(0,1)$。当 $x \to +\infty$ 时，$e^{-x} \to 0$，$f(x) \to 1$；当 $x \to -\infty$ 时，$e^{-x} \to +\infty$，$f(x) \to 0$。这样，通过把原来线性回归算法的函数值作为 sigmoid 函数的自变量，这个复合函数的函数值 $f(x)$ 的范围就被限制为 $(0,1)$，如图 8-1 所示。

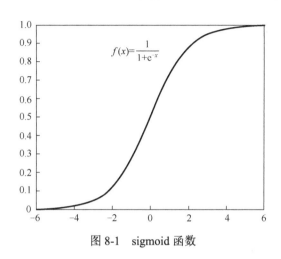

图 8-1　sigmoid 函数

因此，将线性回归算法的函数值 $f(x)$ 作为 sigmoid 函数的自变量，就可以实现将最终"房价"计算值压缩为 $(0,1)$。

现在可以这样理解：对于给定参数 w 和 b 的具体线性回归算法模型 $f(x)=\omega_1 x_1+\omega_2 x_2+\cdots+\omega_d x_d+b$，当输入的特征变量值越大，例如房屋面积越大、房间数越多等，对应计算得到的"房价"数值也越大，这个"越大"的"房价"数值经过 sigmoid 函数压缩为 $(0,1)$ 后，对应的数值也就越接近 1（例如 0.9），也就是说房屋具有越大的概率（0.9）是"高档房屋"。

总的来说，逻辑回归是一种典型的分类问题处理算法，其中二分类（LR）是多分类（softmax）的基础或者说多分类可以由多个二分类模拟得到。工程实践中，LR 输出结果是概率的形式，而不仅是简单的 0 和 1 分类判定，同时 LR 具有很高的可解释性，非常受工程界青睐，是分类问题的首选算法。

8.2　逻辑回归算法实现过程

整个预测任务和目标的实现过程可以分为 3 步：第一步，根据经验和观察，人为选定某个算法进行尝试；第二步，寻找某些"最佳"参数，从而得到某个具体的"最佳"算法模型；第三步，使用某个具体的"最佳"算法模型进行预测。逻辑回归算法实现过程如图 8-2 所示。

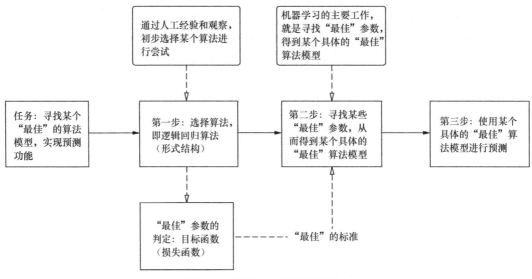

图 8-2 逻辑回归算法实现过程

（1）选择算法。

根据经验和观察，我们认为房屋面积、房间数、朝向、地址等特征变量与目标变量"房价"之间似乎存在着某种线性关系，应该用线性回归算法来表达。但是，现在情况有了变化，历史样本数据中的"房价"数据只给出"高档房屋""普通房屋"这种分类，因此需要将线性回归算法的函数值压缩为 0 ～ 1。

sigmoid 函数恰好提供了这样的功能。将线性回归算法的函数值 $f(x)$ 作为 sigmoid 函数的自变量，就可以得到 $f(x) = \dfrac{1}{1 + e^{-(w^{\mathrm{T}}x + b)}}$，从而将最终"房价"计算值压缩为 $(0,1)$。

（2）损失函数。

逻辑回归模型表达式可以这样得到：首先，在线性回归模型表达式 $f(x) = w^{\mathrm{T}}x + b$ 中，我们给予参数 w 和 b 不同的值，可以得到不同的具体算法模型，对应得出不同的房价预测值；然后，通过将 $f(x) = w^{\mathrm{T}}x + b$ 的函数值作为 sigmoid 函数的自变量输入，得到复合函数 $f(x) = \dfrac{1}{1 + e^{-(w^{\mathrm{T}}x + b)}}$，这就是逻辑回归模型表达式。

对于不同的参数 w 和 b，对应的 LR 函数表达式具体形式会不同，对应的具体算法模型也不同。显然，这里面模型的预测能力是不同的，有些模型更贴近实际情况，体现出了历史数据所蕴含的规律，有些模型则不行。那么，如何判断哪个具体的模型是"好模型"呢？评判的标准就在于损失函数。

这里，给定一组参数 w 和 b，我们得到一个具体的逻辑回归模型 $f(x) = \dfrac{1}{1 + e^{-(w^{\mathrm{T}}x + b)}}$。对应每一

个 x_i 值，都可以得到一个逻辑回归模型计算值 $f(x_i)$，而通过这个逻辑回归模型计算出来的房价档次值 $f(x_i)$ 和真实值 y_i 是存在差别的。显然，这种差别越小，说明模型拟合历史数据的情况越好，越能够体现历史数据中蕴含的规律，也就越能够很好地预测房价档次。这种"差别"如何度量呢？

在线性回归模型中，我们采用最小二乘法，也就是均方误差 $\frac{1}{m}\sum(f(x_i)-y_i)^2$ 作为"差别"的度量标准，所以我们需要找到一组参数 w 和 b，使得均方误差最小化。那么，这里我们是否可以继续采用均方误差作为损失函数呢？答案是否定的！不能采用均方误差作为损失函数。因为逻辑回归模型表达式是非线性的，这会造成均方误差表达式不是凸函数，无法采用计算机系统中常用的梯度下降法来求解使得损失函数最小化的参数值。如果采用梯度下降法来求解一个非凸函数，求解过程很可能会在一个局部损失最小值处停止，而达不到全局损失最小值，如图 8-3 所示。

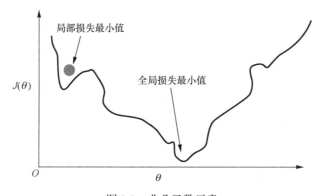

图 8-3　非凸函数示意

因此，我们需要重新找一个函数来表达"根据算法模型计算出来的房价档次值和历史样本数据中房价档次真实值"之间的差距。研究者们最后提出了如下的损失函数来表达这种差距。

$$Cost\,(f(x\,),y) = \begin{cases} -\log\,(f(x)), & y=1 \\ -\log\,(1-f(x)), & y=0 \end{cases}$$

读者可能会好奇为什么损失函数是这个样子呢？我们不妨这样理解上面的损失函数。

第一，我们之所以寻找、设计或创造损失函数，是想通过损失函数来表达真实值和计算值之间的差距，并且通过损失函数最小化来确定一组参数，从而确定具体的逻辑回归模型（含参数）。从另一个角度来看，就是我们寻找的损失函数一定符合这样的特点：如果真实值和计算值差距很大，那么损失函数的值一定很大；如果真实值和计算值差距很小，那么损失函数的值一定很小。

第二，这里的 y 表示房价档次的真实值，可能是 0 或者 1；这里的 $f(x)$ 表示的是把一组特征变量的历史数据（房屋面积、房间数等）作为自变量输入具体逻辑回归模型（带有参数）后计算出来的数值，这个结果是 $(0,1)$ 的某个实数。

第三，当真实值是"高档房屋"，也就是 $y=1$ 所表达的含义。如果某组参数确定的逻辑回归模型 $f(x)=\dfrac{1}{1+e^{-(w^{\mathrm{T}}x+b)}}$ 计算出的房价档次数值越接近1（计算值越接近"高档房屋"），就说明这是一组不错的参数，那么损失函数值就应该越小。那我们观察一下，现在这个损失函数是否满足呢？当 $f(x)$ 趋近1时，损失函数表达式 $-\log(f(x))$ 的数值趋近0，非常符合要求。再考虑另一种情况，如果某组参数确定的逻辑回归模型 $f(x)=\dfrac{1}{1+e^{-(w^{\mathrm{T}}x+b)}}$ 计算出的房价档次数值越接近0（计算值越接近"普通房屋"），这个时候真实值和计算值偏差很大，说明这是一组糟糕的参数，那么损失函数值就应该越大。这个时候，损失函数是否符合要求呢？当 $f(x)$ 趋近0时，损失函数表达式 $-\log(f(x))$ 的数值趋近 $+\infty$，也非常符合要求。

第四，当真实值是"普通房屋"，也就是 $y=0$ 所表达的含义。如果某组参数确定的逻辑回归模型 $f(x)=\dfrac{1}{1+e^{-(w^{\mathrm{T}}x+b)}}$ 计算出的房价档次数值越接近 0（计算值越接近"普通房屋"），就说明这是一组不错的参数，那么损失函数值就应该越小。那我们观察一下，现在这个损失函数是否满足呢？当 $f(x)$ 趋近 0 时，损失函数表达式 $-\log(1-f(x))$ 的数值趋近 0，非常符合要求。再考虑另一种情况，如果某组参数确定的逻辑回归模型 $f(x)=\dfrac{1}{1+e^{-(w^{\mathrm{T}}x+b)}}$ 计算出的房价档次数值越接近1（计算值越接近"高档房屋"），这个时候真实值和计算值偏差很大，说明这是一组糟糕的参数，那么损失函数值就应该越大。这个时候，损失函数是否符合要求呢？当 $f(x)$ 趋近 1 时，损失函数表达式 $-\log(1-f(x))$ 的数值趋近 $+\infty$，也非常符合要求。

（3）参数估计。

上述损失函数本质上也是一个凸函数。而对凸函数就可以采用梯度下降法来求解损失函数值达到最小时所对应的参数值。具体做法与线性回归算法类似，在此不赘述。

（4）正则化。

跟线性回归算法一样，逻辑回归算法中的这个"最佳"算法模型也很可能"学习过度"了，也就是与历史数据拟合太好，把很多历史数据中的噪声也学习进去了，反而降低了模型的泛化能力。为了解决这种过拟合的问题，也需要采取正则化的方法，将系数估计朝 0 的方向进行约束、调整或缩小，降低模型在学习过程中的复杂度和不稳定程度，从而尽量避免过拟合情况。

8.3 编程实践：手把手教你写代码

本节将以肿瘤分类预测任务为示例，详细讲解算法的代码实现环节和相关内容，包括背景任务介绍、代码展示与代码详解 3 个部分。

8.3.1 背景任务介绍：用逻辑回归分类预测肿瘤

逻辑回归是一种常用的线性分类器，某种程度上要求数据特征与目标之间服从线性假设。本节将使用逻辑回归解决"恶性 / 良性肿瘤的分类预测"问题。下面我们将尝试使用逻辑回归分类器来对 sklearn 自带的乳腺癌数据集进行学习和预测。

（1）数据说明：sklearn 自带的乳腺癌数据集包含 569 条数据，每条数据 30 维，其中两个分类分别为良性（benign）357 条和恶性（malignant）212 条，具体如下。

第一，数据集目标变量：['malignant' 'benign']，共计两个目标分类。

第 二， 数 据 集 特 征 变 量：['mean radius' 'mean texture' 'mean perimeter' 'mean area' 'mean smoothness' 'mean compactness' 'mean concavity' 'mean concave points' 'mean symmetry' 'mean fractal dimension' 'radius error' 'texture error' 'perimeter error' 'area error' 'smoothness error' 'compactness error' 'concavity error' 'concave points error' 'symmetry error' 'fractal dimension error' 'worst radius' 'worst texture' 'worst perimeter' 'worst area' 'worst smoothness' 'worst compactness' 'worst concavity' 'worst concave points' 'worst symmetry' 'worst fractal dimension']，共计 30 个特征维度。

（2）数据来源：sklearn 自带的乳腺癌数据集 load_breast_cancer，可以直接获取。

（3）任务目标：采用逻辑回归模型训练数据并评估模型性能。

这里需要说明的是，为了直观对比各个算法的差异从而帮助读者深入理解，后面示例中还会使用该数据集来对比演示各种算法模型，请读者重视。

8.3.2 代码展示：手把手教你写

```
>>>#为了方便读者练习，我们使用sklearn自带的乳腺癌数据集
>>>from sklearn.datasets import load_breast_cancer
>>>breast_cancer=load_breast_cancer()
>>>breast_cancer
>>>#分离出特征变量与目标变量
>>>x=breast_cancer.data
>>>y=breast_cancer.target
>>>#从sklearn.model_selection中导入数据分割器
>>>from sklearn.model_selection import train_test_split
```

```
>>>#使用数据分割器将样本数据分割为训练数据和测试数据，其中测试数据占比为30%。数据分割是为了获得训练集和测试集。训练集用来训练模型，测试集用来评估模型性能
>>>x_train,x_test,y_train,y_test=train_test_split(x,y,random_state=33,test_size=0.3)
>>>#对数据进行标准化处理，使得每个特征维度的均值为0，方差为1，防止受到某个维度特征数值较大的影响
>>>from sklearn.preprocessing import StandardScaler
>>>breast_cancer_ss=StandardScaler()
>>>x_train=breast_cancer_ss.fit_transform(x_train)
>>>x_test=breast_cancer_ss.transform(x_test)
>>>#逻辑回归算法：默认配置
>>>从sklearn.linear_model中选用逻辑回归模型LogisticRegression来学习数据。我们认为肿瘤分类数据的特征变量与目标变量之间可能存在某种线性关系，这种线性关系可以用逻辑回归模型LogisticRegression来表达，所以选择该算法进行学习
>>>from sklearn.linear_model import LogisticRegression
>>>#使用默认配置初始化线性回归器
>>>lr=LogisticRegression()
>>>#使用训练数据来估计参数，也就是通过训练数据的学习，找到一组合适的参数，从而获得一个带有参数的、具体的算法模型
>>>lr.fit(x_train,y_train)
>>>#对测试数据进行预测。利用上述训练数据学习得到的带有参数的、具体的线性回归模型对测试数据进行预测，即将测试数据中每一条记录的特征变量输入该模型中，得到一个该条记录的预测分类值
>>>lr_y_predict=lr.predict(x_test)
>>>#性能评估。使用逻辑回归自带的评分函数score获取预测准确率数据，并使用sklearn.metrics 的classification_report模块对预测结果进行全面评估
>>>from sklearn.metrics import classification_report
>>>print ('Accuracy:',lr.score(x_test,y_test))
>>>print(classification_report(y_test,lr_y_predict,target_names=['benign','malignant']))
```

8.3.3 代码详解：一步一步讲解清楚

一个典型的机器学习过程包括准备数据、选择算法、调参优化、性能评估，下面我们分别论述。

（1）准备数据。

准备数据的内容包括数据获取、特征变量与目标变量选取、数据分割。首先，从 sklearn 自带的数据集中导入乳腺癌数据，查看数据特征情况，代码如下所示。

```
>>>#为了方便读者练习，我们使用sklearn自带的乳腺癌数据集
>>>from sklearn.datasets import load_breast_cancer
>>>breast_cancer=load_breast_cancer()
>>>breast_cancer
```

代码运行结果如图 8-4 所示（部分）。

```
'data': array([[  1.79900000e+01,   1.03800000e+01,   1.22800000e+02, ...,
          2.65400000e-01,   4.60100000e-01,   1.18900000e-01],
        [  2.05700000e+01,   1.77700000e+01,   1.32900000e+02, ...,
          1.86000000e-01,   2.75000000e-01,   8.90200000e-02],
        [  1.96900000e+01,   2.12500000e+01,   1.30000000e+02, ...,
          2.43000000e-01,   3.61300000e-01,   8.75800000e-02],
        ...,
        [  1.66000000e+01,   2.80800000e+01,   1.08300000e+02, ...,
          1.41800000e-01,   2.21800000e-01,   7.82000000e-02],
        [  2.06000000e+01,   2.93300000e+01,   1.40100000e+02, ...,
          2.65000000e-01,   4.08700000e-01,   1.24000000e-01],
        [  7.76000000e+00,   2.45400000e+01,   4.79200000e+01, ...,
          0.00000000e+00,   2.87100000e-01,   7.03900000e-02]]),
'feature_names': array(['mean radius', 'mean texture', 'mean perimeter', 'mean area',
        'mean smoothness', 'mean compactness', 'mean concavity',
        'mean concave points', 'mean symmetry', 'mean fractal dimension',
        'radius error', 'texture error', 'perimeter error', 'area error',
        'smoothness error', 'compactness error', 'concavity error',
        'concave points error', 'symmetry error', 'fractal dimension error',
        'worst radius', 'worst texture', 'worst perimeter', 'worst area',
        'worst smoothness', 'worst compactness', 'worst concavity',
        'worst concave points', 'worst symmetry', 'worst fractal dimension'],
      dtype='<U23'),
'target': array([0, 0, 0, 0, 0, 0, 0, 0, 0, 0, 0, 0, 0, 0, 0, 0, 0, 0, 1, 1, 1, 0,
      0, 0, 0, 0, 0, 0, 0, 0, 0, 0, 0, 1, 0, 0, 0, 0, 0, 0, 0, 0,
      1, 0, 1, 1, 1, 1, 1, 0, 0, 1, 0, 0, 1, 1, 1, 1, 0, 1, 0, 0, 1, 1, 1,
      1, 0, 1, 0, 0, 1, 0, 1, 0, 0, 1, 1, 1, 0, 0, 1, 1, 1, 0,
      1, 1, 0, 0, 1, 1, 1, 0, 1, 1, 1, 0, 1, 0, 1, 1, 1, 1, 1,
      1, 1, 0, 0, 0, 1, 0, 0, 1, 1, 1, 0, 0, 1, 0, 1, 0, 1, 1, 1,
      0, 1, 0, 1, 1, 0, 1, 1, 0, 1, 1, 1, 1, 1, 1, 1, 0, 0, 1, 1, 1,
      0, 0, 1, 0, 1, 1, 0, 1, 0, 0, 1, 1, 1, 0, 1, 0, 0, 0, 1,
      0, 0, 1, 0, 1, 1, 0, 1, 1, 0, 0, 1, 1, 1, 0, 1, 0, 0, 0, 1,
      0, 1, 0, 1, 1, 1, 0, 1, 1, 0, 0, 1, 0, 0, 0, 0, 1, 0, 0, 1, 0, 1,
```

图8-4 代码运行结果

然后，从原始数据集中分离出特征变量与目标变量，导入分割器将数据集分割为训练数据和测试数据，并对数据进行标准化处理，代码如下所示。

```
>>>#分离出特征变量与目标变量
>>>x=breast_cancer.data
>>>y=breast_cancer.target
>>>#从sklearn.model_selection中导入数据分割器
>>>from sklearn.model_selection import train_test_split
>>>#使用数据分割器将样本数据分割为训练数据和测试数据，其中测试数据占比为30%。数据分割是为了获得训
练集和测试集。训练集用来训练模型，测试集用来评估模型性能
>>>x_train,x_test,y_train,y_test=train_test_split(x,y,random_state=33,test_size=0.3)
>>>#对数据进行标准化处理，使得每个特征维度的均值为0，方差为1，防止受到某个维度特征数值较大的影响
>>>from sklearn.preprocessing import StandardScaler
>>>breast_cancer_ss=StandardScaler()
>>>x_train=breast_cancer_ss.fit_transform(x_train)
>>>x_test=breast_cancer_ss.transform(x_test)
```

（2）选择算法。

通过对数据集特征的了解，根据专业知识判断特征变量与目标变量之间存在线性关系且为分类问题，我们这里考虑使用逻辑回归来进行分类预测，代码如下所示。

```
>>>#逻辑回归算法：默认配置
>>>#从sklearn.linear_model中选用逻辑回归模型LogisticRegression来学习数据。我们认为肿瘤分类数据的特征变量与目标变量之间可能存在某种线性关系，这种线性关系可以用逻辑回归模型LogisticRegression来表达，所以选择该算法进行学习
>>>from sklearn.linear_model import LogisticRegression
```

（3）调参优化。

示例中，为了简便，采用默认配置来进行学习和训练，对应的部分代码如下。

```
>>>lr=LogisticRegression()
>>>lr.fit(x_train,y_train)
>>>#使用训练好的逻辑回归模型对数据进行预测
>>>lr_y_predict=lr.predict(x_test)
```

（4）性能评估。

上面使用逻辑回归模型进行预测。但是逻辑回归模型的预测能力究竟好不好呢？这就需要对逻辑回归模型（参数值确定的）进行性能评估了。简单地讲，性能评估主要用于评估算法模型的预测能力。上述代码中，性能评估部分的代码如下。

```
>>>#性能评估。使用逻辑回归自带的评分函数score获取预测准确率数据，并使用sklearn.metrics 的
classification_report模块对预测结果进行全面评估
>>>from sklearn.metrics import classification_report
>>>print ('Accuracy:',lr.score(x_test,y_test))
print(classification_report(y_test,lr_y_predict,target_names=['benign','malignant']))
```

代码运行结果如图 8-5 所示。

```
Accuracy: 0.9707602339181286
              precision    recall  f1-score   support

      benign       0.96      0.97      0.96        66
   malignant       0.98      0.97      0.98       105

    accuracy                           0.97       171
   macro avg       0.97      0.97      0.97       171
weighted avg       0.97      0.97      0.97       171
```

图 8-5 代码运行结果

由图 8-5 可知，使用默认配置的逻辑回归分类器进行数据训练后的预测准确率约为 0.970 8。

第 9 章

搞懂算法：决策树是怎么回事

决策树算法是机器学习中很经典的一个算法，它既可以作为分类算法，也可以作为回归算法，具有算法原理易于理解和实现的优点。决策树算法使用频率最高的应用场景还是分类问题的解决。决策树算法本质上是通过一步步进行属性分类从而对整个特征空间进行划分，进而区别出不同的分类样本。下面，我们将详细讲述决策树算法的相关内容。

9.1 典型的决策树是什么样的

我们回到源头去思考问题：我们进行机器学习的目的是通过对历史样本数据的学习，找到一个具体的算法模型（参数值确定的），能够将历史样本数据的规律包含进来，从而对新样本数据进行预测。一种思路就是像前文所述的线性回归模型或者逻辑回归模型一样，通过寻找特征变量和目标变量之间的定量关系表达式，从而将历史样本数据中蕴含的规律体现出来；还有一种思路则是模拟人决策的过程，通过决策树的形式来对问题进行判断。

决策树通过训练数据构建一种类似于流程图的树结构来对问题进行判断，它与我们日常问题解决的过程也非常类似。例如一个女生在中间人给她介绍了潜在相亲对象的情况后，她需要做出"是否要去见面相亲"的决策。其实这个决策经常会分解成为一系列的"子问题"：女生先看"这个人学历/学位如何"，如果是"学历/学位大专以上"，那么女生再看"这个人身高如何"，如果是"身高一米七以上"，那么女生再看"这个人月收入如何"……经过一系列这样的决策，女生最后做出决策：愿意去相亲。决策过程如图9-1所示。

一般来说，一棵决策树包含3种节点：一个根节点、多个内部节点和叶节点。全部样本从根节点开始，经过一系列的判断测试序列，最终形成若干个叶节点，也就是决策结果。叶节点对应决策结果，其他节点对应属性测试。决策树学习的目的就是通过对数据集的学习，获得一棵具有较强泛化能力的决策树，从而做出预测。总的来说，决策树算法是依据"分而治之"的思想，每次根据某属性的值对样本进行分类，然后传递给下个属性继续进行分类判断。

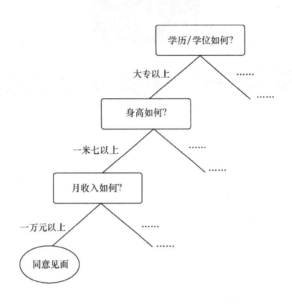

图 9-1　决策过程

9.2　决策树算法的关键是什么

我们假设这个女生是一个"女神"，之前有很多中间人给她介绍相亲对象。中间人给她介绍相亲对象的信息包括学历／学位、身高、收入、长相、性格、家庭背景、工作地点、工作单位等。"女神"在听完中间人对相亲对象的介绍后，同意去见其中的一部分人，拒绝去见另外一部分人。

现在中间人找到你，并且想把你介绍给"女神"，你有点犹豫是否应该告诉中间人你的个人信息，从而和"女神"相亲。因为你怕告诉中间人你的个人信息后，"女神"对你不感兴趣，连面都不和你见，那样的话你就太丢人了。所以，你收集了"女神"之前相亲对象的信息和是否见面的结果数据，希望建立一个算法模型对"女神"是否和你见面做出预测，从而避免尴尬的局面。

（1）假如我们通过观察历史数据发现"女神"对所有的潜在相亲对象"都见"（或"都不见"），那么这个时候的决策情况其实是非常简单和清晰的，"女神"决策结果的不确定性最小。你对应采取的措施也就清楚了。

（2）但如果"女神"见了其中一些人而不见另外一些人，那么"女神"的决策情况就会复杂一些，决策结果的不确定性较大。进一步，如果我们通过数据观察发现"学历／学位凡是博士以上'女神'都见，博士以下'女神'都不见"，那么"女神"的决策情况又再次明确和清晰了，决策结果的不确定性又小了。你可以根据自己是不是博士，从而采取相应的措施了。

如果把"女神"是否见面的决策看作一棵决策树的话，这棵决策树会有多种可能性：例如根节点可能是"学历／学位""身高""收入""长相""性格""家庭背景""工作地点""工作单位"等，同样内部节点和叶节点也有多种可能性。机器学习决策树建模的目的，就是找到一棵具体的决策树，从而帮助我们快速准确地做出判断。

找到这棵具体的决策树的关键在于判断根节点的属性，也就是根节点是选用"学历／学位"来划分，还是"收入"或其他属性来划分。实际上，根节点选择哪个特征变量是最为关键的，究竟应该选择哪个特征变量是整个决策树算法的核心所在。因为一旦选定了根节点，我们就可以依此类推选择根节点的子节点，直到叶节点。通过递归方法，我们就得到了一棵决策树。有了一棵决策树，我们循环调用就可以得到若干棵决策树。

如何选择根节点呢？选择的原则就是其信息增益最大，也就是尽可能消除决策的不确定性。例如上面的例子中，假设我们发现"'女神'见了博士以上学历／学位的人，而不见博士以下学历／学位的人"和"'女神'见了身高较高的人，也见了身高一般的人，还见了身高较矮的人"。我们应该选择"学历／学位"还是"身高"作为根节点呢？显然，我们选择"学历／学位"作为根节点会更好，因为这样可以帮我们快速降低不确定性，也就是"学历／学位"作为根节点会使得"信息增益"更大。为了更加透彻地讲解"信息增益"这个关键的概念，下面我们将回顾一下信息论中的信息、信息量、信息熵等概念。

9.3 信息、信息量与信息熵

（1）信息是什么？

我们经常谈论和使用"信息"这个词，但"信息是什么"是一个既简单又复杂的问题。1928年哈特莱给出过"信息"的一个定义："信息就是不确定性的消除。"这个定义后来被科学界广泛引用。举个例子，你问气象局"明天会下雨吗"，气象局回答"明天可能下雨，可能不下雨"。我们相信，这样的回答肯定无法让你满意，因为这是一句"废话"。如果气象局回答"明天会下雨"，那么这就是一个令人满意的答复，因为它告诉了我们有用的信息。

具体来讲，"明天是否会下雨"只有两种情况：下雨或者不下雨。当气象局告诉你"明天可能下雨，也可能不下雨"的时候，并没有消除或降低不确定性，所以并没有给予你信息。而当气象局告诉你"明天会下雨"时，就从两种情况变成了一种情况，这就降低了不确定性，所以这种答复就是信息。

（2）信息量是什么？

明确了"信息就是不确定性的消除"这个定义后，我们自然会考虑如何度量信息，也就是信息量如何计算。实际上，信息量的量化计算最早也是由哈特莱提出的，他将消息数的对数值定义为信息量。具体来说，假设信息源有 m 种等概率的消息，那么信息量就是 $I = \log_2^m$。

如何理解哈特莱提出的信息量化方式呢？我们假想两种情况：情况一是有人告诉我们"大龙的性别为男"，情况二是有人告诉我们"大龙的年龄是 43 岁"（假设人类最长寿命为 128 岁）。哪一种情况传递的信息量大呢？按照哈特莱的公式来计算，两种情况下的信息量分别是 $I_1 = \log_2^m = \log_2^2 = 1$，$I_2 = \log_2^m = \log_2^{128} = 7$。比较上述的信息量，$I_2 > I_1$，也就是说情况二传递的信息量更大，这其实也符合我们的直观感受。

哈特莱的公式中有个假设条件，那就是"结果是等概率出现的"。但现实中一个事件的结果往往并不是等概率出现的，例如"大龙"这个名字一听就像是个男性的名字。如何把这种不等概率出现的情况也包含进去呢？信息论给出了更为科学的计算方式。

信息论定义信息量为 $H(X_i) = \log_2^p$。其中，X_i 表示某个发生的事件，p 表示这个事件发生的概率。我们来理解一下这个公式。假如我们统计历史上所有叫"大龙"的人的性别，历史数据如下。

① 发现 10 个人中有 9 个都是男性，那么根据信息论的公式，$H = -\log_2^p = -\log_2^{0.9} = 0.152$。

② 发现 100 个人中有 99 个都是男性，那么根据信息论的公式，$H = -\log_2^p = -\log_2^{0.99} = 0.014\,5$。

③ 发现 1\,000 个人中有 999 个都是男性，那么根据信息论的公式，$H = -\log_2^p = -\log_2^{0.999} = 0.001\,44$。

④ 发现 10\,000 个人中有 9\,999 个都是男性，那么根据信息论的公式，$H = -\log_2^p = -\log_2^{0.999\,9} = 0.000\,144$。

从上面的计算可以知道，某个事件出现的先验概率越大，那么"告知这个事件即将发生"所携带的信息量越小。

（3）信息熵是什么？

信息熵是信息论创立者香农受到热力学"熵"这个概念的启发而创立的，它度量了信源的不确定性程度。如果说，信息量计算公式（$H(X_1) = -\log_2^p$）度量的是某一个具体事件发生时所携带的信息量，那么信息熵就是最终结果出来之前所有可能结果的信息量的期望值。

根据信息论，信息熵的计算公式为：$H(X) = -\sum\limits_{i=1}^{n} p(x_i)\log_2^{p(x_i)}$。信息熵越大，表示事件结果的

不确定性越大；信息熵越小，表示事件结果的确定性越大。我们还是以"大龙的性别"事件来理解。

① 发现 10 个人中有 9 个都是男性，那么根据信息论的公式，信息熵 $H(X) = -\sum_{i=1}^{n} p(x_i)\log_2^{p(x_i)} = -0.9 \times \log_2^{0.9} - 0.1 \times \log_2^{0.1} = 0.468\,8$。

② 发现 100 个人中有 99 个都是男性，那么根据信息论的公式，信息熵 $H = -0.99 \times \log_2^{0.99} - 0.01 \times \log_2^{0.01} = 0.080\,8$。

③ 发现 1 000 个人中有 999 个都是男性，那么根据信息论的公式，信息熵 $H = -0.999 \times \log_2^{0.999} - 0.001 \times \log_2^{0.001} = 0.011\,4$。

④ 发现 10 000 个人中有 9 999 个都是男性，那么根据信息论的公式，信息熵 $H = -0.999\,9 \times \log_2^{0.999\,9} - 0.000\,1 \times \log_2^{0.000\,1} = 0.001\,473$。

比较上述各种情况，不难发现对"大龙的性别"这个事件而言，情况④的信息熵最小。也就是说，情况④下"大龙的性别是什么"的确定性是最高的。信息熵其实就是用来刻画给定集合的纯净度的一个指标，如果一个集合中所有元素都属于同一个分组，这个时候信息熵就是 0，表示集合最纯净，反之亦然。

现在，我们已经知道了信息熵表示事件结果的不确定性程度，那么事件的不确定性程度的变化也可以进行度量了，这就是信息增益。一般来说，信息增益是两个信息熵的差异，表示信息熵的变化程度，在决策树算法中有着重要的应用。

9.4 信息增益的计算过程

下面，我们将用一个例子来具体展示一下信息增益的计算过程。假设我们获取了"女神"的历史相亲情况，如表 9-1 所示。

表 9-1 "女神"的历史相亲情况

序号	学历/学位	长相	身高	收入	见面与否
1	本科以下	帅气	高	高	见
2	本科	帅气	一般	中	见
3	硕士	一般	矮	高	不见
4	博士	一般	一般	高	不见
5	本科	帅气	高	中	见
6	本科	一般	高	高	不见
7	硕士	一般	矮	高	不见

序号	学历 / 学位	长相	身高	收入	见面与否
8	硕士	帅气	高	低	见
9	博士	一般	一般	中	不见
10	博士	帅气	矮	低	不见
11	本科以下	一般	矮	低	不见
12	本科以下	帅气	高	低	见
13	本科	帅气	矮	中	见
14	博士	帅气	高	高	见
15	本科	帅气	高	高	见
16	硕士	帅气	高	高	见
17	硕士	一般	高	高	不见
18	硕士	一般	矮	低	不见
19	硕士	一般	一般	中	不见
20	博士	一般	矮	低	不见

现在，我们需要根据表 9-1 所示情况计算各个属性的信息增益值，从而选择根节点，过程如下。

（1）计算样本信息熵。

根据信息熵的计算公式 $H(X) = -\sum_{i=1}^{n} p(x_i)\log_2^{p(x_i)}$，上述样本的结果可分为两种情况，即见（9个）、不见（11个），所以见面的概率为 9/20，不见面的概率为 11/20。将上述数值代入信息熵的计算公式 $H(X) = -(11/20) \times \log_2(11/20) - (9/20) \times \log_2(9/20) = 0.992\,8$。

（2）计算各属性信息熵。

如果选择"学历 / 学位"作为根节点，可以把所有样本分为 4 种情况：本科以下、本科、硕士、博士。

其中，样本"本科以下"人数为 3 人，同意见面的有 2 人，不同意见面的有 1 人。计算结果如表 9-2 所示。

表 9-2　计算结果

结果	见	不见
N	2	1
P	2/3≈0.67	1/3≈0.33
Ent（学历 / 学位 = 本科以下）	$-0.67 \times \log_2^{0.67} - 0.33 \times \log_2^{0.33} \approx 0.918\,3$	

其中，样本"本科"人数为 5 人，同意见面的有 4 人，不同意见面的有 1 人。计算结果如表 9-3 所示。

表 9-3   计算结果

结果	见	不见
N	4	1
P	4/5=0.8	1/5=0.2
Ent (学历 / 学位 = 本科)	\multicolumn 2	$-0.8\times\log_2 0.8-0.2\times\log_2 0.2\approx 0.721\,9$

其中，样本"硕士"人数为 7 人，同意见面的有 2 人，不同意见面的有 5 人。计算结果如表 9-4 所示。

表 9-4   计算结果

结果	见	不见
N	2	5
P	2/7≈0.29	5/7≈0.71
Ent (学历 / 学位 = 硕士)	\multicolumn 2	$-0.29\times\log_2^{0.29}-0.71\times\log_2^{0.71}\approx 0.813\,1$

其中，样本"博士"人数为 5 人，同意见面的有 1 人，不同意见面的有 4 人。计算结果如表 9-5 所示。

表 9-5   计算结果

结果	见	不见
N	1	4
P	1/5=0.2	4/5=0.8
Ent (学历 / 学位 = 博士)	\multicolumn 2	$-0.2\times\log_2 0.2-0.8\times\log_2 0.8\approx 0.721\,9$

综合以上，以"学历 / 学位"属性进行划分的信息熵为

Ent（学历 / 学位）=(3/20)×0.918 3+(5/20)×0.721 9+(7/20)×0.813 1+(5/20)×0.721 9=0.783 28。Ent（学历 / 学位）表示给定了"学历 / 学位"这个条件后，"女神"见面与否的不确定性。

（3）计算各属性信息增益熵。

由上可知，以"学历 / 学位"属性划分，对应的信息增益为 $Gain$（X，学历 / 学位）=0.992 8-0.783 28=0.209 52。$Gain$（X，学历 / 学位）=H（X）-Ent（学历 / 学位），这个差值表示"学历 / 学位"这个特征对是否见面的估计能够提供的确定性的贡献大小。

同样的道理，我们可以计算出其他属性的信息增益。

$Gain$（X，长相）= 0.992 8-0.234 5=0.758 3

$Gain$（X，身高）= 0.992 8-0.713 2=0.279 6

$Gain$（X，收入）= 0.992 8-0.964 2=0.028 6

所以，属性"长相"的信息增益最大，于是它被选择为划分属性。也就是说，"长相"这个

特征对是否见面的估计能够提供的"确定性"的贡献最大。

（4）确定根节点和各个节点。

我们画出以"长相"属性为根节点的决策树，如图 9-2 所示。

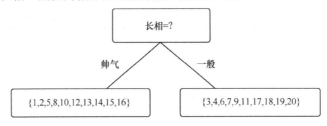

图 9-2 以"长相"属性为根节点的决策树

以"长相"为根节点划分，各分支包含的样例子集显示在节点中，以序号代替。例如，第一个分支节点（"长相 = 帅气"）包含样例集合 X_1 中序号为 {1,2,5,8,10,12,13,14,15,16} 的 10 个样例，可用属性集合为 { 学历 / 学位，身高，收入 }。我们基于 X_1 计算各属性的信息增益。

$Gain(X_1，学历 / 学位)=0.469\ 0-0.2=0.269\ 0$

$Gain(X_1，身高)=0.469\ 0-0.2=0.269\ 0$

$Gain(X_1，收入)=0.469\ 0-0.275\ 5=0.193\ 5$

"学历 / 学位""身高"都取得了最大的信息增益，可以任选其一作为划分属性。与此类似，我们对每个分支都采取上述操作，最终可以得到决策树，如图 9-3 所示。

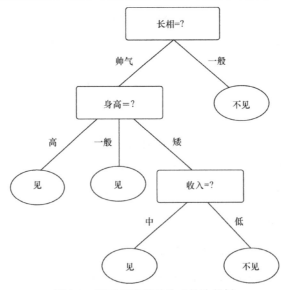

图 9-3 基于信息增益生成的决策树

9.5　剪枝处理是怎么回事

过拟合是所有算法模型都会碰到的问题，决策树算法也不例外，剪枝处理是决策树算法中处理过拟合的主要手段。决策树学习过程中，递归生成决策分支，直到不能继续为止。这样可能会造成分支过多，对训练样本学习得"太好"，以至于把训练样本自身独有的一些特点作为所有数据都具有的一般性质来处理了，也就是把噪声也学习进模型里面了，造成了过拟合现象。所以，我们可以通过剪枝处理来去掉一些分支，从而降低过拟合风险。

决策树剪枝处理有两种方式：预剪枝和后剪枝。预剪枝是指决策树生成节点前评估当前节点的划分是否能够带来决策树泛化能力的提升。如果当前节点的划分不能带来决策树泛化能力的提升，则以当前节点为叶节点并停止划分。后剪枝是指先通过训练样本数据生成一棵完整的决策树，然后自底向上对非叶节点进行评估和替换。如果某个节点的子树被替换成叶节点后，决策树泛化能力得到了提升，那么就进行替换。

9.6　编程实践：手把手教你写代码

决策树是一种典型的分类算法，可用于分类预测任务。前面例子中使用 sklearn 自带的乳腺癌数据集展示了逻辑回归算法是如何训练学习并进行乳腺癌预测的，本节将使用同样的乳腺癌数据集来对比展示决策树算法如何用于分类预测任务，并详细讲解算法的代码实现环节和相关内容，包括背景任务介绍、代码展示与代码详解 3 个部分。

9.6.1　背景任务介绍：用决策树分类预测乳腺癌

下面将使用决策树分类器对 sklearn 自带的乳腺癌数据集进行学习和预测。

（1）数据说明：sklearn 自带的乳腺癌数据集包含 569 条数据，每条数据 30 维。其中两个分类分别为良性（benign）357 条和恶性（malignant）212 条。

（2）数据来源：sklearn 自带的乳腺癌数据集 load_breast_cancer，可以直接获取。

（3）任务目标：采用决策树分类器训练数据并评估模型性能。

9.6.2　代码展示：手把手教你写

```
>>>#为了方便读者练习，我们使用sklearn自带的乳腺癌数据集
>>>from sklearn.datasets import load_breast_cancer
>>>breast_cancer=load_breast_cancer()
```

```
>>>breast_cancer
>>>#分离出特征变量与目标变量
>>>x=breast_cancer.data
>>>y=breast_cancer.target
>>>#从sklearn.model_selection中导入数据分割器
>>>from sklearn.model_selection import train_test_split
>>>#使用数据分割器将样本数据分割为训练数据和测试数据，其中测试数据占比为30%。数据分割是为了获得训
练集和测试集。训练集用来训练模型，测试集用来评估模型性能
>>>x_train,x_test,y_train,y_test=train_test_split(x,y,random_state=33,test_size=0.3)
>>>#对数据进行标准化处理，使得每个特征维度的均值为0，方差为1，防止受到某个维度特征数值较大的影响
>>>from sklearn.preprocessing import StandardScaler
>>>breast_cancer_ss=StandardScaler()
>>>x_train=breast_cancer_ss.fit_transform(x_train)
>>>x_test=breast_cancer_ss.transform(x_test)
>>>#决策树分类器：默认配置
>>>#从sklear.tree中导入决策树分类器
>>>from sklearn.tree import DecisionTreeClassifier
>>>#使用默认配置初始化决策树分类器
>>>dtc=DecisionTreeClassifier()
>>>#训练数据
>>>dtc.fit(x_train,y_train)
>>>#数据预测
>>>dtc_y_predict=dtc.predict(x_test)
>>>#性能评估
>>>from sklearn.metrics import classification_report
>>>print ('Accuracy:',dtc.score(x_test,y_test))
>>>print(classification_report(y_test,dtc_y_predict,target_names=['benign','malignant']))
```

9.6.3　代码详解：一步一步讲解清楚

一个典型的机器学习过程包括准备数据、选择算法、调参优化、性能评估，下面我们分别
论述。

（1）准备数据。

准备数据实际上包含许多环节，例如数据采集、数据清洗（缺失值、错误值处理）、特征工
程等。这个过程需要将数据导入并观察数据的大致特性，获得感性认知。数据可以从互联网获
取，也可以从数据库获取，还可以从计算机的本地硬盘获取。这里为了对比各个算法的性能从
而帮助读者更加深刻地理解各个算法，同时考虑到数据获取的稳定性和便捷性，使用 sklearn 自
带的乳腺癌数据集，代码如下。

```
>>>#为了方便读者对比各种算法，我们使用sklearn自带的乳腺癌数据集
>>>from sklearn.datasets import load_breast_cancer
>>>breast_cancer=load_breast_cancer()
```

```
>>>breast_cancer
>>>#分离出特征变量与目标变量
>>>x=breast_cancer.data
>>>y=breast_cancer.target
>>>#从sklearn.model_selection中导入数据分割器
>>>from sklearn.model_selection import train_test_split
>>>#使用数据分割器将样本数据分割为训练数据和测试数据，其中测试数据占比为30%。数据分割是为了获得训
练集和测试集。训练集用来训练模型，测试集用来评估模型性能
>>>x_train,x_test,y_train,y_test=train_test_split(x,y,random_state=33,test_size=0.3)
>>>#对数据进行标准化处理，使得每个特征维度的均值为0，方差为1，防止受到某个维度特征数值较大的影响
>>>from sklearn.preprocessing import StandardScaler
>>>breast_cancer_ss=StandardScaler()
>>>x_train=breast_cancer_ss.fit_transform(x_train)
>>>x_test=breast_cancer_ss.transform(x_test)
```

上述代码中，一个重要的数据处理环节就是数据分割，通过数据分割将样本数据分割为训练数据和测试数据。这里说明一下，样本数据分割处理中需要注意区别的是特征变量和目标变量的选择、训练数据和测试数据的分割。

数据分割（训练数据与测试数据）是将样本数据记录分为两个部分，一部分（训练数据）用来训练算法模型（帮助确定算法模型参数），另一部分（测试数据）用来对算法模型（已经确定了参数）的预测能力进行评估。而特征选择（特征变量与目标变量的确定）处理的对象是每一条记录，将一条记录的某些字段确定为特征变量（常用 x 表示），将记录剩余的某个字段作为目标变量（常用 y 表示）。因此，训练数据和测试数据也可以分为两个部分，一部分是特征变量，另一部分是目标变量。数据分割对应的代码如下。

```
>>>from sklearn.model_selection import train_test_split
>>>#使用数据分割器将样本数据分割为训练数据和测试数据，其中测试数据占比为30%。数据分割是为了获得训
练集和测试集。训练集用来训练模型，测试集用来评估模型性能
>>>x_train,x_test,y_train,y_test=train_test_split(x,y,random_state=33,test_
size=0.3)
```

（2）选择算法。

决策树在解决非线性关系问题中有着很大的优势，所以我们考虑使用决策树算法来进行机器学习，代码如下。

```
>>>#从sklearn.tree中导入决策树分类器
>>> from sklearn.tree import DecisionTreeClassifier
```

（3）调参优化。

调参优化是算法工程师最主要的工作之一，这里为了简化处理，我们仍然采用默认配置，代码如下。

```
>>>#使用默认配置初始化决策树分类器
>>>dtc=DecisionTreeClassifier()
>>>#使用训练数据来训练算法模型，确定算法模型参数
>>>dtc.fit(x_train,y_train)
>>>#使用算法模型（参数确定的）来对测试数据进行预测
>>>dtc_y_predict=dtc.predict(x_test)
```

（4）性能评估。

模型已经训练完成，但是模型的预测能力究竟如何呢？这还需要我们进行性能评估。我们用训练好的模型对测试数据进行预测，将得到的结果与真实的测试数据结果进行比较，就可以看出训练模型的性能究竟如何了。一般来说，回归问题我们可以通过衡量预测值和实际值的偏差大小来评估，比如均方差等指标。分类问题我们可以通过预测正确类别的百分比来评估，也就是采用准确性指标来评估。这里使用 sklearn.metrics 中的 classification_report 来评估，代码如下所示。

```
>>>#从sklearn.metrics中导入classification_report来进行评估
>>>from sklearn.metrics import classification_report
>>>print(dec.score(x_test,y_test))
0.781155015198
>>>#查看详细评估结果，包括精确率、召回率及f1指标，输出混淆矩阵
>>>print(classification_report(y_test,dtc_y_pre))
```

代码运行结果如图 9-4 所示。

	precision	recall	f1-score	support
0	0.78	0.91	0.84	202
1	0.80	0.58	0.67	127
avg / total	0.78	0.78	0.77	329

图 9-4　代码运行结果

第**10**章

搞懂算法：支持向量机是怎么回事

支持向量机（Support Vector Machine，SVM）主要用于分类问题的处理，是一款强大的分类模型。它被很多人认为是最优秀的有监督机器学习模型，甚至被称为"万能分类器"，在机器学习算法中有着广泛的应用。

10.1 SVM有什么用

从 20 世纪末到 21 世纪初的 10 多年里，支持向量机一直是很热门的分类学习器，以至于不管是图像识别，还是语音识别或其他项目，凡是分类问题都会考虑用 SVM 作为主分类器来处理。直到 2012 年深度卷积神经网络的提出和流行，才使得人们关注的重心从 SVM 开始偏移到深度学习上，但即便如此 SVM 在分类问题上仍然有着广泛而重要的应用。SVM 的分类效果很好，适用范围也较广，但模型的可解释性较为一般。

SVM 根据线性可分的程度不同，可以分为 3 类：线性可分 SVM、线性 SVM 和非线性 SVM。如图 10-1 所示。

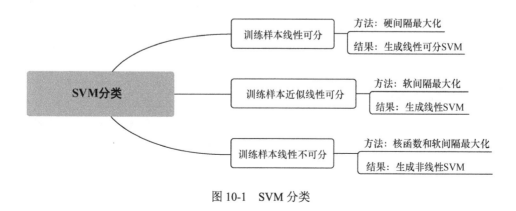

图 10-1　SVM 分类

　　其中，线性可分 SVM 是线性 SVM 的基础，而这两者又是非线性 SVM 的基础。所以，理解了线性可分 SVM 后再理解线性 SVM 就较为轻松，进而可以理解非线性 SVM 的原理和实现。

10.2　SVM算法原理和过程是什么

　　我们知道 SVM 主要用作分类器，那么它是如何分类的呢？样本数据的特征向量构成了一个空间，每个样本点都占据空间中的一个位置。如果有一条线、一个面或者一个特殊形状将样本数据分割成两部分，其中一部分为正样本，另一部分为负样本，这样就太美好了。因为我们把新数据的特征向量跟这个分割线（面）进行比较，就可以判断新数据是正样本还是负样本了，也就实现了对新数据的分类。这样的一个分割线（面）就叫作超平面。所以采用 SVM 的目的就是找到这样一个超平面。

　　但大多数时候，满足这样条件的超平面（分割线）不是唯一的，而是有多个，如图 10-2 所示。

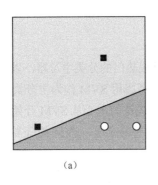 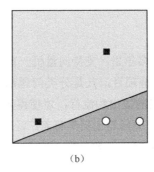 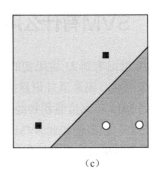

（a）　　　　　　　　　　　（b）　　　　　　　　　　　（c）

图 10-2　多个超平面示例

　　那么我们应该选择哪个超平面呢？我们直观上感受，图 10 -2（a）和图 10 -2（b）的分割线离样本点都稍微近了些，新样本很容易被错误分类；图 10 -2（c）相对图 10 -2（a）和图 10 -2（b），分割线更加远离正、负样本数据点，具有更好和更稳定的分类效果，这就是我们想寻找的分离超平面。

10.2.1　分离超平面是什么

　　上面我们给出了一个分离超平面的简单示例，下面通过一个具体例子来详细讲解分离超平面。假设我们有一组男女性别的体重数据，现在希望：通过体重来对性别做出预测。也就是说，新来一个人后，我们希望通过他的体重就可以预测他的性别。体重和性别数据如表 10-1 所示。

表 10-1 体重和性别数据

序号	体重（kg）	性别
1	45	女
2	48	女
3	52	女
4	55	女
5	60	女
6	65	男
7	68	男
8	70	男
9	75	男

这个例子非常简单，只考虑体重维度与性别维度之间的关系。我们将其在数轴上表示出来，如图 10-3 所示。

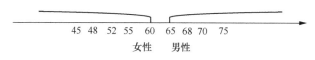

图 10-3 体重和性别数轴表示

从图 10-3 可以看出，体重在 65kg 及以上的都是男性，体重在 60kg 及以下的都是女性。如果我们从体重维度来对性别做出区分，就需要在数轴上找到一个分离点，那么这个点应该在哪个位置呢？从直观上来看，这个点似乎应该在 60kg 和 65kg 之间的中间位置上，也就是 62.5kg 位置点上。

现在，如果新来的这个人的体重是 88kg，我们就可以根据上述分离点将其划分为"男性"；如果新来的这个人的体重是 40kg，我们就可以将其划分为"女性"。

上面的例子太理想化了，虽然一般来说男性体重要大于女性，但是不排除个别男性体重过轻或者女性体重过重的情况。体重和性别新情况数据如表 10-2 所示。

表 10-2 体重和性别新情况数据

序号	体重（kg）	性别
1	45	女
2	48	女
3	52	女

续表

序号	体重（kg）	性别
4	55	女
5	56	男
6	60	女
7	65	男
8	68	男
9	70	男
10	75	男
11	76	女

我们将其在数轴上表示出来，如图 10-4 所示。

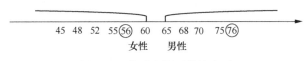

图 10-4　体重和性别数轴表示

现在 65kg 以上的虽然大部分是男性，但也存在女性；60kg 以下的虽然大部分是女性，但也存在男性。现在没办法找到一个分离点将它们恰好划分为男性和女性两个群体了，无论如何划分都会存在"不纯"的情况，只是希望这种"不纯"的程度是我们能够接受的。

我们依旧按照上述分离点来划分，即体重小于 62.5kg 的人被划分为女性，体重大于 62.5kg 的人被划分为男性。这种划分条件下，"男性"群体划分的"不纯度"为 20%，"女性"群体划分的"不纯度"为 16.7%。这种划分是否可以被接受，需要与原来不进行划分的情况相比较，也需要结合具体要求和情况而定。不过一般而言，"不纯度"越低越好，越低说明分类效果越好。

一般来说，SVM 中把这种对正、负样本进行分割的操作叫作"分离超平面"。这个分离超平面是一个抽象的"面"，而非具体实在的"面"。分离超平面在不同维度上表现的形态不同。分离超平面在一维空间中是一个点，可以用表达式 $x+A=0$ 来表示；分离超平面在二维空间中是一条线，可以用表达式 $Ax+By+C=0$ 来表示；分离超平面在三维空间中是一个面，可以用表达式 $Ax+By+Cz+D=0$ 来表示；分离超平面在四维空间中是一个我们人脑无法想象的形态，但是可以用表达式 $Ax+By+Cz+Du+E=0$ 来表示。以此类推，更高维度的分离超平面也可以用对应的表达式来表示。分离超平面形态如图 10-5 所示。

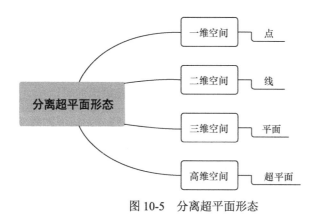

图 10-5　分离超平面形态

上述分离点的划分只是一种情况，实际上有多种划分情况，例如可以将 50kg 作为分离点，也可以将 60kg 作为分离点等。这么多分离超平面的划分情况，究竟哪种才是最合理的，哪个才是最佳分离超平面呢？这就需要有一个判断标准，也就是间隔与支持向量。

10.2.2　间隔与支持向量是什么

一个平面直角坐标系中，样本点被划分为正、负两类。如果我们能够找到一条直线将这些样本点恰好划分为两类，那么我们就可以利用这条直线作为新数据分类的依据了。问题的关键就在于：如何寻找这条最合适的直线？

假设上面的例子中，我们不仅考虑体重维度与性别维度之间的关系，还新增了身高维度，那么我们就可以将样本点在平面直角坐标系中表示出来，如图 10-6 所示。

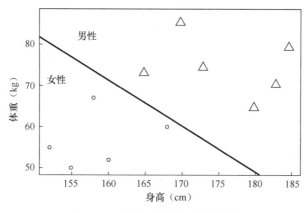

图 10-6　体重、身高与性别示例

图 10-6 中，横坐标是人的身高，纵坐标是人的体重。通过观察发现，可以使用一条分割线对正、负样本进行分割。我们画出了一条分割线，使得所有男性样本数据点落在直线一侧，而

所有女性样本数据点落在直线的另一侧。

实际上，在二维空间（平面）中会存在"分割线"来分割正、负样本，在三维空间（立方体）中会存在"分割平面"来分割正、负样本，在更高维空间中会存在"分割超平面"来分割正、负样本。我们可以找到多个分离超平面，那么究竟哪一个才是最优的呢？

虽然多条分割线都能够对正、负样本进行分割，但是有些分割线因为离样本点太近而很容易受到噪声或者异常点的影响，从而导致新样本数据分类错误，所以理想的分离超平面应该具有这样的特点：能够分割正、负样本，但同时尽可能远离所有样本数据点。最优分离超平面的实现效果和空间特征如图 10-7 所示。

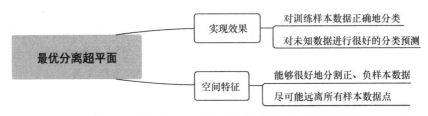

图 10-7　最优分离超平面的实现效果和空间特征

上面提到了"最优分离超平面"，为了实现该目标，就要尽可能远离所有样本数据点。那么这个"尽可能远离所有样本数据点"在数学上如何表达呢？这其实就是"间隔"这个概念想要表达的东西。

分离超平面在一维空间中（数轴上）是一个点，表达式为 $x+A=0$。整个样本集被划分为两部分，一部分用 $x+A>0$ 来表示，另一部分用 $x+A<0$ 来表示。分离超平面在二维空间中是一条线，表达式为 $Ax+By+C=0$。整个样本集被划分为两部分，一部分用 $Ax+By+C>0$ 来表示，另一部分用 $Ax+By+C<0$ 来表示。分离超平面在三维空间中是一个面，表达式为 $Ax+By+Cz+D=0$。整个样本集被划分为两部分，一部分用 $Ax+By+Cz+D>0$ 来表示，另一部分用 $Ax+By+Cz+D<0$ 来表示。分离超平面在四维空间中是一个我们人脑无法想象的形态，但是可以用表达式 $Ax+By+Cz+Du+E=0$ 来表示。整个样本集被划分为两部分，一部分用 $Ax+By+Cz+Du+E>0$ 来表示，另一部分用 $Ax+By+Cz+Du+E<0$ 来表示。以此类推。

总结来说，空间 R^n 中有两个可分的点集 D_1 和 D_2，线性分类器构造出一个超平面 $w^Tx+b=0$ 实现对空间的分割，使得 D_1 和 D_2 分别位于超平面的两侧。这个分离超平面 $w^Tx+b=0$ 中的 $w=(A;B;C;D\cdots)$ 是法向量，决定了超平面的方向；b 是位移项，决定了超平面与原点之间的距离。一个分离超平面就这样被法向量 w 和位移 b 确定下来了。

一维空间中，任何一点 (x_0) 到分离点 $Ax+B=0$ 的距离为 $d=\left|x_0+\dfrac{B}{A}\right|$，变形为 $d=\dfrac{|Ax_0+B|}{\sqrt{A^2}}$。

二维空间中，任何一条直线都可以用 $Ax+By+C=0$ 来表示，于是点 (x_0,y_0) 到该直线的距离

为$d=\dfrac{|Ax_0+By_0+C|}{\sqrt{A^2+B^2}}$。

三维空间中，任何一个平面都可以用 $Ax+By+Cz+D=0$ 来表示，于是点 (x_0, y_0, z_0) 到该平面的距离为$d=\dfrac{|Ax_0+By_0+Cz_0+D|}{\sqrt{A^2+B^2+C^2}}$。

上面的 $\sqrt{A^2}$、$\sqrt{A^2+B^2}$、$\sqrt{A^2+B^2+C^2}$ 分别是一维空间、二维空间、三维空间中的范数，被记作 $\|w\|$。不同维度下范数的具体数值不一样，但形式上都是分离超平面各维度系数平方和的开方。因此，距离公式可以简写为$d=\dfrac{|w^{\mathrm{T}}x+b|}{\|w\|}$。

对于任何一个给定的超平面，我们都可以计算出超平面与最近数据点之间的距离，而间隔正好是这个距离的 2 倍，如图 10-8 所示。

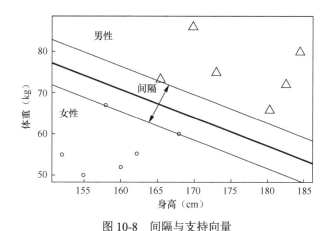

图 10-8 间隔与支持向量

假设超平面能够将样本正确分类，那么距离超平面最近的几个训练样本数据点被称为"支持向量"，也就是图 10-8 中的处于两条直线上的圆点和三角形。两个不同类支持向量到分离超平面的距离之和为$\gamma=\dfrac{2}{\|w\|}$，这个距离被称为"间隔"。

最佳分离超平面就是"间隔"最大的分离超平面，而要想找到"最大间隔"的分离超平面，就要找到满足约束条件（将样本分为两类）的参数 w 和 b，使得 γ 取到最大值。

在上面的例子中，我们都假设样本数据点恰好被分离点、直线、平面等分离超平面分开，但现实中数据点未必都是线性可分的。例如，平面直角坐标系中存在如下的样本数据点，我们就很难找到一条直线将其分割，如图 10-9 所示。

我们不可以使用一条直线或者一个平面把图 10-9 中的两类数据进行很好的划分，这就是线性不可分。线性不可分在实际应用中是很常见的，简单来说就是数据集不可以通过一个线性分类器（直线、平面）来实现分类。那么，线性不可分问题该如何处理呢？

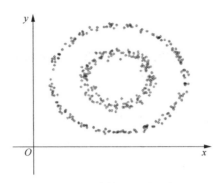

图 10-9 线性不可分示意

现在流行的解决线性不可分的方法就是使用核函数。核函数解决线性不可分的本质思想就是把原始样本通过核函数映射到高维空间中，从而让样本在高维空间中成为线性可分的，然后再使用常见的线性分类器进行分类。这里需要强调的是，核函数不是某一种具体函数，而是一类功能性函数，凡是能够完成高维映射功能的函数都可以作为核函数。

我们先来看一个一维数据的例子。假设数轴上分布着一些样本数据点，其中 [-1,1] 内的样本数据点标记为分类 0，其他样本数据点标记为分类 1。我们现在能给出一个分离点将其线性划分吗？显然是不能的。这个时候我们可以考虑通过升维的方法来解决这个问题。具体的方法就是构造一个新的函数，使得该函数满足如下条件：

$$f(y)=\begin{cases}0, y\leqslant 0\\1, y>0\end{cases}$$

其中，$y=x^2-1$。

我们可以发现，当 x 取值范围为 [-1,1] 的时候有 $y\leqslant 0$，这个时候样本数据点标记为分类 0；当 x 的取值范围为 [-1,1] 之外的时候有 $y>0$，这个时候样本数据点标记为分类 1。上述新构造的函数与原函数是等效的，如图 10-10 所示。

样本数据点中分类为 0 的点正好是函数 $y=x^2-1$ 在 x 取值为 [-1,1] 上的投影；样本数据点中分类为 1 的点正好是函数 $y=x^2-1$ 在 x 的取值为 [-1,1] 之外的投影。因此，原始一维数据分布正好是新函数 $y=x^2-1$ 在 $y=0$ 这条直线上的投影。

二维空间中的线性不可分也可以用同样的升维方法来处理。例如，假设二维空间中的样本数据点与原点 (0,0) 距离为 2 以内的点都被标记为分类 0，其他点都被标记为分类 1。这个数据集同样是线性不可分的，我们无法找到一条直线将其完全分开，但我们可以通过升维的方法，构造一个新函数来解决。

$$f(z)=\begin{cases}0, z\leqslant 0\\1, z>0\end{cases}$$

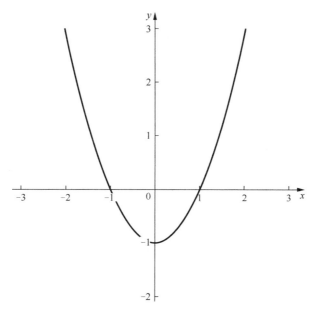

图 10-10　新函数 $y = x^2 - 1$

其中，$z = x^2 + y^2 - 4$。

我们可以发现，当 x、y 的取值范围在距离原点 (0,0) 距离为 2 的范围内时有 $z \leqslant 0$，这个时候样本数据点标记为分类 0；当 x、y 的取值范围在其他区域时有 $z > 0$，这个时候样本数据点标记为分类 1。上述新构造的函数与原函数是等效的，如图 10-11 所示。

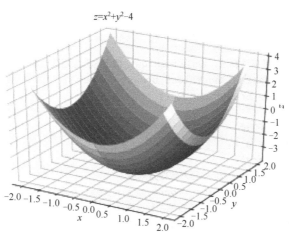

图 10-11　新函数 $z = x^2 + y^2 - 4$

样本数据点中分类为 0 的点正好是，当 x、y 的取值为距离原点 (0,0) 的距离为 2 及以内范围时，函数 $z=x^2+y^2-4$ 在平面 $z=0$ 上的投影；样本数据点中分类为 1 的点正好是，当 x、y 的取值为距离原点 $(0,0)$ 的距离大于 2 范围时，函数 $z=x^2+y^2-4$ 在平面 $z=0$ 上的投影。因此，原始二维数据的分布正好是新函数 $z=x^2+y^2-4$ 在平面 $z=0$ 上的投影。

通过上述例子，我们可以发现经过升维处理之后：一维空间上的分类边界就是二维空间上构造的新分类函数在一维空间上的投影；二维空间上的分类边界就是三维空间上构造的新分类函数在二维空间上的投影，以此类推。因此，n 维空间上线性不可分的问题可以通过升维到 $n+1$ 维空间中构造新的分类函数并使其在 n 维空间上的投影对样本数据点进行分类来解决。SVM 中这种通用的升维方法就是核函数，常见的核函数有线性核函数、多项式核函数、径向基核函数（RBF 核函数）、高斯核函数等。

10.3　编程实践：手把手教你写代码

本节将以乳腺癌分类的预测任务为示例，详细讲解算法的代码实现环节和相关内容，包括背景任务介绍、代码展示与代码详解 3 个部分。

10.3.1　背景任务介绍：用SVM分类预测乳腺癌

前面例子中使用 sklearn 自带的乳腺癌数据集展示了逻辑回归、决策树是如何训练学习并进行乳腺癌预测的，本节将使用同样的乳腺癌数据集来对比展示 SVM 分类器如何进行分类预测任务，希望读者注意对比各个算法的过程。

10.3.2　代码展示：手把手教你写

```
>>>#为了方便读者对比理解各种算法，我们采用sklearn自带的乳腺癌数据集
>>>from sklearn.datasets import load_breast_cancer
>>>breast_cancer=load_breast_cancer()
>>>breast_cancer
>>>#分离出特征变量与目标变量
>>>x=breast_cancer.data
>>>y=breast_cancer.target
>>>#从sklearn.model_selection中导入数据分割器
>>>from sklearn.model_selection import train_test_split
>>>#使用数据分割器将样本数据分割为训练数据和测试数据，其中测试数据占比为30%。数据分割是为了获得训
练集和测试集。训练集用来训练模型，测试集用来评估模型性能
>>>x_train,x_test,y_train,y_test=train_test_split(x,y,random_state=33,test_size=0.3)
>>>#对数据进行标准化处理，使得每个特征维度的均值为0，方差为1，防止受到某个维度特征数值较大的影响
>>>from sklearn.preprocessing import StandardScaler
```

```
>>>breast_cancer_ss=StandardScaler()
>>>x_train=breast_cancer_ss.fit_transform(x_train)
>>>x_test=breast_cancer_ss.transform(x_test)
>>>#使用支持向量机分类器。
>>>#从sklearn.svm中导入支持向量机分类器LinearSVC
>>>from sklearn.svm import LinearSVC
>>>#使用默认配置初始化支持向量机分类器
>>>lsvc=LinearSVC()
>>>#使用训练数据来估计参数，也就是通过训练数据的学习，找到一组合适的参数，从而获得一个带有参数的、
具体的算法模型
>>>lsvc.fit(x_train,y_train)
>>>#对测试数据进行预测。利用上述训练数据学习得到的带有参数的具体模型对测试数据进行预测，即将测试数
据中每一条记录的特征变量输入该模型中，得到一个该条记录的预测分类值
>>>lsvc_y_predict=lsvc.predict(x_test)
>>>#性能评估。使用自带的评分函数score获取预测准确率数据，并使用sklearn.metrics 的
classification_report模块对预测结果进行全面评估
>>>from sklearn.metrics import classification_report
>>>print ('Accuracy:',lsvc.score(x_test,y_test))
>>>print(classification_report(y_test,lsvc_y_predict,target_names=['benign','malignant']))
```

10.3.3　代码详解：一步一步讲解清楚

一个典型的机器学习过程包括准备数据、选择算法、调参优化、性能评估，下面我们分别论述。

（1）准备数据。

准备数据实际上包含许多环节，例如数据采集、数据清洗（缺失值、错误值处理）、特征工程等。首先，我们从 sklearn 自带的数据集中导入乳腺癌数据，查看数据特征情况，代码如下所示。

```
>>>#为了方便读者对比理解各种算法，我们采用sklearn自带的乳腺癌数据集
>>>from sklearn.datasets import load_breast_cancer
>>>breast_cancer=load_breast_cancer()
>>>breast_cancer
```

然后，从原始数据集中分离出特征变量和目标变量，导入分割器将数据集分割为训练数据和测试数据，并对数据集进行标准化处理，代码如下所示。

```
>>>#分离出特征变量与目标变量
>>>x=breast_cancer.data
>>>y=breast_cancer.target
>>>#从sklearn.model_selection中导入数据分割器
>>>from sklearn.model_selection import train_test_split
```

```
>>>#使用数据分割器将样本数据分割为训练数据和测试数据，其中测试数据占比为30%。数据分割是为了获得训练集和测试集。训练集用来训练模型，测试集用来评估模型性能
>>>x_train,x_test,y_train,y_test=train_test_split(x,y,random_state=33,test_
size=0.3)
>>>#对数据进行标准化处理，使得每个特征维度的均值为0，方差为1，防止受到某个维度特征数值较大的影响
>>>from sklearn.preprocessing import StandardScaler
>>>breast_cancer_ss=StandardScaler()
>>>x_train=breast_cancer_ss.fit_transform(x_train)
>>>x_test=breast_cancer_ss.transform(x_test)
```

（2）选择算法。

此处，我们使用 SVM 中的 LinearSVC 类，即 SVM 分类器来进行机器学习。

```
>>>#使用支持向量机分类器
>>>#从sklearn.svm中导入支持向量机分类器LinearSVC
>>>from sklearn.svm import LinearSVC
```

（3）调参优化。

SVC 支持的核函数有线性（linear）核函数、多项式（poly）核函数、径向基（rbf）核函数、神经元激活（sigmoid）核函数和自定义（precomputed）核函数，默认使用径向基核函数。这里选择线性核函数，代码如下所示。

```
>>>#使用默认配置初始化支持向量机分类器
>>>lsvc=LinearSVC()
>>>#使用训练数据来估计参数，也就是通过训练数据的学习，找到一组合适的参数，从而获得一个带有参数的、具体的算法模型
>>>lsvc.fit(x_train,y_train)
>>>#对测试数据进行预测。利用上述训练数据学习得到的带有参数的具体模型对测试数据进行预测，即将测试数据中每一条记录的特征变量输入该模型中，得到一个该条记录的预测分类值
>>>lsvc_y_predict=lsvc.predict(x_test)
```

（4）性能评估。

模型已经训练完成，但是模型的预测能力还需要我们进行性能评估。这里我们使用 sklearn.metrics 中的 classification_report 来评估，代码如下所示。

```
>>>#性能评估。使用自带的评分函数score获取预测准确率数据，并使用sklearn.metrics 的
classification_report模块对预测结果进行全面评估
>>>from sklearn.metrics import classification_report
>>>print ('Accuracy:',lsvc.score(x_test,y_test))
>>>print(classification_report(y_test,lsvc_y_predict,target_names=['benign','malignant']))
```

代码运行结果如图 10-12 所示。

```
Accuracy: 0.9766081871345029
                precision    recall  f1-score   support

      benign       0.97      0.97      0.97        66
   malignant       0.98      0.98      0.98       105

    accuracy                           0.98       171
   macro avg       0.98      0.98      0.98       171
weighted avg       0.98      0.98      0.98       171
```

图 10-12　代码运行结果

由图 10-12 可知，使用 SVM 分类器进行数据训练后的预测准确率约为 0.976 6。

第 **11** 章

搞懂算法：聚类是怎么回事

聚类是机器学习中一种重要的无监督算法，可以将数据点归结为一系列的特定组合。理论上，归为一类的数据点具有相同的特性，而不同类别的数据点则具有各不相同的属性。聚类算法通过将数据点聚集成不同类别，可以揭示数据集中蕴含的一些不为人知的规律，为数据分析师或算法工程师提供更多的分析视角，从而指导生产和生活。

11.1 聚类算法介绍

聚类分析又称群分析，它是研究样品分类或指标分类问题的一种统计分析方法，同时也是数据挖掘或机器学习中的一个重要算法。一般来说，人们将物理或抽象对象的集合分成由类似的对象组成的多个类的过程被称为聚类。

11.1.1 聚类是什么

直观地讲，聚类就是将对象分组，使相似的对象归为一类，而不相似的对象归为另一类。我们对于聚类其实并不陌生，经常说的"物以类聚，人以群分"指的就是聚类。聚类在自然科学和社会研究中都有着广泛的应用，例如商务智能中常利用聚类算法对客户群体进行细分，根据客户的消费金额或者购买模型来区分不同的客户群体。实际上，聚类和降维之间有着共通性，某种意义上聚类就是降维，聚成 K 类就意味着将原来的数据降为 K 维。分类与聚类虽然名称较为接近但两者截然不同，分类是有监督学习中的典型问题，而聚类则是无监督学习中的典型问题，如图 11-1 所示。

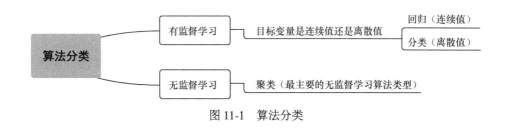

图 11-1　算法分类

11.1.2　聚类算法应用场景

聚类可以作为一个单独过程，用来寻找样本数据本身所蕴含的"分布结构"规律，也可以作为有监督学习算法的辅助过程。而聚类作为有监督学习算法的辅助过程，既可以作为前处理过程，也可以作为后处理过程。聚类算法应用场景如图 11-2 所示。

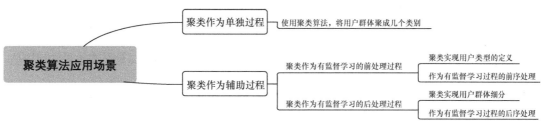

图 11-2　聚类算法应用场景

（1）聚类作为单独过程。手机用户使用移动网络时会留下用户位置信息，近年来随着地理信息系统（Geographic Information System，GIS）的发展，如何结合用户信息与GIS 所提供的地理信息来提供商业价值成为一个重要的研究课题。一个最简单的聚类应用就是对移动设备用户位置信息进行聚类，找到人群聚集点，从而为连锁餐饮机构新店选址提供参考。

（2）聚类作为前处理过程。电商平台对新用户进行分类预测（有监督学习）的前提是对样本数据的"用户类型"进行标记，即明确每条用户信息对应哪类用户（例如 A 类用户、B 类用户等），而对"用户类型"进行标记的前提是对"用户类型"进行定义。聚类算法正好可以对用户群体进行聚类，将每个簇定义为一种用户类型。所以聚类算法可以作为有监督学习的前处理过程。

（3）聚类作为后处理过程。运营商设计流量套餐营销方案的时候，可以先通过分类算法识别新用户是否为"流量用户"类型。但是为了实现精准营销，还需要对这些"流量用户"进一步细分其类别，这个时候就可以使用聚类算法实现"流量用户"群体细分。

11.2　通俗讲解聚类算法过程

聚类算法是无监督学习的典型算法，其中 K-means 算法又是聚类算法中的经典算法。K-means 算法要求预先设定聚类的个数，然后不断更新聚类中心，通过多次迭代最终使得所有数据点到其聚类中心距离的平方和趋于稳定。一般来说，K-means 聚类过程如下所示。

（1）从 n 个向量对象中任意选择 K 个对象作为初始聚类中心。

（2）根据步骤（1）中设置的 K 个聚类中心，分别计算每个对象与这 K 个聚类中心对象的距离。

（3）经过步骤（2）后，任何一个对象与这 K 个聚类中心都有一个距离值。这些距离有的远，有的近，将对象与距离它最近的聚类中心归为一类。

（4）重新计算每个类簇的聚类中心。

（5）重复步骤（3）和步骤（4），直到对象归类变化量极小或者完全停止变化。例如，某次迭代后只有不到 1% 的对象还会出现类簇之间的归类变化，就可以认为聚类算法实现了。

上述过程中，有两个需要注意的关键点：一是对象距离如何度量；二是聚类效果如何评估，也就是性能如何度量。

11.2.1　相似度如何度量

我们知道，聚类的实质就是按照数据的内在相似性将其划分为多个类别，使得类别内部数据相似度较大而类别间数据相似度较小。这个"相似度"就是通过距离来表示的。距离越大，相似度越小；距离越小，相似度越大。最常见的距离是"闵可夫斯基距离"：

$$dist_{mk}(x_i,x_j)=(\sum_{u=1}^{n}|x_{iu}-x_{ju}|^p)^{\frac{1}{p}}$$

（1）$p=2$ 时，闵可夫斯基距离就是我们日常所说的欧氏距离。

$$dist(x_i,x_j)=\sqrt{(\sum_{u=1}^{n}|x_{iu}-x_{ju}|^2)}$$

例如，三维空间中的两个点为 $x_i=(1,2,3)$，$x_j=(4,5,6)$，那么这两点的欧几里得距离为

$$dist(x_i,x_j)=\sqrt{\left(\sum_{u=1}^{n}|x_{iu}-x_{ju}|^2\right)}$$

代入数据，可得

$$dist(x_i, x_j) = \sqrt{(1-4)^2+(2-5)^2+(3-6)^2} = \sqrt{27}$$

（2）$p=1$ 时，闵可夫斯基距离就是曼哈顿距离。

$$dist(x_i, x_j) = \sum_{u=1}^{n} |x_{iu}-x_{ju}|$$

例如，二维空间中的两个点为 $x_i=(1,2)$，$x_j=(3,4)$，那么这两点的曼哈顿距离为

$$dist(x_i, x_j) = \sum_{u=1}^{n} |x_{iu}-x_{ju}|$$

代入数据，可得

$$dist(x_i, x_j) = |1-3|+|2-4|=4$$

对于一个垂直布局（如正南正北、正东正西方向规则布局）的城镇街道，从一点 x_i 到达另一点 x_j 的实际路径长度正是在南北方向上行走的距离加上在东西方向上行走的距离。因此，曼哈顿距离又被称为"出租车距离"或者"街区距离"。

（3）$p \rightarrow \infty$ 时，闵可夫斯基距离就是切比雪夫距离。

$$dist(x_i, x_j) = (\sum_{u=1}^{n} |x_{iu}-x_{ju}|^p)^{\frac{1}{p}}, \quad p \rightarrow \infty$$

假设 $u=k$ 时 $|x_{ik}-x_{jk}|$ 是所有 $|x_{iu}-x_{ju}|$ 中最大的，那么变形可得

$$dist(x_i, x_j) = \sqrt[p]{|x_{ik}-x_{jk}|^p(\frac{|x_{i1}-x_{j1}|^p}{|x_{ik}-x_{jk}|^p} + \frac{|x_{i2}-x_{j2}|^p}{|x_{ik}-x_{jk}|^p} + \cdots + \frac{|x_{ik}-x_{jk}|^p}{|x_{ik}-x_{jk}|^p} + \cdots \frac{|x_{in}-x_{jn}|^p}{|x_{ik}-x_{jk}|^p})}$$

$$= |x_{ik}-x_{jk}| \sqrt[p]{(\frac{|x_{i1}-x_{j1}|}{|x_{ik}-x_{jk}|})^p + (\frac{|x_{i2}-x_{j2}|}{|x_{ik}-x_{jk}|})^p + \cdots + 1 + \cdots + (\frac{|x_{in}-x_{jn}|}{|x_{ik}-x_{jk}|})^p}$$

上式中 $\frac{|x_{i1}-x_{j1}|}{|x_{ik}-x_{jk}|} < 1$，所以 $(\frac{|x_{i1}-x_{j1}|}{|x_{ik}-x_{jk}|})^p \rightarrow 0$，其他同理。于是，上式可简化为

$$dist(x_i, x_j) = |x_{ik}-x_{jk}|$$

除了常用的闵可夫斯基距离之外，还有雅卡尔相似系数、余弦相似度、相对熵、黑林格距离等多种距离计算方法。

11.2.2 聚类性能如何度量

数据集有多种聚类方法，那么究竟哪种聚类方法更好呢？这就需要性能度量指标。聚类的性能度量指标也称为聚类"有效性指标"。对于有监督学习的性能评估指标，我们已经比较熟悉了，但是对于无监督学习的性能评估指标，大家可能会比较迷糊，这里介绍两种情况的评估方式。

（1）数据含有标记信息。有时候虽然数据含有标记信息，也就是含有正确的分类信息，但是我们仍然需要用聚类算法来进行聚类的时候，就可以考虑使用调整兰德系数（Adjusted Rand Index，ARI）指标。ARI 指标和分类问题中的准确率指标比较类似，在 sklearn 的 metrics 里面就可以调用。

（2）数据不含标记信息。如果被评估数据不含所属类别信息，那么我们可以考虑用轮廓系数来度量聚类效果。轮廓系数具有兼顾聚类的凝聚度和分离度的优点，数值为 [-1,1]。一般来说，轮廓系数越大，聚类效果越好。轮廓系数可以通过在 sklearn 的 metrics 中调用 silhouette_score 来实现。

11.2.3 具体算法介绍：K-means算法

K-means 算法是聚类算法中最简单、最常用的一种，一般在数据挖掘中或者作为有监督学习的辅助过程使用。K-means 算法通过人为选取适当的 K 值将数据聚类成为 K 个簇，实现对整体的细分任务。

K-means 算法过程很简单，如图 11-3 所示。

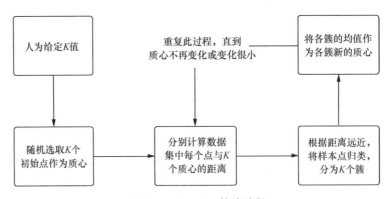

图 11-3 K-means 算法过程

（1）随机选取 K 个初始点作为质心。

（2）为数据集中的每个点寻找距离最近的质心，并将其分配给该质心所对应的簇。

（3）将每个簇所有点的均值作为新的质心，替换原来的质心。

（4）重复上述质心更新过程，直到质心不再变化或者变化很小时停止，否则返回到步骤（2）。

K-means 算法中的 K 值是人为设定的，那么这个 K 值设置是否合理呢？对于 K-means 算法中 K 的选取，目前有一种称为"Elbow Method"的方法来处理：通过绘制 K-means 代价函数与聚类数目 K 的关系图，选取直线拐点处的 K 值作为最佳的聚类中心数目，如图 11-4 所示。

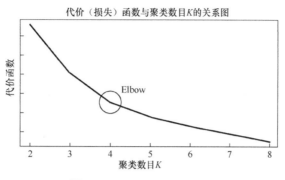

图 11-4　Elbow Method 展示

但实际中更为常见和提倡的做法还是算法工程师从实际问题出发人工指定合理的 K 值，通过多次随机初始化聚类中心选取比较满意的结果。

仔细观察上述 K-means 算法过程，我们可能会疑惑"随机选取 K 个初始点作为质心"会不会"太随意"而导致聚类结果不相同呢？确实存在这样的风险，这也是 K-means 算法的一个缺点。K-means 算法是初值敏感的，也就是起始时选择不同的点作为质心，最后得到的聚类结果可能是不同的。K-means++ 算法就此问题进行了改进。

11.2.4　具体算法介绍：K-means++算法

戴维·亚瑟等人 2007 年针对 K-means 算法随机选取 K 个初始点带来的问题提出了 K-means++ 算法。K-means++ 算法的核心思想是，初始质心并不随机选取，而是希望这 K 个初始质心相互之间分得越开越好。整个算法过程如图 11-5 所示。

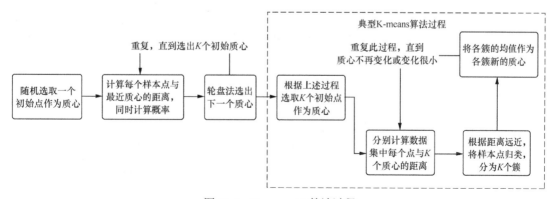

图 11-5　K-means++ 算法过程

（1）随机选取一个初始点作为第一个质心。

（2）首先计算每个样本点与当前已有质心的最短距离（即与最近一个质心的距离），用 $D(x)$ 表示；接着计算每个样本点被选中作为下一个质心的概率，即 $\dfrac{D(x)^2}{\sum D(x)^2}$。值越大表示该点被选为质心的概率越大。

（3）用轮盘法选出下一个质心。

（4）重复上述步骤（2）和（3），直到选出 K 个质心。

（5）选取 K 个初始质心后，就可以继续使用标准的 K-means 算法了。

下面使用一个例子来熟悉上述过程。假设我们有一个数据集，数据集中共有 10 个样本，样本分布和序号如图 11-6 所示。

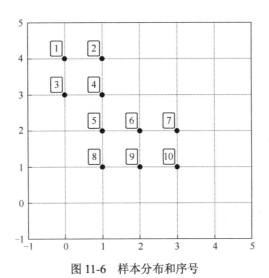

图 11-6 样本分布和序号

假设 1 号点被选为第一个质心（聚类中心），那么选取第二个质心的计算过程如表 11-1 所示。

表 11-1 K-means++ 示例数据

序号	1	2	3	4	5	6	7	8	9	10
$D(x)$	0	1	1	$\sqrt{2}$	$\sqrt{5}$	$2\sqrt{2}$	$\sqrt{13}$	$\sqrt{10}$	$\sqrt{13}$	$3\sqrt{2}$
$D(x)^2$	0	1	1	2	5	8	13	10	13	18
$P(x)$	0	0.014	0.014	0.028	0.07	0.113	0.183	0.14	0.183	0.254
Sum	0	0.014	0.028	0.056	0.126	0.239	0.422	0.562	0.746	1

其中，$D(x)$ 表示各个样本点与第一个质心的距离；$P(x)$ 表示每个样本点被选为下一个质心的概率；Sum 是概率 $P(x)$ 的累计值，用于轮盘法选择出第二个质心。

轮盘法的应用过程：首先为每个标号点确定一个区间，例如 2 号点的区间为 [0,0.014)、3 号点的区间为 [0.014,0.028)、4 号点的区间为 [0.028,0.056) 等；然后，产生一个 0～1 的随机数，随机数属于哪个区间则该区间对应的序号就被选为第二个质心。从表 11-1 中容易发现，第二个初始质心为 1～6 号中任何一个的概率为 0.239，也就是说第二个质心不太可能为 1～6 号中的任何一个，而更可能是 7 号、8 号、9 号或者 10 号。而 10 号点的概率最大（$p(10)=0.254$），最有可能被选为第二个质心。

当我们完成 K 个质心的选择后，就可以使用经典的 K-means 算法进行后续过程了。

11.3 编程实践：手把手教你写代码

本节将以手写数字图像聚类任务为示例，详细讲解算法的代码实现环节和相关内容，包括背景任务介绍、代码展示与代码详解 3 个部分。

11.3.1 背景任务介绍：手写数字图像聚类

聚类算法虽然是无监督学习，但是其不仅适用于无分类标记的数据，而且适用于有分类标记的数据。因此，下面我们将从 sklearn.datasets 自带的手写数字数据集是否有标记两种情况来展示聚类算法的使用和性能评估情况。

sklearn.datasets 自带的手写数字数据集 load_digits 中包含 1 797 个样本，每个样本包括 8 像素 ×8 像素的图像和一个 [0, 9] 的 10 个整数的标签。下面通过 Python 代码来展示使用 K-means 算法如何对上述数据集进行聚类。

11.3.2 代码展示：手把手教你写

```
>>># （1）数据有标记时
>>># 导入pandas、NumPy以及Matplotlib
>>>import pandas as pd
>>>import numpy as np
>>>import matplotlib.pyplot as plt
>>>#从sklearn.datasets中导入手写数字数据集
>>>from sklearn.datasets import load_digits
>>>digits=load_digits()
>>>x=digits.data
```

```
>>>y=digits.target
>>>#将数据集分割为特征数据与目标数据
>>>from sklearn.model_selection import train_test_split
>>>x_train,x_test,y_train,y_test=train_test_split(x,y,random_state=33,test_
size=0.25)
>>>#从sklearn.cluster中导入KMeans模块
>>>from sklearn.cluster import KMeans
>>>from sklearn import metrics
>>>#设置聚类函数，分类数量为输入数据
>>>def julei(n_clusters):
    >>>#把数据和对应的分类数放入聚类函数中进行聚类
    >>>cls=KMeans(n_clusters)
    >>>cls.fit(x_train)
    >>>#判断每个测试图像所属聚类中心
    >>>y_pre=cls.predict(x_test)
    >>>#当数据本身带有正确的类别信息时，使用sklearn中的metrics的ARI指标进行性能评估
    >>>print('聚类数为%d时，ARI指标为：'%(n_clusters),metrics.adjusted_rand_score(y_
test,y_pre))
>>>julei(5)
>>>julei(8)
>>>julei(10)
>>>julei(11)
>>>julei(12)
>>>julei(13)
>>>julei(14)
>>>julei(20)
>>># (2) 数据无标记时
>>>from sklearn.metrics import silhouette_score
>>>def lunkuo(n):
    >>>#当评估数据没有类别或者我们不考虑其本身的类别时，习惯上会使用轮廓系数来度量
    >>>lunkuo_clusters=list(range(2,n+1))
    >>>sc_scores=[]
    >>>for i in  lunkuo_clusters:
        >>>cls=KMeans(i)
        >>>cls.fit(x_train)
        >>>#绘制轮廓系数与不同类簇数量的关系图
>>>sc_score=silhouette_score(x_train,cls.fit(x_train).labels_,metric='euclidean')
        >>>sc_scores.append(sc_score)
    >>>plt.figure()
    >>>plt.plot(lunkuo_clusters,sc_scores,"*-")
    >>>plt.xlabel('Number of Clusters')
    >>>plt.ylabel('Silhouette Coefficient Score')
    >>>plt.show()
>>>lunkuo(20)
```

11.3.3　代码详解：一步一步讲解清楚

（1）数据含有标记信息。

```
>>># 导入pandas、NumPy以及Matplotlib
>>>import pandas as pd
>>>import numpy as np
>>>import matplotlib.pyplot as plt
>>>#从sklearn.datasets中导入手写数字数据集
>>>from sklearn.datasets import load_digits
>>>digits=load_digits()
>>>x=digits.data
>>>y=digits.target
>>>#将数据集分割为特征数据与目标数据
>>>from sklearn.model_selection import train_test_split
>>>x_train,x_test,y_train,y_test=train_test_split(x,y,random_state=33,test_size=0.25)
>>>#从sklearn.cluster中导入KMeans模块
>>>from sklearn.cluster import KMeans
>>>from sklearn import metrics
>>>#设置聚类函数，分类数量为输入数据
>>>def julei(n_clusters):
    >>>#把数据和对应的分类数放入聚类函数中进行聚类
    >>>cls=KMeans(n_clusters)
    >>>cls.fit(x_train)
    >>>#判断每个测试图像所属聚类中心
    >>>y_pre=cls.predict(x_test)
    >>>#当数据本身带有正确的类别信息时，使用sklearn中的metrics的ARI指标进行性能评估
    >>>print('聚类数为%d时，ARI指标为：'%(n_clusters),metrics.adjusted_rand_score(y_
test,y_pre))
>>>julei(5)
>>>julei(8)
>>>julei(10)
>>>julei(11)
>>>julei(12)
>>>julei(13)
>>>julei(14)
>>>julei(20)
```

上述代码运行结果如下所示。

```
聚类数为5时，ARI指标为：   0.326824715724
聚类数为8时，ARI指标为：   0.500846840098
聚类数为10时，ARI指标为：   0.619440610604
聚类数为11时，ARI指标为：   0.708881432222
聚类数为12时，ARI指标为：   0.609474758745
聚类数为13时，ARI指标为：   0.696446596473
```

聚类数为14时，ARI指标为： 0.678962782507
聚类数为20时，ARI指标为： 0.573724881966

由上面的运行结果，我们可以知道聚类数为 10 ～ 14 时，ARI 值相对较大。特别是，当聚类数为 11 时，得到最大的 ARI 值为 0.708881432222。这与真实类别数 10 较为接近。

（2）数据不含标记信息。

```
>>>from sklearn.metrics import silhouette_score
>>>def lunkuo(n):
    >>>#当评估数据没有类别或者我们不考虑其本身的类别时，习惯上会使用轮廓系数来度量
    >>>lunkuo_clusters=list(range(2,n+1))
    >>>sc_scores=[]
    >>>for i in lunkuo_clusters:
        >>>cls=KMeans(i)
        >>>cls.fit(x_train)
        >>>#绘制轮廓系数与不同类簇数量的关系图
>>>sc_score=silhouette_score(x_train,cls.fit(x_train).labels_,metric='euclidean')
        >>>sc_scores.append(sc_score)
    >>>plt.figure()
    >>>plt.plot(lunkuo_clusters,sc_scores,"*-")
    >>>plt.xlabel('Number of Clusters')#聚类数
    >>>plt.ylabel('Silhouette Coefficient Score')#轮廓系数
    >>>plt.show()
>>>lunkuo(20)
```

上述代码运行结果如图 11-7 所示，可以发现当聚类数接近 10 时，轮廓系数达到最大，约为 0.19。

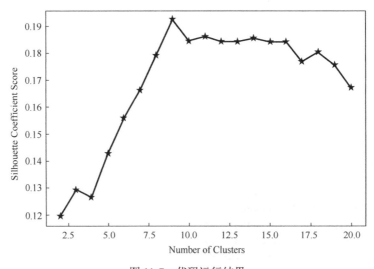

图 11-7　代码运行结果

第 12 章

搞懂算法：朴素贝叶斯是怎么回事

朴素贝叶斯是经典的机器学习算法，也是统计模型中的一个基本方法。它的基本思想是利用统计学中的条件概率来进行分类。它是一种有监督学习算法，其中"朴素"是指该算法基于样本特征之间相互独立这个"朴素"假设。朴素贝叶斯原理简单、容易实现，多用于文本分类问题，如垃圾邮件过滤等。

12.1 朴素贝叶斯是什么

朴素贝叶斯基于"条件概率"这个概念发展而来，要理解朴素贝叶斯思想首先要理解条件概率。下面通过一个例子来介绍条件概率及其计算方式。

12.1.1 条件概率是什么

一枚硬币连续抛掷 3 次，观察其出现正、反面的情况。设"至少出现一次反面"为事件 A，"3 次出现相同面（同正或同反）"为事件 B。现在，我们已经知道了事件 A 发生，那么事件 B 发生的概率是多少呢？这里已知事件 A 发生而求事件 B 发生的概率 $P(B|A)$ 就是条件概率。更详细的内容请参阅第 3 章。

12.1.2 贝叶斯公式是什么

事件 A 发生的情况下，事件 B 发生的概率计算公式为 $P(B|A)=P(AB)/P(A)$。那么，事件 B 发生的情况下，事件 A 发生的概率计算公式如何呢？不难得到 $P(A|B)=P(AB)/P(B)$。综合上述公式，$P(A|B)P(B)=P(B|A)P(A)$，变形即可得到贝叶斯公式：$P(A|B)=P(B|A)P(A)/P(B)$。更详细的内容请参阅第 3 章。

12.2 朴素贝叶斯实现方法

朴素贝叶斯可以细分为 3 种方法，分别是伯努利朴素贝叶斯、高斯朴素贝叶斯和多项式朴素贝叶斯。

12.2.1 伯努利朴素贝叶斯方法

伯努利朴素贝叶斯分类器是假定样本特征的条件概率分布服从二项分布，例如我们进行抛硬币试验时硬币落下的结果只有两种：正面朝上或者反面朝上。这种抛掷硬币的结果就服从二项分布，即 "0-1" 分布。在 sklearn 中可以直接调用伯努利朴素贝叶斯方法：class sklearn.naive_bayes.BernoulliNB(alpha,binarize)。其中参数含义如下所示。

（1）alpha：指定平滑因子 alpha 的数值，例如 alpha=0.01。

（2）binarize：实现对数据集的二值化，表示以该参数值为分界线，特征值大于该参数值的编码为 1，特征值小于该参数值的编码为 0。binarize 默认值是浮点数，如果 binarize=None 则表示模型假定数据集已经实现了二值化。

接下来，我们以天气预报的案例来对伯努利朴素贝叶斯方法进行描述。假设有 10 天的历史天气数据，其中 0 表示当天没有下雨，1 表示当天下雨，则可以用一个数组来表示：y=[1,1,1,1,0,1,0,1,1,0]。而是否下雨可能跟一些因素相关，如是否有风、是否潮湿、是否多云、是否闷热等，如表 12-1 所示。

表 12-1 天气情况

时间	是否有风	是否潮湿	是否多云	是否闷热
第 1 天	否	是	否	是
第 2 天	是	是	是	是
第 3 天	是	是	是	否
第 4 天	否	是	是	否
第 5 天	否	是	否	否
第 6 天	否	是	否	是
第 7 天	是	是	否	是
第 8 天	是	否	否	是
第 9 天	是	是	否	是
第 10 天	否	否	否	否

上述天气情况中"是"用 1 来表示,"否"用 0 来表示。因此上述天气情况也可以用数组来表示, 即 $x=$ [[0,1,0,1], [1,1,1,1], [1,1,1,0], [0,1,1,0], [0,1,0,0], [0,1,0,1], [1,1,0,1], [1,0,0,1], [1,1,0,1], [0,0,0,0]]。

通过代码来对上述情况的数据集进行训练学习和预测,如下所示。

```
>>>#导入天气情况的数据集
>>>import numpy as np
>>>x=np.aray([[0,1,0,1],[1,1,1,1],[1,1,1,0],[0,1,1,0],[0,1,0,0],[0,1,0,1],[1,1,0,1],
[1,0,0,1],[1,1,0,1],[0,0,0,0]])
>>>y=np.array([1,1,1,0,1,0,1,1,0])
>>>#导入伯努利贝叶斯分类器并训练数据
>>>from sklearn.naive_bayes import BernoulliNB
>>>bnb=BernoulliNB()
>>>bnb.fit(x,y)
>>>day_pre=[[0,0,1,0]]
>>>pre=bnb.predict(day_pre)
>>>print('预测结果如下所示: ')
>>>print('*'*50)
>>>print('结果为: ',pre)
>>>print('*'*50)
```

代码运行结果如图 12-1 所示。

```
预测结果如下所示:
**************************************************
结果为:  [1]
**************************************************
```

图 12-1　代码运行结果

由图 12-1 可知,当天气情况为 day_pre=[[0,0,1,0]](即无风、不潮湿、多云、不闷热)时,预测结果为下雨。进一步可以查看是否下雨的概率分布情况,代码如下所示。

```
>>>#进一步查看是否下雨的概率分布情况
>>>pre_pro=bnb.predict_proba(day_pre)
>>>print('    预测概率情况如下所示: ')
>>>print('*'*50)
>>>print('    结果为: ',pre_pro)
>>>print('*'*50)
```

代码运行结果如图 12-2 所示。

```
预测概率情况如下所示:
**************************************************
结果为:  [[0.45757038 0.54242962]]
**************************************************
```

图 12-2　代码运行结果

由图 12-2 可知，对上述天气情况进一步详细预测，预测不下雨的概率大约为 0.46，预测下雨的概率大约为 0.54。

总的来说，伯努利朴素贝叶斯对于数据集中特征只有 0 和 1 两个数值的情况具有更好的预测效果。

12.2.2　高斯朴素贝叶斯方法

高斯朴素贝叶斯分类器是假定样本特征符合高斯分布时常用的算法。高斯分布也称为正态分布，是数学中一种常见的分布形态。如果随机变量 X 服从一个数学期望为 μ、方差为 σ^2 的正态分布，记为 $N(\mu, \sigma^2)$，那么其概率密度曲线是一个典型的钟形曲线。高斯分布在日常生活中也比较常见，如人的身高、体重、智力、学习成绩或者实验中的随机误差等都服从高斯分布。

可以在 sklearn 中直接调用高斯朴素贝叶斯方法：class sklearn.naive_bayes.GuassianNB()。我们使用 sklearn 自带的数据集来展示高斯朴素贝叶斯的分类效果，代码如下所示。

```
>>>#导入数据集生成工具
from sklearn.datasets import make_blobs
#生成样本数量为800、分类数量为6的数据集
x,y=make_blobs(n_samples=800,centers=6,random_state=6)
#导入数据拆分工具，将数据集拆分为训练集和测试集
from sklearn.model_selection import train_test_split
x_train,x_test,y_train,y_test=train_test_split(x,y,test_size=0.25,random_state=33)
#导入高斯朴素贝叶斯分类器
from sklearn.naive_bayes import GaussianNB
gnb=GaussianNB()
gnb.fit(x_train,y_train)
print('*'*50)
print('高斯朴素贝叶斯准确率： ',gnb.score(x_test,y_test))
print('*'*50)
```

代码运行结果如图 12-3 所示。

```
**************************************************
高斯朴素贝叶斯准确率：  0.995
**************************************************
```

图 12-3　代码运行结果

由图 12-3 可知，高斯朴素贝叶斯分类准确率达到 0.995。总的来说，高斯朴素贝叶斯方法对符合高斯分布的数据集具有良好的分类效果。

12.2.3 多项式朴素贝叶斯方法

多项式朴素贝叶斯分类器是假定样本特征符合多项式分布时常用的算法。二项分布的典型例子是抛掷硬币，硬币正面朝上的概率为 p，重复抛掷 n 次硬币，k 次为正面的概率即一个二项分布概率。把二项分布公式推广至多种状态，就得到了多项分布。

多项分布的典型例子是抛掷骰子。每个骰子的 6 个面对应 6 个不同的点数，单次每个点数朝上的概率都是 1/6，且重复抛掷 n 次，那么某个点数（如点数 6）有 x 次朝上的概率就服从多项式分布。可以在 sklearn 中直接调用多项式朴素贝叶斯方法：class sklearn.naive_bayes.MultinomialNB()。我们使用 sklearn 自带的数据集来展示多项式朴素贝叶斯的分类效果，代码如下所示。

```
>>>#导入数据集生成工具
>>>from sklearn.datasets import make_blobs
>>>#生成样本数量为800、分类数量为6的数据集
>>>x,y=make_blobs(n_samples=800,centers=6,random_state=6)
>>>#导入数据拆分工具，将数据集拆分为训练集和测试集
>>>from sklearn.model_selection import train_test_split
>>>x_train,x_test,y_train,y_test=train_test_split(x,y,test_size=0.25,random_state=33)
>>>#数据预处理
>>>from sklearn.preprocessing import MinMaxScaler
>>>scaler=MinMaxScaler()
>>>scaler.fit(x_train)
>>>x_train_s=scaler.transform(x_train)
>>>x_test_s=scaler.transform(x_test)
>>>#导入多项式朴素贝叶斯分类器
>>>from sklearn.naive_bayes import MultinomialNB
>>>mnb=MultinomialNB()
>>>mnb.fit(x_train_s,y_train)
>>>print('*'*50)
>>>print('多项式朴素贝叶斯准确率: ',mnb.score(x_test_s,y_test))
>>>print('*'*50)
```

代码运行结果如图 12-4 所示。

```
**************************************************
多项式朴素贝叶斯准确率:  0.78
**************************************************
```

图 12-4 代码运行结果

这里需要说明的是，多项式朴素贝叶斯只适用对非负离散数值特征进行分类，很多时候需要对原始数据进行数据预处理。

12.3　编程实践：手把手教你写代码

本节将以 sklearn.datasets 中的新闻文本数据集 fetch_20newsgroups 为例展示朴素贝叶斯算法的训练预测过程，详细讲解算法的代码实现环节和相关知识内容，包括背景任务介绍、代码展示与代码详解 3 个部分。

12.3.1　背景任务介绍：朴素贝叶斯分类预测文本类别

sklearn.datasets 中的 fetch_20newsgroups 数据集一共涉及 20 个话题，所以称作 20 newsgroups text dataset。

（1）数据说明：sklearn.datasets 中的 fetch_20newsgroups 数据集包含 18 000 篇新闻文章，一共涉及 20 个话题。具体信息如下所示。

第一，数据集目标变量：['alt.atheism', 'comp.graphics', 'comp.os.ms-windows.misc', 'comp.sys.ibm.pc.hardware', 'comp.sys.mac.hardware', 'comp.windows.x', 'misc.forsale', 'rec.autos', 'rec.motorcycles', 'rec.sport.baseball', 'rec.sport.hockey', 'sci.crypt', 'sci.electronics', 'sci.med', 'sci.space', 'soc.religion.christian', 'talk.politics.guns', 'talk.politics.mideast', 'talk.politics.misc', 'talk.religion.misc']，共计 20 个新闻话题分类。

第二，数据集特征变量：数据集特征变量为原始新闻文本，以下为其中一篇邮件文本数据。

From: Mamatha Devineni Ratnam <mr47+@andrew.cmu.edu> Subject: Pens fans reactions Organization: Post Office, Carnegie Mellon, Pittsburgh, PA Lines: 12 NNTP-Posting-Host: po4.andrew.cmu.edu.I am sure some bashers of Pens fans are pretty confused about the lack of any kind of posts about the recent Pens massacre of the Devils. Actually, I am bit puzzled too and a bit relieved. However, I am going to put an end to non-PIttsburghers' relief with a bit of praise for the Pens. Man, they are killing those Devils worse than I thought. Jagr just showed you why he is much better than his regular season stats. He is also a lot of fun to watch in the playoffs. Bowman should let JAgr have a lot of fun in the next couple fo games since the Pens are going to beat the pulp out of Jersey anyway. I was very disappointed not to see the Islanders lose the final regular season game. PENS RULE!!!

（2）数据来源：从 sklearn.datasets 中导入 fetch_20newsgroups 数据集，可以直接获取数据。

（3）任务目标：采用朴素贝叶斯分类器来训练数据并评估模型性能。

12.3.2 代码展示：手把手教你写

```
>>>#从sklearn.datasets中在线导入20类新闻文本采集器
>>>from sklearn.datasets import fetch_20newsgroups
>>>#下载全部文本并存储
>>>newsgroups=fetch_20newsgroups(subset='all')
>>>#将数据集划分为特征变量与目标变量
>>>x=newsgroups.data
>>>y=newsgroups.target
>>>#查看目标变量名称
>>>print('目标变量名称：\n',newsgroups.target_names)
>>>print('\n')
>>>#查看特征变量情况
>>>print('特征变量示例：\n',x[0])
>>>#查看目标变量情况
>>>print('目标变量：\n',y)
>>>#将数据分割为训练集和测试集
>>>from sklearn.model_selection import train_test_split
>>>x_train,x_test,y_train,y_test=train_test_split(x,y,random_state=33,test_size=0.3)
>>>#从sklearn.feature_extraction.text中导入CountVectorizer
>>>from sklearn.feature_extraction.text import CountVectorizer
>>>#采用默认配置对CountVectorizer进行初始化
>>>vec=CountVectorizer()
>>>#将原始训练和测试文本转化为特征向量
>>>x_vec_train=vec.fit_transform(x_train)
>>>x_vec_test=vec.transform(x_test)
>>>#使用朴素贝叶斯分类器训练数据
>>>from sklearn.naive_bayes import MultinomialNB
>>>#初始化朴素贝叶斯分类器
>>>mnb=MultinomialNB()
>>>#训练模型
>>>mnb.fit(x_vec_train,y_train)
>>>#使用训练好的朴素贝叶斯模型对数据进行预测
>>>mnb_y_predict=mnb.predict(x_vec_test)
>>>#性能评估。使用自带的评分函数score获取预测准确率数据，并使用sklearn.metrics的classification_
report模块对预测结果进行全面评估
>>>from sklearn.metrics import classification_report
>>>print ('Accuracy:',mnb.score(x_vec_test,y_test))
>>>print(classification_report(y_test,mnb_y_predict))
```

12.3.3 代码详解：一步一步讲解清楚

一个典型的机器学习过程包括准备数据、选择算法、调参优化、性能评估，下面我们来分别论述。

（1）准备数据。

准备数据的内容包括数据获取、特征变量与目标变量选取、数据分割，代码如下所示。

```
>>>#从sklearn.datasets中在线导入20类新闻文本采集器
>>>from sklearn.datasets import fetch_20newsgroups
>>>#下载全部文本并存储
>>>newsgroups=fetch_20newsgroups(subset='all')
>>>#将数据集划分为特征变量与目标变量
>>>x=newsgroups.data
>>>y=newsgroups.target
>>>#查看目标变量名称
>>>print(newsgroups.target_names)
>>>#查看目标变量名称
>>>print('目标变量名称：\n',newsgroups.target_names)
>>>#查看特征变量情况
>>>print('特征变量示例：\n',x[0])
>>>#查看目标变量情况
>>>print('目标变量：\n',y)
```

上述代码运行结果如图 12-5 所示。

```
目标变量名称：
['alt.atheism', 'comp.graphics', 'comp.os.ms-windows.misc', 'comp.sys.ibm.pc.hardware', 'comp.sys.mac.hardware', 'comp.window
s.x', 'misc.forsale', 'rec.autos', 'rec.motorcycles', 'rec.sport.baseball', 'rec.sport.hockey', 'sci.crypt', 'sci.electronics',
'sci.med', 'sci.space', 'soc.religion.christian', 'talk.politics.guns', 'talk.politics.mideast', 'talk.politics.misc', 'talk.re
ligion.misc']

特征变量示例：
 From: Mamatha Devineni Ratnam <mr47+@andrew.cmu.edu>
Subject: Pens fans reactions
Organization: Post Office, Carnegie Mellon, Pittsburgh, PA
Lines: 12
NNTP-Posting-Host: po4.andrew.cmu.edu


I am sure some bashers of Pens fans are pretty confused about the lack
of any kind of posts about the recent Pens massacre of the Devils. Actually,
I am  bit puzzled too and a bit relieved. However, I am going to put an end
to non-PIttsburghers' relief with a bit of praise for the Pens. Man, they
are killing those Devils worse than I thought. Jagr just showed you why
he is much better than his regular season stats. He is also a lot
fo fun to watch in the playoffs. Bowman should let JAgr have a lot of
fun in the next couple of games since the Pens are going to beat the pulp out of Jersey anyway. I was very disappointed not to
see the Islanders lose the final
regular season game.          PENS RULE!!!

目标变量：
 [10  3 17 ...  3  1  7]
```

图 12-5　代码运行结果

通过图 12-5，我们可以知道样本数据的特征变量为原始的文本数据，目标变量为 20
个新闻话题分类。由于数据样本的特征变量是原始的文本数据，需要通过文本向量化的方
法进行转化，这可以从 sklearn.feature_extraction.text 中导入 CountVectorizer 来处理，代

码如下所示。

```
>>>#将数据分割为训练集和测试集
>>>from sklearn.model_selection import train_test_split
>>>x_train,x_test,y_train,y_test=train_test_split(x,y,random_state=33,test_size=0.3)
>>>#从sklearn.feature_extraction.text中导入CountVectorizer
>>>from sklearn.feature_extraction.text import CountVectorizer
>>>#采用默认配置对CountVectorizer进行初始化
>>>vec=CountVectorizer()
>>>#将原始训练和测试文本转化为特征向量
>>>x_vec_train=vec.fit_transform(x_train)
>>>x_vec_test=vec.transform(x_test)
```

（2）选择算法。

通过对数据集特征的了解，我们这里考虑使用朴素贝叶斯分类器来训练模型。

```
>>>#使用朴素贝叶斯分类器训练数据
>>>from sklearn.naive_bayes import MultinomialNB
```

（3）调参优化。

示例中，为了简便，采用的是默认配置来进行学习和训练，对应的部分代码如下。

```
>>>  #初始化朴素贝叶斯分类器
>>>mnb=MultinomialNB()
>>>#训练模型
>>>mnb.fit(x_vec_train,y_train)
>>>#使用训练好的朴素贝叶斯模型对数据进行预测
>>>mnb_y_predict=mnb.predict(x_vec_test)
```

（4）性能评估。

前面使用了朴素贝叶斯模型进行预测。但是朴素贝叶斯模型的预测能力究竟好不好呢？这就需要对朴素贝叶斯模型（参数值确定的）进行性能评估了。简单地讲，性能评估主要用于评估算法模型的预测能力。上述代码中，性能评估部分的代码如下。

```
>>>#性能评估。使用自带的评分函数score获取预测准确率数据，并使用sklearn.metrics 的classification_
report模块对预测结果进行全面评估
>>> from sklearn.metrics import classification_report
>>>print ('Accuracy:',mnb.score(x_vec_test,y_test))
>>>print(classification_report(y_test,mnb_y_predict))
```

代码运行结果显示预测的准确率大约为 0.836 2，如图 12-6 所示。

```
Accuracy: 0.8362221436151397
              precision    recall  f1-score   support

           0       0.86      0.87      0.86       247
           1       0.60      0.86      0.71       289
           2       0.90      0.09      0.16       298
           3       0.59      0.88      0.71       287
           4       0.92      0.78      0.84       271
           5       0.82      0.85      0.83       319
           6       0.91      0.67      0.77       306
           7       0.88      0.88      0.88       283
           8       0.99      0.90      0.94       332
           9       0.98      0.93      0.95       293
          10       0.93      0.99      0.96       286
          11       0.83      0.98      0.90       291
          12       0.84      0.87      0.86       298
          13       0.91      0.93      0.92       296
          14       0.88      0.95      0.91       278
          15       0.77      0.96      0.85       285
          16       0.88      0.95      0.91       290
          17       0.89      0.97      0.93       280
          18       0.78      0.89      0.83       228
          19       0.95      0.44      0.60       197

    accuracy                           0.84      5654
   macro avg       0.86      0.83      0.82      5654
weighted avg       0.86      0.84      0.82      5654
```

图 12-6　代码运行结果

第**13**章

搞懂算法：神经网络是怎么回事

我们来看一张图，相信大家都可以非常轻松地识别出这是一张熊猫躺在树桩上的图像，如图 13-1 所示。

图 13-1　熊猫图像

虽然对人类来说这个图像识别工作很简单，但是对计算机来说并不是一个简单的任务。人类的大脑是由大约 1 000 亿个神经元构成的复杂网络，神经元之间彼此协同合作将输入大脑的图像（如熊猫图像）转换成为大脑的某种认知（如"熊猫"），从而实现图像的识别。神经网络技术正是受此启发而发展来的，并且已经成为自动图像识别的基础，在视觉监控、自动驾驶、人脸识别等领域发挥着重要作用。

目前神经网络技术受到追捧，一方面是由于数据传感设备、数据通信技术和数据存储技术的成熟与完善，使得低成本采集和存储海量数据得以成为现实；另一方面则是由于计算能力的大幅提升，如图形处理器（Graphics Processing Unit，GPU）在神经网络算法中的应用和算法的不断改进带来的计算效率提升。

常见的神经网络模型有深度神经网络、卷积神经网络、循环神经网络，以及由这些基本网络优化而形成的各种深度学习模型。本章将着重讲解神经网络的基本原理和典型案例。

13.1 从一个具体任务开始：识别数字

神经网络和深度学习核心理论的讲解，往往是从一个经典的入门问题开始的，那就是如何识别手写数字？这个问题如果使用传统编程方法来解决会特别麻烦，但如果使用神经网络来解决则会相对轻松很多。这个问题之所以作为入门经典问题，一方面是因为手写数字的识别本身也算是一个非常有挑战性的任务，另一方面是因为使用神经网络完成该项任务并不需要特别复杂的方法和大规模的计算资源。下面就让我们开始神经网络之旅吧！

大部分人很容易识别出以下数字为 9 6 3 4 1 8 7 2，如图 13-2 所示。

图 13-2　不同大小形状的手写数字

这个问题初看起来平淡无奇，但是细想起来令人惊叹：人类居然可以轻松准确地识别这些形状大小各异的数字。

假设我们使用计算机程序来识别上述数字，立刻就会碰到很多问题，例如"数字 6 下面是一个圆圈，上面是一个弧形"就很难通过计算机程序语言来表达，更别说数字"6"的圆圈有各种大小和形状，并且弧形又有各种变形。如果希望通过传统的计算机程序编写来识别上述数字，越是期望识别结果准确计算机程序就会越复杂，最后简直就是一个噩梦。

而神经网络则另辟蹊径，通过对大量手写数字的训练样本的学习，从而自动找到识别手写数字的规则，实现对手写数字的识别。神经网络手写数字识别的训练数据一般采用 MNIST 数据集，它不但提供了大量形式各异的手写数字样本，同时也提供了各个样本的标注信息，从而便于研究者使用，如图 13-3 所示。

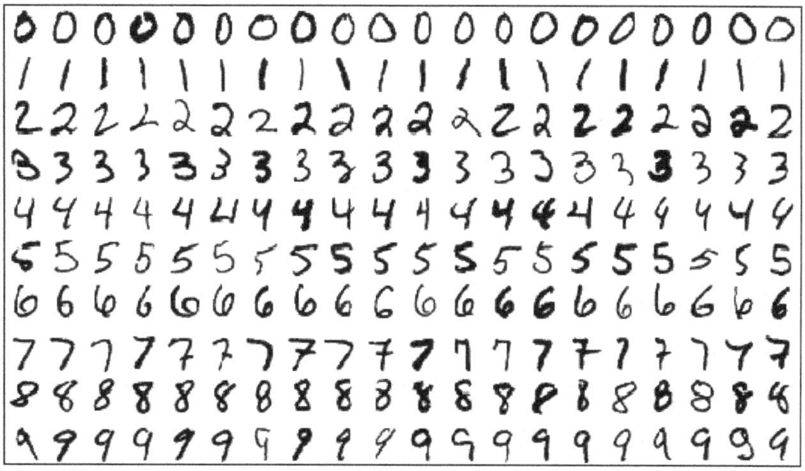

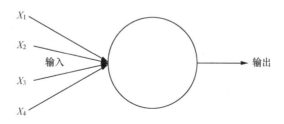

图 13-3 MNIST 数据集

13.2 理解神经元是什么

神经元是神经网络算法的基本单元，它本质上是一种函数，接受外部刺激并根据输入产生对应的输出。它的内部结构可以看作线性函数和激活函数的组合，线性函数运算结果传递给激活函数，最终产生该神经元的输出结果。神经元也经历了逐步发展并完善的过程，其中典型的神经元有感知器和 S 型神经元等。

13.2.1 感知器是什么

感知器有时也被称为感知机，是由康奈尔航空实验室的科学家弗兰克·罗森布拉特在 1957 年所提出的一种人工神经网络。它可以被视为一种形式最简单的前馈式人工神经网络，是一种二元线性分类器。感知器接收多个二进制输入并产生一个二进制输出，如图 13-4 所示。

图 13-4 感知器示意

感知器工作原理如下。

（1）感知器接收多个二进制输入，每个输入对应一个权重。

（2）感知器二进制输入的加权值对输出有重大影响。

（3）通过感知器加权值与阈值比较，决定最后的二进制输出值。

上述过程可用如下代数形式表达。

$$输出值 = \begin{cases} 0, & \Sigma w_i x_i \leq 阈值 \\ 1, & \Sigma w_i x_i > 阈值 \end{cases}$$

例如你在网上书店看到一本书，正在犹豫是否要购买。这个决策如果用感知器来模拟的话，可以表述为给以下几个因素设置权重来决策。

（1）你是否需要了解机器学习方面的知识？

（2）你猜测这本书是否能够给你带来较大收获？

（3）这本书的价格你是否可以接受？

上述 3 个因素可以对应地用二进制变量 x_1、x_2、x_3 来表示，$x_1=1$ 表示"你需要了解机器学习方面的知识"，$x_1=0$ 表示"你不需要了解机器学习方面的知识"，其他类似。假如你目前对大数据行业或者人工智能行业非常感兴趣，特别希望以后从事相关工作或者对相关机器学习技术有较为深入的理解，那么因素（1）的权重就会设置得比较大，例如 $w_1=9$。如果你选择图书非常谨慎，不希望随便购买一本"水货"图书，那么因素（2）的权重也可以设置得较大，例如 $w_2=7$。如果你收入尚可，并不在乎图书价格，那么因素（3）的权重就可以设置得较小，例如 $w_3=2$。这样，我们就可以对感知器输入因素做一个加权求和，从而得到 $\Sigma w_i x_i$。通过比较加权值与阈值的大小，我们就可以确定输出值是 0 还是 1 了。有时候为了简便，我们会把感知器规则写成另外的通用形式，如下所示。

$$输出值 = \begin{cases} 0, & wx+b \leq 0 \\ 1, & wx+b > 0 \end{cases}$$

其中，$wx = \Sigma w_i x_i$，b 为阈值的相反数，也称为感知器的偏置。很明显，对于同样的输入 x，权重 w 和偏置 b 设置不同，最后的输出结果也会不同。如果设置的偏置 b 较大，最后输出 1 则较为容易；如果设置的偏置 b 较小甚至是较大的负数，最后输出 1 则较为困难。总之，我们可以通过设置不同的权重和偏置来调整感知器的输出情况，这个性质非常重要。

13.2.2　S型神经元是什么

通过上述感知器的学习，我们知道感知器中权重或偏置的调整会导致最后输出结果的改变。

如果存在这样的神经网络，使得任何权重或偏置的微小变化，最后都会导致输出结果的微小变化，那么这样一个反馈系统的存在就使得神经网络具有了学习能力。例如，神经网络输入值为"5"，但被错误地识别为"6"并输出，那么只需要按照某种合理规则修改权重或偏置，总能够对输出值进行纠正，使得输出值为"5"。

但是可惜的是，包含感知器的神经网络并不能很好地实现上述目的，因为网络中某个感知器的权重或偏置发生的微小变化有时会引起感知器输出值的极大变化，如输出值从"1"变为"0"。这样的连锁反应可能导致最后的输出结果极其不稳定。针对这个问题，研究者引入了一种 S 型神经元。S 型神经元与感知器相比，其优点在于：权重和偏置的微小变化只会导致输出的微小变化。

S 型神经元与感知器最大的区别在于它的输入和输出不再是二进制的离散值，而是 0 ～ 1 的连续值。总的来说，S 型神经元的特点如下。

（1）S 型神经元有多个输入值，这些输入值为 0 ～ 1 的任意值。

（2）S 型神经元输入的加权值经过 sigmoid 函数处理后，输出一个 0 ～ 1 的数值。

实际上，我们对 sigmoid 函数并不陌生，逻辑回归算法就主要使用了 sigmoid 函数来把输出值压缩为 0 ～ 1。假设输入值的加权和为 z，即 $z=wx+b$。从数学形式上看，sigmoid 函数的表达式为 $\sigma(z)=\dfrac{1}{1+e^{-z}}$。任何一个正的极大值都会被压缩为接近 1 的数值，任何一个负的极大值都会被压缩为接近 0 的数值，如图 13-5 所示。

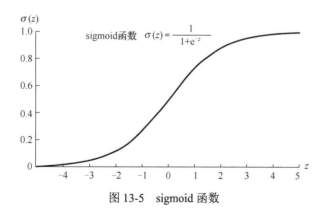

图 13-5 sigmoid 函数

S 型神经元与感知器的不同之处在于：S 型神经元是一个平滑的函数，而感知器是一个阶跃函数。也就是说，感知器只能输出 0 或者 1，而 S 型神经元能够输出 0 ～ 1 的任何数值，如 0.865 4 或者 0.211 3 等。

S 型神经元的表达式可以写为 $\dfrac{1}{1+e^{(-\sum w_i x_i - b)}}$，任何一个权重和偏置的微小变化 Δw_i 和 Δb 都会导致 S 型神经元的输出产生一个微小变化。这种输入和输出之间的平滑性，是 S 型神经元区别于感知器的最根本特征，也是使得通过调整权重和偏置来不断修正输出成为可能的保障。

13.3 理解典型神经网络多层感知器

神经元之间连接互动就形成了神经网络。神经网络算法的种类繁多，既有擅长图像识别的卷积神经网络，也有擅长语音识别的长短期记忆网络，不一而足。为了让读者更高效、更轻松地理解神经网络的本质，本书将会以最基本、也是最典型的神经网络——多层感知器（Multi-Layer Perception，MLP）为例进行讲解。

13.3.1 神经网络结构是什么

单个神经元还不足以完成手写数字识别的任务，神经元连接起来构成神经网络才能够完成诸如图像识别、语音识别等复杂任务。一个典型的神经网络结构如图 13-6 所示。

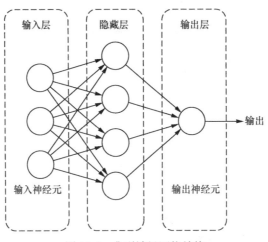

图 13-6 典型神经网络结构

图 13-6 中，最左边是输入层，其中的神经元称为输入神经元；最右边是输出层，其中的神经元称为输出神经元；介于输入层和输出层之间的中间层被称为隐藏层。所以，一个典型的神经元网络结构包括 3 个层：输入层、隐藏层、输出层。

（1）输入层。输入层是神经网络的第一层，图像通过数值化转换输入该层，该层接收输入信号（值）并传递到下一层，对输入的信号（值）并不执行任何运算，没有自己的权重值和偏置值。图像将像素点信息转换为输入层神经元激活值，像素点数量等于输入层神经元数量，如图 13-7 所示。

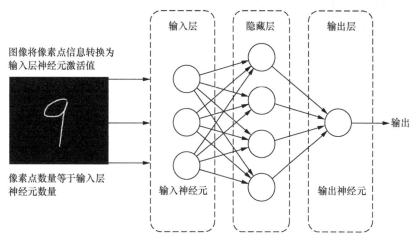

图 13-7　图像数值化转换到输入层

（2）隐藏层。隐藏层是神经网络中介于输入层和输出层之间的合成层。一个神经网络包含一个或多个隐藏层，隐藏层的神经元通过层层转换，不断提高和已标注图像的整体相似度，最后一个隐藏层将值传递给输出层。对比来看，输入层和输出层的数量及其神经元的数量都容易确定。每个神经网络都有一个输入层和一个输出层，并且输入层神经元的数量等于处理对象数据中包含的输入变量的数量（如手写图像识别中需要处理图像的像素点数量），输出层神经元的数量就是我们期望的输出数量。而隐藏层层数和隐藏层神经元则需要由人工设定，这也是神经网络的一个难点所在。

（3）输出层。输出层是神经网络的最后一层，接收最后一个隐藏层的输入而产生最终的预测结果，得到理想范围内的期望数目的值。该层神经元可以只有一个，也可以和结果一样多。

多种神经网络结构中，MLP 是最简单、也是最典型的一类神经网络结构。这里需要说明的是，虽然被称为"多层感知器"，但实际上它是由 S 型神经元构成的，而非由感知器构成，只是由于历史遗留问题而沿用了这个名称。

13.3.2　搞懂MLP的工作原理是什么

MLP 作为一种典型的神经网络结构，对我们理解其他"现代变种"的神经网络具有重要的指导意义，所以我们首先需要搞懂 MLP 究竟是如何工作的。

假设一张 28 像素 ×28 像素的图像中有个手写数字"9"，如图 13-8 所示。神经网络是如何

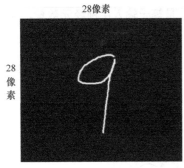

图 13-8 手写数字

识别这个手写数字的呢？

上述手写数字的识别过程可以用典型的 MLP 结构来展示，包括输入层、隐藏层和输出层，如图 13-9 所示。

第一，当你输入一个手写数字时，输入层的 784（28 像素 × 28 像素）个神经元通过各自激活值的差异来展示这个数字。

第二，输入层各个神经元的激活值会影响下一层各神经元的激活值情况，如此反复。

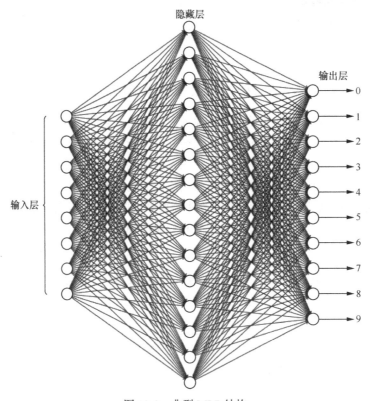

图 13-9 典型 MLP 结构

第三，最终输出层各神经元激活值的水平表示了神经网络的选择结果，激活值最高的神经元代表了最终的选择结果。

具体而言，手写数字的神经网络算法分类中包括如下几个主要环节，即图像数值化、神经元相互激活传递和代价函数最小化等内容，需要我们重点把握。

1. 图像数值化：将图像转化为数值

计算机只认识数字，不认识图像。为了使计算机能够认识图像，首先需要完成的任务就是图像数值化，即将图像转化为像素点的数值。这张 28 像素 ×28 像素的图像（共 784 像素）的每个像素点可以编码为一个神经元，将每个神经元看作一个填充有数字（$0 \sim 1$）的容器，神经元中的数值表示对应的像素的灰度值。例如，神经元中的数值如果为 0 表示这是纯黑像素，如果为 1 表示这是纯白像素。这些神经元中 $0 \sim 1$ 的数值被称为激活值，激活值越大，像素点越亮。这些神经元组成了神经网络的输入层。总的来说，图像（手写数字）识别的第一项工作就是将图像通过各像素点进行数值化处理，这项工作往往发生在神经网络的输入层，如图 13-10 所示。

图 13-10　图像数值化

其次，MLP 神经网络的最后一层包含 10 个神经元，分别代表 $0 \sim 9$ 这 10 个数字。这 10 个神经元的激活值也是 $0 \sim 1$ 的数值，激活值越大表示输入值对应该神经元的可能性越大。例如，8 号神经元的激活值为 0.89，则表示输入值（即手写数字）为 "8" 的可能性为 89%。

最后，神经网络的中间层为隐藏层，它可以包含多层结构和多个神经元。神经网络处理信息的核心就在于每一层神经元的激活值的计算和上一层神经元激活值影响下一层神经元激活值的方式。

2. 激活规则：神经元间如何相互影响

神经网络的大致工作过程是，图像经过数值化处理后进入输入层神经元，输入层神经元沿着某条路径激活下一层神经元，下一层神经元又将这种激活状态传播到后续各层的神经元，最终在输出层产生预测结果。这里的关键就是，神经元是如何被激活的呢？

神经元的激活规则就是，某个神经元激活值由上一层神经元激活值的某种加权方式来决定。例如，神经元 c_1 激活值由上一层神经元激活值的某种加权形式来表达，如 $\sigma(w_1a_1+w_2a_2+\cdots+w_na_n+b)$，其中 a_i 是上一层某个神经元的激活值；w_i 是上一层该神经元激活值对神经元 c_i 激活值影响的权重；b 则是神经元 c_1 被激活的难易程度，即偏置；σ 是 sigmoid 函数，主要作用是将函数值压缩为 $0 \sim 1$。神经元的激活规则如图 13-11 所示。

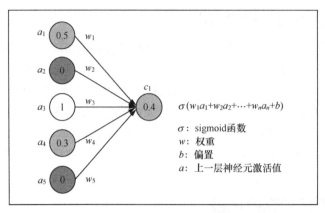

图 13-11 神经元的激活规则

神经元的激活规则中，权重和偏置这两个参数非常重要。

（1）权重。权重表示了神经元之间联系的强度，不同的神经元之间联系强度不同，因而权重也不同。假设图 13-11 中 $w_1=3$、$w_2=2$、$w_3=0$、$w_4=-1$，则说明神经元 a_1 对 c_1 的影响最为强烈，神经元 a_3 对 c_1 无影响，而神经元 a_4 对 c_1 的影响则是减弱传送到 c_1 的输入信号。神经元 c_1 上一层所有神经元激活值的加权和就是神经元 c_1 的输入信号总强度。

（2）偏置。神经元输入信号总强度大并不意味着其总是能够处于激活状态，还需要考虑神经元阈值情况。只有神经元信号强度大于阈值，神经元才会被激活。更常见的情况是，将阈值的相反数定义为神经元激活规则的一部分，这部分被称为偏置。偏置表示神经元是否容易被激活，且是一个可以不断调整的参数。

3. 激活规则的关键：神经网络非线性矫正

由前面的内容可知，神经元激活值主要取决于两个部分，一个是线性函数如 $w_1a_1+w_2a_2+\cdots+w_na_n+b$，另一个则是非线性函数如 σ，它们的复合作用最终决定了神经元激活值的情况。

早期神经网络的非线性函数经常使用 sigmoid 函数来将数值压缩为 0 ～ 1，但现在更多使用 relu 函数或者 tanh 函数来进行处理。我们通过代码来展示 sigmoid 函数、tanh 函数及 relu 函数对函数值压缩的异同，如下所示。

```
>>>#导入模块
>>>import numpy as np
>>>import matplotlib.pyplot as plt
>>>#生成数据
>>>x=np.linspace(-5,5,500)
>>>#定义函数
>>>sigmoid=1/(1+np.exp(-x))
```

```
>>>tanh=np.tanh(x)
>>>relu=np.maximum(x,0)
>>>#画出各函数的图形
>>>plt.plot(x,sigmoid,label='sigmoid')
>>>plt.plot(x,tanh,label='tanh')
>>>plt.plot(x,relu,label='relu')
>>>plt.legend(loc='best')
>>>plt.xlabel('x')
>>>plt.ylabel('y')
>>>plt.xlim(-5, 5)
>>>plt.ylim(-1, 2)
>>>plt.show()
```

代码运行结果如图 13-12 所示，sigmoid 函数、tanh 函数和 relu 函数将函数值压缩在不同的范围内。

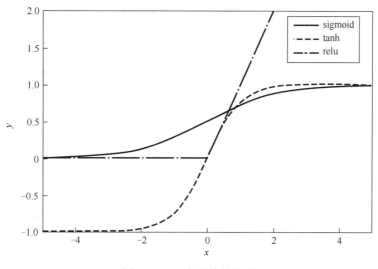

图 13-12 3 个函数的展示

总的来说，上述 3 个函数有着各自的优缺点和使用场景。

第一，sigmoid 函数和 tanh 函数亲缘关系较近，一般认为 tanh 函数是 sigmoid 函数的改造版本。在神经网络的隐藏层中，tanh 函数的表现要优于 sigmoid 函数，因为 tanh 函数范围为-1～1，数据的平均值为 0，有类似数据中心化的效果。

第二，在神经网络的输出层中，sigmoid 函数的表现要优于 tanh 函数，这是因为 sigmoid 函数输出结果为 0～1，而 tanh 函数输出结果为-1～1。输出结果为 0～1 更符合人们的习惯认知。

第三，relu 函数不同于上述两个函数，在深层网络中使用较多。工程实践中，sigmoid 函数和 tanh 函数会在深层网络训练中出现端值饱和的现象，从而导致网络训练速度变慢。因此，一般在神经网络层次较浅时使用 sigmoid 函数和 tanh 函数，而在深层网络中使用 relu 函数。

4. 代价函数与参数优化

直观上，每个神经元都与上一层所有神经元相关联，加权公式中的权重就代表这种联系的强弱，而偏置则表明该神经元是否容易被激活。

刚开始，我们随机化产生各个神经元激活值加权公式中的权重和偏置，不难猜测刚开始的预测效果一定是比较糟糕的。但是不要紧，只要你给神经网络一个代价函数或目标函数，让它有努力的方向，它就可以根据反馈结果进行自我改进。

这个代价函数的一个合理形式是 $\sum$（真实值$_i$- 预测值$_i$）^{2}，例如输出层有代表数字 0 ～ 9 的 10 个神经元，那么代价函数可以选取这 10 个神经元激活值的真实值与预测值差值的平方和，即（真实值$_0$- 预测值$_0$）^{2}+（真实值$_1$- 预测值$_1$）^{2}+…+（真实值$_9$- 预测值$_9$）^{2}。当分类准确时这个代价函数值就较小，当分类错误时这个代价函数值就较大。我们可以通过不断调整参数值来优化代价函数，最终确定合适的模型参数。

13.4　MLP的代价函数与梯度下降

MLP 神经网络学习过程由信号的正向传播与误差的反向传播两个过程组成，这两个过程以神经网络输出值与实际值的差距最小化为目标，不断循环往复，最终求解到满足代价函数最小化的参数值。实际上就是通过梯度下降来求解使代价函数取得最小值时的参数值，从而将算法模型确定下来。

（1）正向传播时，输入样本从输入层传入，经各隐藏层逐层处理后传向输出层。若输出层的输出值与实际值不符，则转入误差的反向传播阶段。

（2）误差的反向传播是将输出误差以某种形式通过隐藏层向输入层逐层反向传播，并将误差分摊给各层的所有单元，从而获得各层单元的误差信号，此误差信号即作为修正各单元权值的依据。

（3）这个信号的正向传播与误差的反向传播的各层权值调整过程，是周而复始地进行的。权值不断调整的过程，也就是神经网络的学习训练过程，此过程一直进行到神经网络输出的误差减小到可接受的程度或进行到预先设定的学习次数为止。

13.4.1　代价函数:参数优化的依据

神经网络算法模型中不同的参数值对应的是不同的具体算法模型，通过比较预测值和真实值就可以知道某个参数值确定的算法模型是否靠谱。接下来的关键是，怎样改进不靠谱的算法模型，或者说怎样优化参数，从而使得算法模型越来越靠谱。

假设你输入的是手写数字"9"，计算机预测的结果却是数字"8"，这肯定不能让人满意。所以，你要告诉计算机"我很不满意"，转换为数学语言就是你要定义一个代价函数来告诉计算机自己不满意。

神经网络中代价函数的一个典型形式就是，输出的预测值与真实值差的平方和，即 $\sum($真实值$_i-$预测值$_i)^2$。当神经网络对图像分类正确时，代价函数的数值就小；当神经网络对图像分类错误时，代价函数的数值就大。每一个训练样本都会得到一个代价函数值，如果有成千上万个训练样本，代价函数值的平均值就可以作为评估该神经网络算法模型参数优化的依据。代价函数介绍如图 13-13 所示。

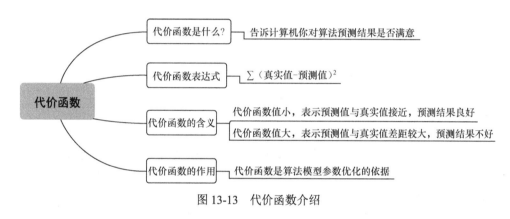

图 13-13　代价函数介绍

13.4.2　梯度下降法：求解代价函数最小值

神经网络算法模型是由成千上万个神经元之间的权重和偏置来确定的，所以要得到某个确定的神经网络算法模型本质上就是确定合适的权重和偏置。这些"合适"的权重和偏置就是使代价函数取得最小的参数值。那么，具体究竟如何通过代价函数最小化来求解并找到"合适"的参数值呢？这个过程就需要用到梯度下降法。

梯度下降本质上就是寻找某个函数的最小值，只是这个函数是代价函数而已。梯度下降法不仅是神经网络的学习基础，也是机器学习中很多其他技术的重要依托。识别手写数字的任务中，梯度下降法的工作过程主要如下。

（1）首先，随机给定一系列的权重值与偏置值。当然，这样最后的识别效果一般来说都会很糟糕。

（2）接下来，算法需要不断改进。改进的方向就是使代价函数的数值不断减小；代价函数是输出层神经元激活值的表达式，如 $\sum$（真实值$_i$ - 预测值$_i$）^{2}。

（3）代价函数越小，就表示输出层神经元激活值的真实值与预测值的差距越小，手写数字识别效果较好。

（4）梯度下降就是随机设定参数的初始值，然后沿着负梯度方向进行迭代（可调节步长或迭代次数改进梯度下降效率），直到达到代价函数的最小值。

如果步长和斜率成比例，那么在代价函数的极小值点附近函数图像的斜率会变得平缓，步长也会变小，从而保证函数迭代到极值点附近会稳定下来而不至于跑过头或者来回振荡。总的来说，梯度下降的过程是，首先计算代价函数或目标函数的梯度，然后沿着负梯度方向进行迭代，最后如此循环直至到达极值点。

让我们再次梳理一下整个思路。

（1）我们希望得到一个可以识别手写数字的良好的神经网络算法模型，不同的参数值（权重值和偏置值）会得到不同的神经网络算法模型，确定或者找到这个"性能良好"的神经网络算法模型本质上就是要确定这些参数值。

（2）如何确定这些数量众多的"合适"的参数值，如神经元激活值表达式 $\sigma(w_1 a_1 + w_2 a_2 + \cdots + w_n a_n + b)$ 中的 w 和 b 呢？

（3）参数值"合适"的标准就是使代价函数取得最小值。因为代价函数如 $\sum$（真实值$_i$ - 预测值$_i$）^{2} 表达了输出层神经元结果的真实值与预测值之间的差异程度，代价函数值最小也就说明这种差异最小，预测效果最好。

（4）寻找使得代价函数达到最小值的一系列参数值的过程需要使用梯度下降法。

（5）梯度下降法就是使代价函数沿着它的负梯度方向进行迭代，直到达到最小值。梯度下降过程描述如图 13-14 所示。

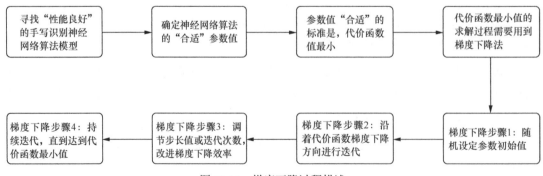

图 13-14　梯度下降过程描述

上面的过程需要对真实值与预测值进行比较，这些数据可以来自 MNIST 数据集。MNIST 数据集收集了数以万计的各种手写数字图像并进行了标注，供参数训练时使用。

实践中，如果每计算一次梯度就把所有样本数据"跑一遍"的话，那么花费的时间就显得过长了。更一般的做法是，首先将训练样本打乱顺序并划分为许多小组，每个小组都包含若干数量的训练样本。然后，使用某个小组数据来计算一次梯度。虽然这样计算出来的梯度并不是真正的梯度（毕竟真正的梯度需要所有的样本数据而非其中的某个小组数据），但是计算量大大降低了，并且计算结果也"够用"了。换句话说，我们使用这些小组样本数据计算出来的每一步的梯度值虽然不是真实值，但是也足够接近真实值，并且由于降低了计算量，从而提高了计算速度，综合起来反而可以更快得到代价函数最小值。这种梯度下降法就是随机梯度下降法。

13.5 反向传播算法的本质与推导过程

13.5.1 反向传播算法：神经网络的训练算法

反向传播（Back Propagation，BP）算法是一种重要的神经网络训练算法，它的一些算法思想可以追溯到 20 世纪 60 年代的控制理论。反向传播算法其实和大部分有监督学习算法如线性回归、逻辑回归等求解思路相似，都是通过梯度下降法来逐渐调节参数进而训练模型的，其名称中"反向"的含义主要是指误差的反向传播。

1. 反向传播算法有什么用

众多机器学习算法在求解参数过程中都会使用到梯度下降法，神经网络算法也不例外。神经网络中主要使用梯度下降法来进行权重和偏置的学习与改进，从而使代价函数取得极小值。但随着参数规模越来越大，梯度的求解本身就是一件让人头痛的事情。如何能够快速求解出复杂函数的梯度，从而加快梯度下降过程呢？这就需要用到反向传播算法。

反向传播算法可以看成梯度下降法在神经网络中的变形版本，它的原理主要是利用链式法则通过递归的方式求解微分，从而简化对神经网络梯度下降优化参数时的计算。在输入数据固定的情况下，反向传播算法利用神经网络的输出敏感度来快速计算神经网络中的各种超参数，从而大大减少训练所需时间。

2. 反向传播算法是什么

反向传播算法是神经网络算法的核心所在。反向传播算法的核心理念就是把下一层神经元对于上一层神经元的所有期待汇总，从而指导上一层神经元改变。

假设神经网络还没有被训练好，这个时候输出层神经元的激活值看起来比较随机，与我们期望的正确结果相差较大。我们当然希望对此做出改变，但是我们并不能直接改变神经元的激活值，我们能够改变的只是权重和偏置，如图 13-15 所示。

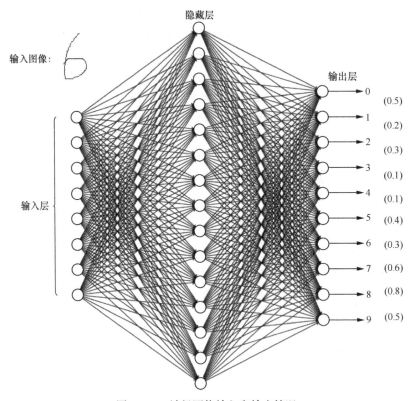

图 13-15 神经网络输入和输出情况

当输入层的手写数字是"6"时，我们期望输出层神经元的理想状态是，代表数字"6"的神经元激活值为 1，其他数字的神经元激活值为 0。现实的情况却不令人满意，目前输出层代表数字"6"的激活值只有 0.3，其他神经元的激活值也与期望的状态相差较大。

如何提升输出层中代表数字"6"的神经元激活值呢？从前文讲述的内容可以知道，该神经元激活值由上一层神经元激活值的加权表达式决定，即 $0.3=\sigma(w_1a_1+w_2a_2+\cdots+w_na_n+b)$。因此，提升激活值可以采用的方法为改变权重 w_i 和偏置 b、改变上层神经元激活值 a_i。

（1）改变权重 w_i 和偏置 b。

权重表示了上一层对应神经元对目标神经元影响程度的不同，一般来说上一层激活值越大的神经元对目标神经元的影响也越大，对应的权重也越大。所以增大上一层神经元中激活值更大的神经元的权重比增大上一层神经元中激活值更小的神经元的权重，对最后目标神经元激活值的提升效果更为明显。同样，改变偏置 b 也可以改变神经元的输出情况，从而改变目标神经元激活值。

（2）改变上层神经元激活值 a_i。

根据目标神经元激活值表达式 $0.3=\sigma(w_1a_1+w_2a_2+\cdots+w_na_n+b)$，如果我们将权重为正数的神经元激活值增大，同时将权重为负数的神经元激活值减小，那么目标神经元激活值就会增大。不过，我们并不能改变上一层神经元激活值，我们能够改变的只是权重和偏置。

因此，假设输入手写数字是"6"，我们期望良好的神经网络输出结果是，输出层中代表数字"6"的神经元激活值为1，其他数字的神经元激活值为0。为了使输出层中代表数字"6"的神经元激活值为1，我们可以调整上一层神经元的权重和偏置，例如增大上一层神经元 a_1 和 a_2 的权重 w_1 和 w_2。同样为了使代表其他数字如"9"的神经元激活值为0，我们也可以减小上一层神经元 a_1 和 a_2 的权重 w_1 和 w_2。上一层神经元权重和偏置的变化情况会综合考虑输出层各神经元的"要求"。这就是反向传播算法的核心思想，通过调整上一层各神经元的权重和偏置来实现下一层各神经元激活值的"期待"，重复这个过程到神经网络的所有层。

截至目前，神经网络中权重和偏置的调整只考虑到一个手写数字"6"的要求，要得到应用范围广泛的神经网络，还需要考虑其他训练样本的情况。也就是说，我们需要对所有的训练样本都进行一遍上述反向传播算法的过程，最后得到权重和偏置变化"需求"的均值作为最终变化值。这些权重和偏置的变化值就是代价函数梯度的相反数或者某个倍数。

13.5.2　寻根究底：搞懂反向传播算法的数学原理

为了方便读者理解反向传播算法的数学原理，我们以最简单的神经网络为例进行讲解，即神经网络的每层只有一个神经元的情况，如图 13-16 所示。

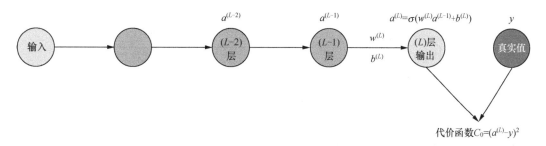

图 13-16　神经元激活值关系

图 13-16 是包含输入层、输出层及 3 个隐藏层的神经网络，其代价函数 C（w^1，b^1，w^2，b^2，w^3，b^3，w^4，b^4）的最终结果由 4 个权重系数（w^1，w^2，w^3，w^4）和 4 个偏置（b^1，b^2，b^3，b^4）

所决定。理解反向传播算法的数学原理的关键，就是理解各个参数变量对代价函数的影响程度，或者说代价函数对这些参数变量的敏感程度。一旦理解了这个关键，我们就知道如何调整参数才能使代价函数下降最快。

1. 代价函数如何表达

我们首先来看一下这个简单神经网络的代价函数如何表达。假设神经网络共计 L 层，则可以给最后一个神经元的激活值一个上标 L 来表示它处在神经网络的 L 层，如 $a^{(L)}$，于是上一层神经元就可以表示为 $a^{(L-1)}$。

该神经网络输出层神经元激活值 $a^{(L)}$ 可以由它的上一层神经元激活值、权重和偏置参数表达为 $a^{(L)}=\sigma(w^{(L)}a^{(L-1)}+b^{(L)})$，其中 σ 是将函数值压缩为 $0 \sim 1$ 的某个函数，如 sigmoid 函数。简单起见，可以将 $w^{(L)}a^{(L-1)}+b^{(L)}$ 部分记作 $z^{(L)}$。

假设给定一个真实值为 y 的训练样本，那么对这个训练样本来说，该神经网络的代价函数就是 $C_0=(a^{(L)}-y)^2$。上述过程总结如下。

第一，通过前一个神经元激活值、权重和偏置得到后一个神经元的 z 值，即 $z^{(L)}=w^{(L)}a^{(L-1)}+b^{(L)}$。

第二，z 值通过压缩函数作用得到后一个神经元的激活值 $a^{(L)}=\sigma(z)$。

第三，通过比较预测值 $a^{(L)}$ 与真实值 y 之前的差距，就可以得到代价函数值，即 $C_0=(a^{(L)}-y)^2$。

代价函数表达式如图 13-17 所示。

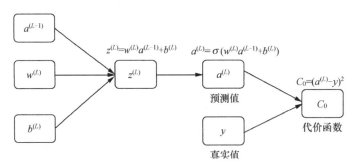

图 13-17 代价函数表达式

2. 代价函数偏导链式传递规律

我们首先考察一下代价函数对权重的敏感程度。理解代价函数对权重变化的敏感程度，也就是理解权重 $w^{(L)}$ 的单位变化量 $\Delta w^{(L)}$ 会导致最后的代价函数的变化量 ΔC_0 是多少，这个敏感程度可以用代价函数对权重的偏导数 $\dfrac{\partial C_0}{\partial w^{(L)}}$ 来刻画。那么权重的微小变化量 $\Delta w^{(L)}$ 是如何影响代价函数变化的呢？具体如图 13-18 所示。

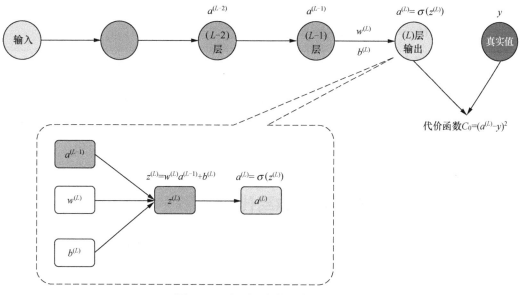

图 13-18　权重对代价函数的影响

首先，权重变化量 $\Delta w^{(L)}$ 会影响 z 值变化，由等式 $z^{(L)}=w^{(L)}a^{(L-1)}+b^{(L)}$ 可知，这种变化敏感程度可以用 $\dfrac{\partial z^{(L)}}{\partial w^{(L)}}=a^{(L-1)}$ 来表示。

其次，z 值变化会引起输出层神经元激活值 $a^{(L)}$ 变化，由等式 $a^{(L)}=\sigma(z^{(L)})$ 可知，这种变化敏感程度可以用 $\dfrac{\partial a^{(L)}}{\partial z^{(L)}}=\sigma(z^{(L)})$ 来表示。

最后，输出层神经元激活值的变化会引起代价函数值变化，由等式 $C_0=(a^{(L)}-y)^2$ 可知，这种变化敏感程度可以用 $\dfrac{\partial C_0}{\partial a^{(L)}}=2(a^{(L)}-y)$ 来表示。

这种权重值微小变化带来最终代价函数值微小变化的现象呈现"链式传递"的特点，因此可以得到：

$$\frac{\partial C_0}{\partial w^{(L)}}=\frac{\partial C_0}{\partial a^{(L)}}\times\frac{\partial a^{(L)}}{\partial z^{(L)}}\times\frac{\partial z^{(L)}}{\partial w^{(L)}}=2(a^{(L)}-y)\times\sigma'(z^{(L)})\times a^{(L-1)}$$

上述代价函数对权重的偏导数只是一个训练样本的结果。由于总代价函数是 n 个训练样本代价函数的均值，因此总代价函数对权重的偏导数为 $\dfrac{\partial C}{\partial w^{(L)}}=\dfrac{1}{n}\sum\limits_{i=0}^{n-1}\dfrac{\partial C_1}{\partial w^{(L)}}$。

梯度向量由代价函数对每一个权重和每一个偏置求偏导所构成。虽然上述结果只是梯度向量的一个分量，但实际上代价函数对其他参数（如偏置）求偏导的过程跟上述过程类似，这里不赘述。

这种最简单的神经网络反向传播的数学原理对复杂的神经网络同样适用，其他复杂神经网络不过是上述过程的一个稍微复杂的版本而已，其数学原理的本质是相同的。

虽然神经网络算法强大，应用广泛，但是它有个比较明显的不足就是可解释性较差。神经网络由多层神经元组成，而每层又由多个神经元所构成，每个神经元由不同的激活规则所控制，这使得输入、输出之间的关联关系变得异常复杂。换句话说，虽然我们可以通过神经网络模型很好地进行预测，但是哪些因素在预测中起着什么样的作用我们不太明白。神经网络这种"黑盒"的特性使得该算法的可解释性较差。

13.6　编程实践：手把手教你写代码

本节将以反向传播算法的应用过程为示例，详细讲解算法的代码实现环节和相关内容，包括背景任务介绍、代码展示与代码详解 3 个部分。

13.6.1　通过代码深入理解反向传播算法

反向传播算法是一种基本的神经网络算法，也是相对简单的一类算法。为了更加深入理解反向传播算法的本质，下面我们将尝试用代码来实现反向传播算法过程。

1. 背景任务介绍：反向传播算法实现过程展示

简便起见，该神经网络只有一个神经元，且有 3 个输入和 1 个输出。

2. 代码展示：手把手教你写

```
>>>from numpy import exp, array, random, dot
>>>class NeuralNetwork():
    >>>#使用__init__(self) 初始化
    >>>def __init__(self):
    >>>  # 设置随机数发生器种子，保证每次结果相同，数值范围是[0,1]
       >>>random.seed(0)
       >>>#表达式的数值范围为2*[0,1]-1，即[-1,1]
       >>>self.synaptic_weights = 2 * random.random((3, 1)) - 1
    >>># 定义sigmoid函数
    >>># 用sigmoid函数对输入的加权和进行压缩，使其数值范围为0~1
    >>>def sigmoid(self, x):
       >>>return 1 / (1 + exp(-x))
```

```
>>># 定义sigmoid曲线的梯度
>>>def sigmoid_derivative(self, x):
    >>>return x * (1 - x)


>>># 定义输入函数，将输入值传给神经网络
>>>def shuru(self, inputs):
    >>>return self.sigmoid(dot(inputs, self.synaptic_weights))


>>># 神经网络数据训练
>>>def train(self, inputs, outputs, iterations):
    >>>for iteration in range(iterations):
        >>> # 将训练集导入神经网络
        >>> output = self.shuru(inputs)
        >>># 计算输出的预测值与真实值的差距
        >>>error = outputs - output
        >>>change = dot(inputs.T, error * self.sigmoid_derivative(output))
        >>># 调整权重
        >>>self.synaptic_weights += change


>>>if __name__ == "__main__":
    >>> # 对神经网络进行初始化操作
    >>>neural_network = NeuralNetwork()
    >>>print("随机设定的初始权重为：")
    >>>print(neural_network.synaptic_weights)
    >>># 输入训练样本数据
    >>>inputs = array([[0, 0, 1], [1, 1, 1], [1, 0, 1], [0, 1, 1]])
    >>>outputs = array([[0, 1, 1, 0]]).T
    >>># 用训练集数据对神经网络进行训练，训练20000次
    >>>neural_network.train(inputs,outputs, 20000)
    >>>print("样本训练后的权重为：")
    >>>print(neural_network.synaptic_weights)
    >>># 用新数据测试神经网络
    >>>print("新输入值 [1, 0, 0]的输出值为多少?: ")
    >>>print(neural_network.shuru(array([1, 0, 0])))
```

3. 代码详解：一步一步讲解清楚

（1）初始化操作。对单个神经元进行建模，该神经元含有 3 个输入和 1 个输出。通过设置随机数发生器种子，保证每次结果相同，并通过 random.random((3,1)) 生成一个 3×1 的 numpy.ndarray 数组，每个元素取值范围为 [0,1]，则可知表达式 2* random.random((3,1)) − 1 的取值范围为 [−1 , 1]。

```
>>>from numpy import exp, array, random, dot
>>>class NeuralNetwork():
    >>>#使用__init__(self) 初始化
```

```
>>>def __init__(self):
    >>>  # 设置随机数发生器种子，保证每次结果相同，数值范围是[0,1]
    >>>random.seed(0)
    >>>#表达式的数值范围为2*[0,1]-1，即[-1,1]
    >>>self.synaptic_weights = 2 * random.random((3, 1)) - 1
```

（2）定义 sigmoid 函数及其梯度。sigmoid 函数自变量 x 的取值范围为 $(-\infty, +\infty)$，函数值 y 的取值范围为 $(0,1)$。

```
>>># 定义sigmoid函数
>>># 用sigmoid函数对输入的加权和进行压缩，使其数值范围为0~1
    >>>def sigmoid(self, x):
        >>>return 1 / (1 + exp(-x))
    >>># 定义sigmoid曲线的梯度
    >>>def sigmoid_derivative(self, x):
        >>>return x * (1 - x)
```

（3）输入函数。输入函数将输入值传递给神经网络的输入层，并根据神经网络权重参数进行计算。dot 表示点乘，点乘的对象一个是 inputs（1×3 的数组），另一个是 self.synaptic_weights（3×1 的数组）。根据矩阵点乘的规则，两者点乘的结果为 1×1 矩阵，即 output 为一个数字。

```
>>># 定义输入函数，将输入值传给神经网络
    >>>def shuru(self, inputs):
        >>>return self.sigmoid(dot(inputs, self.synaptic_weights))
```

（4）数据训练函数。初始时刻程序随机生成权重数值，并通过迭代不断计算输出的预测值与真实值的差距。

```
>>># 神经网络数据训练
>>>def train(self, inputs, outputs, iterations):
    >>>for iteration in range(iterations):
        >>># 将训练集导入神经网络
        >>>output = self.shuru(inputs)
        >>>  # 计算输出的预测值与真实值的差距
        >>>error = outputs - output
        >>>change = dot(inputs.T, error * self.sigmoid_derivative(output))
        >>># 调整权重
        >>>self.synaptic_weights += change
```

（5）执行程序。输入样本数据，调用函数并迭代计算出最终结果。

```
>>>if __name__ == "__main__":
    >>># 对神经网络进行初始化操作
    >>>neural_network = NeuralNetwork()
    >>>print("随机设定的初始权重为：")
    >>>print(neural_network.synaptic_weights)
```

```
>>># 输入训练样本数据
>>>inputs = array([[0, 0, 1], [1, 1, 1], [1, 0, 1], [0, 1, 1]])
>>>outputs = array([[0, 1, 1, 0]]).T
>>># 用训练集数据对神经网络进行训练，训练20000次
>>>neural_network.train(inputs,outputs, 20000)
>>>print("样本训练后的权重为： ")
>>>print(neural_network.synaptic_weights)
>>># 用新数据测试神经网络
>>>print("新输入值 [1, 0, 0]的输出值为多少？ ")
>>>print(neural_network.shuru(array([1, 0, 0])))
```

上述代码的运行结果如下。

（1）随机设定的初始权重为： [[0.09762701] [0.43037873] [0.20552675]]。
（2）样本训练后的权重为： [[10.38031068] [-0.20662065] [-4.98434769]]。
（3）新输入值 [1, 0, 0]的输出值为多少？ [0.99996896]。

这样，我们就对反向传播算法的应用过程进行了简单实现，有利于我们深入理解算法的本质与实现过程，从而对神经网络有更加深入的了解。

13.6.2 一个简单的神经网络分类算法实践

1. 背景任务介绍：利用神经网络算法分类

为了数据获取的便捷性，这里采用经典的鸢尾花数据集来展示神经网络算法的调用和运行过程。

这里采用 sklearn.datasets 中自带的手写体数字加载器 load_digits 数据，数据情况如下：该数据集有 1 797 个样本，每个样本包括 8 像素 ×8 像素的图像和一个 [0, 9] 的整数的标签。我们的任务就是通过神经网络算法对该数据集进行训练学习并评估模型预测性能。

2. 代码展示：手把手教你写

```
>>>#从sklearn.datasets中导入手写体数字加载器
>>>from sklearn.datasets import load_digits
>>>#获取手写体数字的数码图像并存储在变量digits中
>>>digits=load_digits()
>>>x=digits.data
>>>y=digits.target
>>>#导入数据分割模块
>>>from sklearn.model_selection import train_test_split
>>>#将数据分割为训练集和测试集
>>>x_train, x_test, y_train, y_test = train_test_split(x, y, test_size=0.25,random_state=33)
>>>#导入数据标准化模块
```

```
>>>from sklearn.preprocessing import StandardScaler
>>>#对特征数据进行标准化操作
>>>ss=StandardScaler()
>>>x_train=ss.fit_transform(x_train)
>>>x_test=ss.transform(x_test)
>>>#使用MLPClassifier类调用神经网络分类算法
>>>from sklearn.neural_network import MLPClassifier
>>>#初始化神经网络分类器
>>>mclf=MLPClassifier()
>>>#进行模型训练
>>>mclf.fit(x_train,y_train)
>>>#进行预测
>>>y_predict=mclf.predict(x_test)
>>>#使用模型自带的评估函数进行准确率评估
>>>print('准确率为：',mclf.score(x_test,y_test))
>>>#使用sklearn.metrics中的classification_report模块对预测结果进行详细评估
>>>from sklearn.metrics import classification_report
>>>print(classification_report(y_test,y_predict,target_names=digits.target_names.astype(str)))
```

3. 代码详解：一步一步讲解清楚

一个典型的机器学习过程包括准备数据、选择算法、调参优化、性能评估，下面我们分别论述。

（1）准备数据。

准备数据的内容包括数据获取、特征变量与目标变量选取、数据分割以及数据标准化，代码如下所示。

```
>>>#从sklearn.datasets中导入手写体数字加载器
>>>from sklearn.datasets import load_digits
>>>#获取手写体数字的数码图像并存储在变量digits中
>>>digits=load_digits()
>>>x=digits.data
>>>y=digits.target
>>>#导入数据分割模块
>>>from sklearn.model_selection import train_test_split
>>>#将数据分割为训练集和测试集
>>>x_train, x_test, y_train, y_test = train_test_split(x, y, test_size=0.25,random_state=33)
>>>#导入数据标准化模块
>>>from sklearn.preprocessing import StandardScaler
>>>#对特征数据进行标准化操作
>>>ss=StandardScaler()
>>>x_train=ss.fit_transform(x_train)
>>>x_test=ss.transform(x_test)
```

（2）选择算法。

此处使用 MLP 算法来进行分类学习。

```
>>>from sklearn.neural_network import MLPClassifier
>>>#初始化神经网络分类器
>>>mclf=MLPClassifier()
```

（3）调参优化。

此处使用 MLPClassifier() 的默认配置来进行模型训练。

```
>>>#进行模型训练
>>>mclf.fit(x_train,y_train)
>>>#进行预测
>>>y_predict=mclf.predict(x_test)
```

（4）性能评估。

首先，可以使用模型自带的评估函数进行准确率评估。其次，还可以使用 sklearn.metrics 中的 classification_report 模块对预测结果进行详细评估。

```
>>>#使用模型自带的评估函数进行准确率评估
>>>print('准确率为：',mclf.score(x_test,y_test))
>>>#使用sklearn.metrics中的classification_report模块对预测结果进行详细评估
>>>from sklearn.metrics import classification_report
>>>print(classification_report(y_test,y_predict,target_names=digits.target_names.astype(str)))
```

代码运行结果如图 13-19 所示，可以发现使用神经网络算法进行手写体数字识别的准确率约为 0.98。这些手写体数字中，数字 0 的查准率和查全率都是 1，具有最好的分类效果。同时，其他各个数字也都具有较为不错的分类效果。

```
准确率为：  0.977777777778
             precision    recall  f1-score   support

          0       1.00      1.00      1.00        55
          1       0.98      0.98      0.98        47
          2       1.00      0.98      0.99        46
          3       0.96      0.98      0.97        48
          4       1.00      0.96      0.98        55
          5       1.00      0.95      0.97        41
          6       1.00      0.94      0.97        36
          7       0.98      1.00      0.99        49
          8       0.91      1.00      0.95        40
          9       0.94      0.97      0.96        33

avg / total       0.98      0.98      0.98       450
```

图 13-19 代码运行结果

第14章

综合实践：模型优化的经验技巧

前文使用的数据都是规范化处理后的数据，并且模型也都采用默认的初始化配置，但这显然跟现实情况有所区别。首先，现实中的数据并非都是规范化处理后的数据，或者说不能保证用于训练模型的数据特征都是最合适的；其次，采用默认初始化配置的模型并不总是最佳的；最后，上述原因将导致学习得到的参数未必是最佳的参数。正因为这样，实践中往往会从数据预处理和模型配置优化两个方面来提升模型性能。本章将重点讲解实践过程中模型优化的方法和技巧，并通过一个案例的对比来予以演示。

14.1 经验技巧一：特征处理

业界广泛流传着这样一句话："数据决定了机器学习的上限，而算法只是尽可能逼近这个上限。"只要数据量足够、数据特征维度足够丰富，即便使用简单的算法也可以达到非常好的效果，实践中算法工程师 70% 以上的时间都花费在了数据预处理上。早期机器学习的算法模型种类较少且计算性能有限，因此数据科学家主要将精力放在了数据特征处理上，希望通过数据特征提取或特征选择来实现提升模型性能的目的。

14.1.1 特征提取：文本数据预处理

原始数据类型多种多样，有些数据类型可以被计算机识别并处理，而有些数据类型则不能，如文本数据。数据预处理过程中将文本数据等非数值性数据转化为计算机可以识别的特征向量的过程，称为特征提取。特征提取在自然语言处理方面应用较多，根据数据特征的结构化程度不同可以选用不同的工具包。如果数据特征已经相对结构化且以字典的数据结构进行存储，那么可以采用 DictVectorizer 来对数据特征进行提取和向量化。

如果文本数据更为原始且没有特殊的数据结构进行存储，则可以采用 CountVectorizer 或者

TfidfVectorizer 来进行特征数值计算等处理工作。在将文本数据转化成特征向量的过程中，比较常用的文本特征表示法为词袋法。词袋法不考虑词汇出现的顺序，将每个词汇单独作为一列特征，这些不重复的特征词汇集合就构成了词汇表。词袋法主要通过调用两个应用程序接口（Application Programming Interface，API）来对文本进行处理，分别是 CountVectorizer 和 TfidfVectorizer。其中，CountVectorizer 只考虑词汇在文本中出现的频率；TfidfVectorizer 除了考量某词汇在文本中出现的频率，还会关注包含该词汇的所有文本的数量。一般来说，文本数量越多，TfidfVectorizer 的效果相对 CountVectorizer 会越好。

1. DictVectorizer

DictVectorizer 的处理对象是符号化（非数字化）的、具有一定结构的特征数据，如字典等。通过 DictVectorizer 可以将符号转成数字 0/1 表示。下面将通过例子来展示如何使用 DictVectorizer 对使用字典存储的数据进行特征抽取和向量化。

```
>>>#定义一组字典列表，用来表示多个数据样本，其中每个字典表示一个数据样本
>>>samples = [{'name':'李大龙','age':33},{'name':'张小小','age':32},{'name':'大牛','age':40}]
>>>#从sklearn.feature_extraction中导入DictVectorizer
>>>from sklearn.feature_extraction import DictVectorizer
>>>vec = DictVectorizer()
>>>#输出转化之后的特征矩阵内容
>>>print(vec.fit_transform(samples).toarray())
>>>#输出各个维度的特征含义
>>>print(vec.get_feature_names())
```

代码运行结果如图 14-1 所示。

```
[[33.  0.  0.  1.]
 [32.  0.  1.  0.]
 [40.  1.  0.  0.]]
['age', 'name=大牛', 'name=张小小', 'name=李大龙']
```

图 14-1 代码运行结果

在上面的例子中，数据特征既包含数字化特征如"age"，也包含非数字化特征如"name"。不难发现，DictVectorizer 对非数字化特征"name"的处理方式是，结合原特征名称"name"和特征值如"李大龙"组合成新的特征"name=李大龙"，并且通过采用 0/1 的方式对特征进行向量化表示。因此，第一个样本 {'name':'李大龙','age':33} 通过 DictVectorizer 处理后的结果就是 [33 0 0 1]。

2. CountVectorizer

CountVectorizer 是一种常见的文本特征提取方法。对于每一个训练文本，它只考虑词汇在

该训练文本中出现的频率，并将文本中的词语转换为词频矩阵，通过 fit_transform 函数计算各个词语出现的次数。下面将通过例子来展示如何使用 CountVectorizer 对原始文本数据进行特征抽取和向量化。

```
>>>from sklearn.feature_extraction.text import CountVectorizer
>>>#创建语料库"Dalong is good at playing basketball.", "Dalong likes playing football.
Dalong  also likes music."
>>>corpus = ["Dalong is good at playing basketball.","Dalong likes playing football.
Dalong also likes music."]
>>>#创建词袋数据结构，按照默认配置
>>>vectorizer = CountVectorizer()
>>>#拟合模型，并返回文本矩阵
>>>features = vectorizer.fit_transform(corpus)
>>>#以列表的形式，展示所有文本的词汇
>>>print("文本词汇列表：\n",vectorizer.get_feature_names())
>>>#词汇表是字典类型，其中key表示词语，value表示对应的词典序号
>>>print("词汇表中key表示词语，value表示对应的词典序号:\n",vectorizer.vocabulary_)
>>>#文本矩阵，显示第i个字符串中对应词典序号为j的词汇的词频
>>>print("第i个字符串中对应词典序号为j的词汇的词频:\n",features)
>>>#.toarray() 用于将结果转化为稀疏矩阵形式，展示各个字符串中对应词典序号的词汇的词频
>>>print("字符串中对应词典序号的词汇的词频:\n",features.toarray())
>>>#统计每个词汇在所有文档中的词频
>>>print("每个词汇在所有文档中的词频:\n",features.toarray().sum(axis=0))
```

代码运行结果如图 14-2 所示。

```
文本词汇列表：
 ['also', 'at', 'basketball', 'dalong', 'football', 'good', 'is', 'likes', 'music', 'playing']
词汇表中key表示词语，value表示对应的词典序号：
 {'dalong': 3, 'is': 6, 'good': 5, 'at': 1, 'playing': 9, 'basketball': 2, 'likes': 7, 'football': 4, 'also': 0, 'music': 8}
第i个字符串中对应词典序号为j的词汇的词频：
  (0, 3)        1
  (0, 6)        1
  (0, 5)        1
  (0, 1)        1
  (0, 9)        1
  (0, 2)        1
  (1, 3)        2
  (1, 9)        1
  (1, 7)        2
  (1, 4)        1
  (1, 0)        1
  (1, 8)        1
字符串中对应词典序号的词汇的词频：
 [[0 1 1 1 0 1 1 0 0 1]
 [1 0 0 2 1 0 0 2 1 1]]
每个词汇在所有文档中的词频：
 [1 1 1 3 1 1 1 2 1 2]
```

图 14-2　代码运行结果

可以知道，语料库中有两个字符串分别是 "Dalong is good at playing basketball." 和 "Dalong likes playing football.Dalong also likes music."。通过 CountVectorizer 处理后提取出 10 个词汇为 ['also', 'at', 'basketball', 'dalong', 'football', 'good', 'is', 'likes', 'music', 'playing']。进一步给这些词

汇分配对应的词典序号得到 {'dalong': 3, 'is': 6, 'good': 5, 'at': 1, 'playing': 9, 'basketball': 2, 'likes': 7, 'football': 4, 'also': 0, 'music': 8}。最后，我们可以得到每个词汇在整个语料库中的词频情况为 [1 1 1 3 1 1 1 2 1 2]，例如第 1 个词汇 also 出现的词频为 1，第 4 个词汇 dalong 出现的词频为 3，等等。

3. TfidfVectorizer

TfidfVectorizer 除了考量某词汇在文本中出现的频率，还会关注包含该词汇的所有文本的数量。如果某个词汇在一篇文章或文本中出现的频率高，并且在其他文章中很少出现，则认为此词汇具有很好的类别区分能力，适合用来分类。一般来说，训练文本数量较多的时候，TfidfVectorizer 比 CountVectorizer 具有更好的文本特征提取性能。下面将通过例子来展示如何使用 TfidfVectorizer 对原始文本数据进行特征抽取和向量化。

```
>>>from sklearn.feature_extraction.text import TfidfVectorizer
>>>#创建语料库"Dalong  is good at playing basketball.", "Dalong  is good at being a teacher."
>>>corpus = ["Dalong  is  good at playing basketball.","Dalong  likes playing football.
Dalong also likes music."]
>>>#创建词袋数据结构，按照默认配置
>>>vectorizer =TfidfVectorizer()
>>>#拟合模型，并返回文本矩阵
>>>features = vectorizer.fit_transform(corpus)
>>>#以列表的形式，展示所有文本的词汇
>>>print("文本词汇列表：\n",vectorizer.get_feature_names())
>>>#词汇表是字典类型，其中key表示词汇，value表示对应的词典序号
>>>print("词汇表中key表示词汇，value表示对应的词典序号:\n",vectorizer.vocabulary_)
>>>#文本矩阵，显示第i个字符串中对应词典序号为j的词汇的TF-IDF值
print("第i个字符串中对应词典序号为j的词汇的TF-IDF值:\n",features)
```

代码运行结果如图 14-3 所示。

```
文本词汇列表：
 ['also', 'at', 'basketball', 'dalong', 'football', 'good', 'is', 'likes', 'music', 'playing']
词汇表中key表示词语，value表示对应的词典序号：
 {'dalong': 3, 'is': 6, 'good': 5, 'at': 1, 'playing': 9, 'basketball': 2, 'likes': 7, 'football': 4, 'also': 0, 'music': 8}
第i个字符串中对应词典序号为j的词汇的TF-IDF值:
  (0, 2)    0.4466561618018052
  (0, 9)    0.31779953783628945
  (0, 1)    0.4466561618018052
  (0, 5)    0.4466561618018052
  (0, 6)    0.4466561618018052
  (0, 3)    0.31779953783628945
  (1, 8)    0.3239110443766146
  (1, 0)    0.3239110443766146
  (1, 4)    0.3239110443766146
  (1, 7)    0.6478220887532292
  (1, 9)    0.23046537584459653
  (1, 3)    0.46093075168919306
```

图 14-3　代码运行结果

可以知道，语料库中有两个字符串分别是 "Dalong is good at playing basketball." 和 "Dalong likes playing football.Dalong also likes music."。通过 CountVectorizer 处理后提取出 10 个词汇为 ['also', 'at', 'basketball', 'dalong', 'football', 'good', 'is', 'likes', 'music', 'playing']。进一步给这些词汇分配对应的词典序号得到 {'dalong': 3, 'is': 6, 'good': 5, 'at': 1, 'playing': 9, 'basketball': 2, 'likes': 7, 'football': 4, 'also': 0, 'music': 8}。同样，我们也可以得到某个文本（字符串）中某个词语的 TF-IDF 值。

14.1.2   特征选择：筛选特征组合

如果说特征提取是文本数据预处理的重要步骤，那么数据预处理中更为普遍的一种方法和技巧则是特征选样。工程实践中，数据集可能拥有海量的特征维度，有的特征携带的信息丰富，有的特征携带的信息较少，有的特征则属于无关特征，还有的特征之间携带的信息重复。如果所有特征不经筛选地全部作为训练数据特征，就可能引发维度灾难，甚至会降低模型性能。因此我们需要排除一部分无效或冗余的特征，挑选出有价值的特征维度来训练模型。在机器学习中从数据特征中寻找最佳的特征组合的过程，被称为特征选择。

不同的场景任务下，特征选择的方法也各不相同。sklearn 中提供了多种自动特征选择的方法和工具，如使用单一变量法进行特征选择、基于模型的特征选择和迭代式特征选择。下面只介绍 sklearn 中最简单的 SelectKBest：SelectKBest 只保留指定 k 个最高分的特征，从而实现从原始数据集特征维度中挑选出 k 个特征组合的目标。

第 5 章中使用 PCA 方法对鸢尾花数据集的特征维度进行了降维处理，这里我们同样采用鸢尾花数据集来对比展示特征筛选器的作用。虽然特征选择和 PCA 降维都是将原始数据特征维度减少，但两者本质上是有区别的：PCA 是通过选择主成分的方式对原始数据集的特征进行重新构建，我们常常无法解释重建之后的特征；而特征选择是从原始数据集的特征中挑选出对模型性能提升有较大影响的特征组合，不牵涉原始特征的修改。

进行特征选择代码演示前，我们再次介绍一下鸢尾花数据集的背景信息：鸢尾花数据集（iris 数据集）是一个经典数据集。该数据集共 150 条记录，可以将鸢尾花分为 3 类（iris-setosa、iris-versicolour、iris-virginica），每类各 50 条数据记录，每条记录都有 4 项特征：花萼长度、花萼宽度、花瓣长度、花瓣宽度。也就是说，原始的鸢尾花数据集的特征维度是 4 维。下面我们将采用最简单的特征筛选器 SelectKBest 来演示如何从鸢尾花的 4 个特征维度中选择最有价值的 k（例如 2 维）个特征。

```
>>>#从sklearn中导入自带的鸢尾花数据集
>>>from sklearn.datasets import load_iris
>>>#从sklearn中导入特征筛选器SelectKBest
>>>from sklearn.feature_selection import SelectKBest
>>>#导入chi2（卡方检验）
```

```
>>>from sklearn.feature_selection import chi2
>>>import pandas as pd
>>>iris = load_iris()
>>>x = pd.DataFrame(iris.data, columns=iris.feature_names)
>>>y = pd.DataFrame(iris.target)
>>>#初始化特征筛选器SelectKBest，指定k值为2，采用卡方检验chi2
>>>selector = SelectKBest(chi2, k=2)
>>>#使用特征筛选器SelectKBest处理数据
>>>selector.fit(x, y)
>>>x_new = selector.transform(x)
>>>#对比现实数据特征维度变化
>>>print('原始数据特征形态：',x.shape)
>>>print('特征选择后的新数据特征形态：',x_new.shape)
>>>#显示特征选择后的k个最有价值的特征名称
>>>print('筛选保留的特征为：',x.columns[selector.get_support(indices=True)])
```

代码运行结果如图 14-4 所示。

```
原始数据特征形态： (150, 4)
特征选择后的新数据特征形态： (150, 2)
筛选保留的特征为： Index(['petal length (cm)', 'petal width (cm)'], dtype='object')
```

图 14-4 代码运行结果

在上面的例子中，我们使用了经典的卡方检验来检验定性自变量与定性因变量的相关性。具体实现方法是用 feature_selection 库的 SelectKBest 类结合卡方检验来选择特征。代码运行结果返回了在指定 k 值（k=2）情况下的最优特征，具体为 ['petal length (cm)', 'petal width (cm)']。

当然，实践中还有很多其他的特征选择方法，在此不一一讲述，有兴趣的读者可以自行查阅相关文献。

14.2 经验技巧二：模型配置优化

提高模型性能，一方面可以从数据层面考虑采取数据预处理的方法，另一方面也可以从模型层面考虑采取模型配置优化的方法。常见的模型配置优化方法有交叉验证和超参数搜索。

14.2.1 模型配置优化方法：交叉验证

前文中，我们将数据集分割为训练集和测试集，其中训练集用于模型训练（寻找合适的参数），测试集用于测试模型（参数值已经确定）的性能。模型采用默认配置的情况下，很多时候模型性能并不如人意，一些初学者往往会使用测试集来反复调优模型与调整数据特征，这实际上是错误的行为。测试集不是用来调参的，而是用来最终评估算法模型的预测能力的。但是我们确实又需要一部分数据来验证模型性能，从而进行模型调优与特征调整，这其实就牵涉交叉验证和验证集。

如果给定的样本数据充足，模型选择与调优的一个简单方法就是随机将数据分为 3 个部分：训练集、验证集和测试集。其中，训练集用来训练模型，验证集用来进行模型调优，测试集用来对模型性能进行最终评估。交叉验证法的基本思想就是最大程度重复使用数据，保证相关数据都有被训练和验证的机会，从而最大可能地提高模型性能的可信度。

在 sklearn 中默认的交叉验证法是 K 折交叉验证法，它将数据集分为 K 个部分，每次选取其中 1 份作为验证集，其他 K-1 份作为训练集。例如 K=5 时，全部可用数据被随机分割为数量相等的 5 份，其中第 1 份子集数据用来验证模型的性能，其他 4 份子集数据用来训练模型。然后，选取第 2 份子集数据用来验证模型的性能，其他 4 份子集数据用来训练模型。以此类推，迭代地将 5 份子集数据都用来验证模型的性能，保证所有数据都有被训练和验证的机会，最大可能地保证模型性能评估的可信度。下面，我们还是用鸢尾花数据集来展示 K 折交叉验证法。

```
>>>#导入鸢尾花数据集
>>>from sklearn.datasets import load_iris
>>>iris=load_iris()
>>>x,y=iris.data,iris.target
>>>#导入交叉验证的工具
>>>from sklearn.model_selection import cross_val_score
>>>#导入用于分类的SVC分类器
>>>from sklearn.svm import SVC
>>>#初始化SVC，设置核函数为linear
>>>svc=SVC(kernel='linear')
>>>#使用交叉验证法对svc进行评分，这里设置k=5
>>>scores=cross_val_score(svc,x,y,cv=5)
>>>#显示交叉验证得分
>>>print('交叉验证得分：{}'.format(scores))
```

代码运行结果如图 14-5 所示。

交叉验证得分：[0.96666667 1.   0.96666667 0.96666667 1.   ]

图 14-5　代码运行结果

可以看到这里有 5 个评分结果，最终的模型性能评分可以取上述得分的均值。

```
#用得分均值作为最终得分
print('交叉验证得分：{}'.format(scores.mean()))
```

代码运行结果如图 14-6 所示。

取平均值作为交叉验证最终得分：0.9800000000000001

图 14-6　代码运行结果

14.2.2　模型配置优化方法：超参数搜索

实际上模型配置一般是指模型超参数的配置，如决策树算法中树的数量或树的深度以及学习率（多种模式）、K-means 聚类中的簇数等都是超参数。这里需要注意的是，模型参数与超参数是有区别的两个概念。参数是模型训练过程中学习到的一部分，比如线性回归模型中的回归系数就是模型参数。模型参数一旦确定，模型就确定下来了。而超参数不是由模型训练学习得到的，而是在开始学习过程之前人工设置的。简单来讲，参数是模型训练获得的，超参数是人工配置的。超参数可以看作参数的参数，每次改变超参数，模型都要重新训练来确定对应的参数。

为了提高模型性能，通常情况下机器学习过程中需要对超参数进行优化，给学习器选择一组最优超参数，从而提高学习的性能和效果。超参数选择过程中，如果采用人工试错的方式会非常浪费时间，为了提高效率一般采用类似超参数搜索的方法，常见的超参数搜索方法有网格搜索、随机搜索和启发式搜索。这里重点讲解网格搜索的方法。

网格搜索就是在所有候选的超参数组合空间中，通过循环遍历尝试每一种超参数组合，将每一种超参数组合代入学习函数中作为新的模型并比较这些模型的性能，模型性能表现最好的超参数就是最终的搜索结果。评估每种超参数组合的好坏需要评估指标，一般来说评估指标可以根据实际需要选择不同的指标，如 accuracy、f1-score、f-beta、percision、recall 等都可以作为评估指标。同时，为了避免初始数据的分割不同对结果的影响，往往采用交叉验证的方法来降低这种分割偶然性的影响，所以一般情况下网格搜索和交叉验证是结合使用的。网格搜索实现层面是调用 sklearn 中的网格搜索函数 GridSearchCV 来实现的。下面将以 sklearn 自带的乳腺癌数据集 load_breast_cancer 为例，对比展示决策树算法的默认配置和网格搜索两种方式的效果差异。

```
>>>#为了方便读者对比各算法差异，这里统一使用sklearn自带的乳腺癌数据集
>>>from sklearn.datasets import load_breast_cancer
>>>breast_cancer=load_breast_cancer()
>>>#分离出特征变量与目标变量
>>>x=breast_cancer.data
>>>y=breast_cancer.target
>>>#从sklearn.model_selection中导入数据分割器
>>>from sklearn.model_selection import train_test_split
>>>#使用数据分割器将样本数据分割为训练数据和测试数据，其中测试数据占比为30%。数据分割是为了获得训
```

练集和测试集。训练集用来训练模型，测试集用来评估模型性能

```
>>>x_train,x_test,y_train,y_test=train_test_split(x,y,random_state=33,test_size=0.3)
>>>#对数据进行标准化处理，使得每个特征维度的均值为0，方差为1，防止受到某个维度特征数值较大的影响
>>>from sklearn.preprocessing import StandardScaler
>>>breast_cancer_ss=StandardScaler()
>>>x_train=breast_cancer_ss.fit_transform(x_train)
>>>x_test=breast_cancer_ss.transform(x_test)
>>># （1）默认配置：采用默认配置的决策树模型
>>>from sklearn.tree import DecisionTreeClassifier
>>>#使用默认配置初始化决策树分类器
>>>dtc=DecisionTreeClassifier()
>>>#训练数据
>>>dtc.fit(x_train,y_train)
>>>#数据预测
>>>dtc_y_predict=dtc.predict(x_test)
>>>#性能评估
>>>from sklearn.metrics import classification_report
>>>print ('Accuracy:',dtc.score(x_test,y_test))
>>>print(classification_report(y_test,dtc_y_predict,target_names =['benign','malignant']))
```

代码运行结果如图 14-7 所示。

```
Accuracy: 0.9064327485380117
                precision    recall   f1-score    support

       benign       0.86      0.91       0.88         66
    malignant       0.94      0.90       0.92        105

     accuracy                            0.91        171
    macro avg       0.90      0.91       0.90        171
 weighted avg       0.91      0.91       0.91        171
```

图 14-7　代码运行结果

可以发现，使用默认配置的决策树模型预测的准确率约为 0.906 4。下面我们看一下使用网格搜索（并采用交叉验证）方法获得的决策树模型性能如何。

```
>>> （2）使用网格搜索工具来寻找模型最优配置
>>>from sklearn.tree import DecisionTreeClassifier
>>>#导入网格搜索工具
>>>from sklearn.model_selection import GridSearchCV
>>>#设置网格搜索的超参数组合范围
>>>params_tree={'max_depth':range(5,15),'criterion':['entropy']}
>>>#导入K折交叉验证工具
>>>from sklearn.model_selection import KFold
```

```
>>>#初始化决策树分类器
>>>dtc=DecisionTreeClassifier()
>>>#设置10折交叉验证
>>>kf=KFold(n_splits=10,shuffle=False)
>>>#定义网格搜索中使用的模型和参数
>>>grid_search_dtc=GridSearchCV(dtc,params_tree,cv=kf)
>>>#使用网格搜索模型拟合数据
>>>grid_search_dtc.fit(x_train,y_train)
>>>#数据预测
>>>grid_dtc_y_predict=grid_search_dtc.predict(x_test)
>>>#性能评估
>>>from sklearn.metrics import classification_report
>>>print ('Accuracy:',grid_search_dtc.score(x_test,y_test))
>>>print(classification_report(y_test,grid_dtc_y_predict,target_names=['benign','malignant']))
>>>print('超参数配置情况:',grid_search_dtc.best_params_)
```

代码运行结果如图 14-8 所示。

```
Accuracy: 0.9473684210526315
                precision    recall  f1-score   support

       benign       0.91      0.95      0.93        66
    malignant       0.97      0.94      0.96       105

     accuracy                           0.95       171
    macro avg       0.94      0.95      0.94       171
 weighted avg       0.95      0.95      0.95       171

超参数配置情况: {'criterion': 'entropy', 'max_depth': 7}
```

图 14-8　代码运行结果

由以上介绍可知，我们通过网格搜索方法来寻找超参数组合时，设置上述决策树模型的超参数组合范围为 params_tree={'max_depth':range(5,15),'criterion':['entropy']}，最终可以得到最佳超参数组合为 {'criterion': 'entropy', 'max_depth': 7}。此时，决策树模型预测的准确率约为 0.947 4。这里需要说明的是，决策树模型的超参数除了特征选择标准 criterion 和决策树最大深度 max_depth 外，还有特征划分标准 splitter、类别权重 class_weight、内部节点（即判断条件）再划分所需最少样本数 min_samples_split、叶子节点（即分类）所需最少样本数 min_samples_leaf 等一系列超参数。

14.3　编程实践：手把手教你写代码

为了便于读者对比理解各个算法的差异，这里统一采用 sklearn 自带的乳腺癌数据集 load_

breast_cancer 作为本次案例数据集，详细讲解算法的代码实现环节和相关内容，包括背景任务介绍、算法介绍、代码展示与代码详解 4 个部分。

14.3.1　背景任务介绍：乳腺癌分类预测多模型对比演示

下面我们将尝试使用不同的分类器来对 sklearn 自带的乳腺癌数据集进行预测，并挑选出性能最好的分类器来预测任务。

（1）数据说明：sklearn 自带的乳腺癌数据集包含 569 条数据，每条数据 30 维。其中两个分类分别为良性（benign）357 条和恶性（malignant）212 条，如下。

第一，数据集目标变量：['malignant' 'benign']，共计两个目标分类。

第二，数据集特征变量：['mean radius' 'mean texture' 'mean perimeter' 'mean area' 'mean smoothness' 'mean compactness' 'mean concavity' 'mean concave points' 'mean symmetry' 'mean fractal dimension' 'radius error' 'texture error' 'perimeter error' 'area error' 'smoothness error' 'compactness error' 'concavity error' 'concave points error' 'symmetry error' 'fractal dimension error' 'worst radius' 'worst texture' 'worst perimeter' 'worst area' 'worst smoothness' 'worst compactness' 'worst concavity' 'worst concave points' 'worst symmetry' 'worst fractal dimension']，共计 30 个特征维度。

（2）数据来源：sklearn 自带的乳腺癌数据集 load_breast_cancer，可以直接获取。

（3）任务目标：采用多种算法模型来训练数据并评估各模型的性能优劣，从而选出性能最优的算法模型，实现对乳腺癌数据的分类预测。

14.3.2　算法介绍：本案例算法简介

对 sklearn 自带的乳腺癌数据集进行分类，可以有多个算法作为选择。这里我们采用逻辑回归、支持向量机（SVM）、决策树、随机森林等算法分别进行数据训练，并评估各算法模型的预测性能，从而选择出性能最优的算法模型。

1.　逻辑回归算法

从 sklearn.linear_model 中选用逻辑回归模型 LogisticRegression 来学习数据。我们认为乳腺癌分类数据的特征变量与目标变量之间可能存在某种线性关系，这种线性关系可以用逻辑回归模型 LogisticRegression 来表达，所以选择该算法对训练集数据进行训练，并评估算法模型的预测性能。

2. 支持向量机算法

从 sklearn.svm 中导入支持向量机分类器（SVC）来对乳腺癌数据进行模型训练，并评估算法模型的预测性能。

3. 决策树算法

从 sklear.tree 中导入决策树分类器 DecisionTreeClassifier 来对乳腺癌数据进行模型训练，并评估算法模型的预测性能。

下面将分别使用上述 3 种算法来对 sklearn 自带的乳腺癌数据集 load_breast_cancer 进行处理，并对比展示使用模型默认配置和网格搜索超参数组合两种方式的效果差异。

14.3.3 代码展示：手把手教你写

```
>>>使用sklearn自带的乳腺癌数据集
>>>from sklearn.datasets import load_breast_cancer
>>>breast_cancer=load_breast_cancer()
>>>breast_cancer
>>>#分离出特征变量与目标变量
>>>x=breast_cancer.data
>>>y=breast_cancer.target
>>>#从sklearn.model_selection中导入数据分割器
>>>from sklearn.model_selection import train_test_split
```

>>>#使用数据分割器将样本数据分割为训练数据和测试数据，其中测试数据占比为30%。数据分割是为了获得训练集和测试集。训练集用来训练模型，测试集用来评估模型性能

```
>>>x_train,x_test,y_train,y_test=train_test_split(x,y,random_state=33,test_size=0.3)
```

>>>#对数据进行标准化处理，使得每个特征维度的均值为0，方差为1，防止受到某个维度特征数值较大的影响

```
>>>from sklearn.preprocessing import StandardScaler
>>>breast_cancer_ss=StandardScaler()
>>>x_train=breast_cancer_ss.fit_transform(x_train)
>>>x_test=breast_cancer_ss.transform(x_test)
>>>#(1)逻辑回归算法其一：默认配置
```

>>>#从sklearn.linear_model中选用逻辑回归模型LogisticRegression来学习数据。我们认为肿瘤分类数据的特征变量与目标变量之间可能存在某种线性关系，这种线性关系可以用逻辑回归模型LogisticRegression来表达，所以选择该算法进行学习

```
>>>from sklearn.linear_model import LogisticRegression
>>>#使用默认配置初始化线性回归器
>>>lr=LogisticRegression()
```

>>>#使用训练数据来估计参数，也就是通过训练数据的学习，找到一组合适的参数，从而获得一个带有参数的、具体的算法模型

```
>>>lr.fit(x_train,y_train)
```

>>>#对测试数据进行预测。利用上述训练数据学习得到的带有参数的、具体的线性回归模型对测试数据进行预测，即将测试数据中每一条记录的特征变量输入该模型中，得到一个该条记录的预测分类值

```
>>>lr_y_predict=lr.predict(x_test)
>>>#性能评估。使用逻辑回归自带的评分函数score获取预测准确率数据，并使用sklearn.metrics的
classification_report模块对预测结果进行全面评估
>>>from sklearn.metrics import classification_report
>>>print ('Accuracy:',lr.score(x_test,y_test))
>>>print(classification_report(y_test,lr_y_predict,target_names=['benign','malignant']))
>>>#(2)逻辑回归算法其二：网格搜索
>>>#导入逻辑回归分类器
>>>from sklearn.linear_model import LogisticRegression
>>>#导入网格搜索工具
>>>from sklearn.model_selection import GridSearchCV
>>>#设置网格搜索的超参数组合范围
>>>params_lr= {
        'C':  [0.0001,0.001,0.01,0.1,1,10],
        'penalty': ['l2'],
        'tol': [1e-4,1e-5,1e-6]
            }
>>>#导入K折交叉验证工具
>>>from sklearn.model_selection import KFold
>>>#初始化决策树分类器
>>>lr=LogisticRegression()
>>>#设置10折交叉验证
>>>kf=KFold(n_splits=10,shuffle=False)
>>>#定义网格搜索中使用的模型和参数
>>>grid_search_lr=GridSearchCV(lr,params_lr,cv=kf)
>>>#使用网格搜索模型拟合数据
>>>grid_search_lr.fit(x_train,y_train)
>>>#数据预测
>>>grid_lr_y_predict=grid_search_lr.predict(x_test)
>>>#性能评估
>>>from sklearn.metrics import classification_report
>>>print ('Accuracy:',grid_search_lr.score(x_test,y_test))
>>>print(classification_report(y_test,grid_lr_y_predict,target_names=['benign','malignant']))
>>>print(grid_search_lr.best_params_)
>>>#(3)支持向量机分类器其一：默认配置
>>>#从sklearn.svm中导入支持向量机分类器LinearSVC
>>>from sklearn.svm import LinearSVC
>>>#使用默认配置初始化支持向量机分类器
>>>lsvc=LinearSVC()
>>>#使用训练数据来估计参数，也就是通过训练数据的学习，找到一组合适的参数，从而获得一个带有参数的、
具体的算法模型
>>>lsvc.fit(x_train,y_train)
>>>#对测试数据进行预测。利用上述训练数据学习得到的带有参数的具体模型对测试数据进行预测，即将测试数
据中每一条记录的特征变量输入该模型中，得到一个该条记录的预测分类值
>>>lsvc_y_predict=lsvc.predict(x_test)
```

```
>>>#性能评估。使用自带的评分函数score获取预测准确率数据，并使用sklearn.metrics的classification_
report模块对预测结果进行全面评估
>>>from sklearn.metrics import classification_report
>>>print ('Accuracy:',lsvc.score(x_test,y_test))
>>>print(classification_report(y_test,lsvc_y_predict,target_names=['benign','malignant']))
>>>#(4)支持向量机分类器其二：网格搜索
>>>from sklearn.svm import SVC
>>>#导入网格搜索工具
>>>from sklearn.model_selection import GridSearchCV
>>>#设置网格搜索的超参数组合范围
>>>params_svc={
        'C':[4.5,5,5.5,6],
        'gamma':[0.0009,0.001,0.0011,0.002]
    }
>>>#导入K折交叉验证工具
>>>from sklearn.model_selection import KFold
>>>#初始化决策树分类器
>>>svc=SVC()
>>>#设置10折交叉验证
>>>kf=KFold(n_splits=10,shuffle=False)
>>>#定义网格搜索中使用的模型和参数
>>>grid_search_svc=GridSearchCV(svc,params_svc,cv=kf)
>>>#使用网格搜索模型拟合数据
>>>grid_search_svc.fit(x_train,y_train)
>>>#数据预测
>>>grid_svc_y_predict=grid_search_svc.predict(x_test)
>>>#性能评估
>>>from sklearn.metrics import classification_report
>>>print ('Accuracy:',grid_search_svc.score(x_test,y_test))
>>>print(classification_report(y_test,grid_svc_y_predict,target_names=['benign','malignant']))
>>>print('超参数配置情况:',grid_search_svc.best_params_)
>>>#（5）决策树分类器其一：默认配置
>>>#从sklear.tree中导入决策树分类器
>>>from sklearn.tree import DecisionTreeClassifier
>>>#使用默认配置初始化决策树分类器
>>>dtc=DecisionTreeClassifier()
>>>#训练数据
>>>dtc.fit(x_train,y_train)
>>>#数据预测
>>>dtc_y_predict=dtc.predict(x_test)
>>>#性能评估
>>>from sklearn.metrics import classification_report
>>>print ('Accuracy:',dtc.score(x_test,y_test))
>>>print(classification_report(y_test,dtc_y_predict,target_names=['benign','malignant']))
>>>#（6）决策树分类器其二：网格搜索
```

```
>>>#导入决策树分类器
>>>from sklearn.tree import DecisionTreeClassifier
>>>#导入网格搜索工具
>>>from sklearn.model_selection import GridSearchCV
>>>#设置网格搜索的超参数组合范围
>>>params_tree={'max_depth':range(5,15),'criterion':['entropy']}
>>>#导入K折交叉验证工具
>>>from sklearn.model_selection import KFold
>>>#初始化决策树分类器
>>>dtc=DecisionTreeClassifier()
>>>#设置10折交叉验证
>>>kf=KFold(n_splits=10,shuffle=False)
>>>#定义网格搜索中使用的模型和参数
>>>grid_search_dtc=GridSearchCV(dtc,params_tree,cv=kf)
>>>#使用网格搜索模型拟合数据
>>>grid_search_dtc.fit(x_train,y_train)
>>>#数据预测
>>>grid_dtc_y_predict=grid_search_dtc.predict(x_test)
>>>#性能评估
>>>from sklearn.metrics import classification_report
>>>print ('Accuracy:',grid_search_dtc.score(x_test,y_test))
>>>print(classification_report(y_test,grid_dtc_y_predict,target_names=['benign','malignant']))
>>>print('超参数配置情况:',grid_search_dtc.best_params_)
>>># (7)选择最优模型：预测新的数据
```

>>>对比上述各种算法模型的性能，不难发现网格搜索下的支持向量机分类器具有最优的预测性能。于是，我们考虑使用该模型来预测数据。这里为了简单，选取原始数据集中的某条记录来进行演示

```
>>>#使用原始数据集中的某条数据记录（第30条）来验证预测值与真实值的比较情况
>>>x_try=x[30].reshape(1, -1)
>>>#使用网格搜索下的支持向量机分类器对某条记录进行预测
>>>grid_search_svc_y_try=grid_search_svc.predict(x_try)
>>>print('*'*50)
>>>print('尝试预测结果为：',grid_search_svc_y_try)
>>>print('真实结果为:',y[30])
>>>print('*'*50)
```

14.3.4 代码详解：一步一步讲解清楚

（1）导入数据并查看数据特征。

从 sklearn 自带的数据集中导入乳腺癌数据，查看数据特征情况，代码如下所示。

```
>>>#为了方便读者练习，我们使用sklearn自带的乳腺癌数据集
>>>from sklearn.datasets import load_breast_cancer
>>>breast_cancer=load_breast_cancer()
>>>breast_cancer
```

代码运行结果如图 14-9 所示（部分）。

```
'data': array([[  1.79900000e+01,   1.03800000e+01,   1.22800000e+02, ...,
                 2.65400000e-01,   4.60100000e-01,   1.18900000e-01],
               [  2.05700000e+01,   1.77700000e+01,   1.32900000e+02, ...,
                 1.86000000e-01,   2.75000000e-01,   8.90200000e-02],
               [  1.96900000e+01,   2.12500000e+01,   1.30000000e+02, ...,
                 2.43000000e-01,   3.61300000e-01,   8.75800000e-02],
               ...,
               [  1.66000000e+01,   2.80800000e+01,   1.08300000e+02, ...,
                 1.41800000e-01,   2.21800000e-01,   7.82000000e-02],
               [  2.06000000e+01,   2.93300000e+01,   1.40100000e+02, ...,
                 2.65000000e-01,   4.08700000e-01,   1.24000000e-01],
               [  7.76000000e+00,   2.45400000e+01,   4.79200000e+01, ...,
                 0.00000000e+00,   2.87100000e-01,   7.03900000e-02]]),
 'feature_names': array(['mean radius', 'mean texture', 'mean perimeter', 'mean area',
        'mean smoothness', 'mean compactness', 'mean concavity',
        'mean concave points', 'mean symmetry', 'mean fractal dimension',
        'radius error', 'texture error', 'perimeter error', 'area error',
        'smoothness error', 'compactness error', 'concavity error',
        'concave points error', 'symmetry error', 'fractal dimension error',
        'worst radius', 'worst texture', 'worst perimeter', 'worst area',
        'worst smoothness', 'worst compactness', 'worst concavity',
        'worst concave points', 'worst symmetry', 'worst fractal dimension'],
        dtype='<U23'),
 'target': array([0, 0, 0, 0, 0, 0, 0, 0, 0, 0, 0, 0, 0, 0, 0, 0, 0, 0, 1, 1, 1, 0,
        0, 0, 0, 0, 0, 0, 0, 0, 0, 0, 1, 0, 0, 0, 0, 0, 0, 0,
        1, 0, 1, 1, 1, 1, 1, 0, 0, 1, 0, 0, 1, 1, 1, 1, 0, 1, 0, 0, 1, 1, 1,
        1, 0, 1, 0, 0, 0, 1, 0, 0, 1, 1, 1, 0, 0, 1, 0, 0, 0, 1, 1, 1, 0,
        1, 1, 0, 0, 1, 1, 1, 0, 0, 1, 1, 1, 1, 0, 1, 0, 1, 1, 1, 1, 1,
        1, 1, 0, 0, 1, 1, 0, 1, 1, 1, 0, 1, 0, 0, 1, 0, 0, 1, 0, 0, 1,
        0, 1, 1, 0, 1, 1, 1, 1, 1, 1, 1, 1, 1, 1, 0, 1, 1, 1,
        0, 0, 1, 0, 1, 1, 0, 0, 1, 1, 0, 0, 1, 1, 1, 1, 0, 0, 0, 1,
        0, 1, 0, 1, 1, 1, 0, 0, 1, 0, 0, 0, 1, 0, 0, 1, 0, 1,
```

图 14-9 代码运行结果

（2）数据处理与标准化。

从原始数据集中分离出特征变量和目标变量，导入分割器将数据集分割为训练数据和测试
数据，并对数据集进行标准化处理，代码如下所示。

```
>>>#分离出特征变量与目标变量
>>>x=breast_cancer.data
>>>y=breast_cancer.target
>>>#从sklearn.model_selection中导入数据分割器
>>>from sklearn.model_selection import train_test_split
>>>#使用数据分割器将样本数据分割为训练数据和测试数据，其中测试数据占比为30%。数据分割是为了获得训
练集和测试集。训练集用来训练模型，测试集用来评估模型性能
>>>x_train,x_test,y_train,y_test=train_test_split(x,y,random_state=33,test_size=0.3)
>>>#对数据进行标准化处理，使得每个特征维度的均值为0，方差为1，防止受到某个维度特征数值较大的影响
>>>from sklearn.preprocessing import StandardScaler
>>>breast_cancer_ss=StandardScaler()
```

```
>>>x_train=breast_cancer_ss.fit_transform(x_train)
>>>x_test=breast_cancer_ss.transform(x_test)
```

（3）算法训练与评估。

根据任务特性，选择逻辑回归分类器、支持向量机分类器、决策树分类器的默认配置和网格搜索两种方式来对比进行模型训练和性能评估。

第一，使用逻辑回归分类器（默认配置和网格搜索）进行模型训练和性能评估，代码如下所示。

```
>>>#逻辑回归算法
>>>#从sklearn.linear_model中选用逻辑回归模型LogisticRegression来学习数据。我们认为肿瘤分类
数据的特征变量与目标变量之间可能存在某种线性关系，这种线性关系可以用逻辑回归模型LogisticRegression来
表达，所以选择该算法进行学习
>>>from sklearn.linear_model import LogisticRegression
>>>#使用默认配置初始化线性回归器
>>>lr=LogisticRegression()
>>>#使用训练数据来估计参数，也就是通过训练数据的学习，找到一组合适的参数，从而获得一个带有参数的、
具体的算法模型
>>>lr.fit(x_train,y_train)
>>>#对测试数据进行预测。利用上述训练数据学习得到的带有参数的、具体的线性回归模型对测试数据进行预
测，即将测试数据中每一条记录的特征变量输入该模型中，得到一个该条记录的预测分类值
>>>lr_y_predict=lr.predict(x_test)
>>>#性能评估。使用逻辑回归自带的评分函数score获取预测准确数据，并使用sklearn.metrics的classification_
report模块对预测结果进行全面评估
>>>from sklearn.metrics import classification_report
>>>print ('Accuracy:',lr.score(x_test,y_test))
print(classification_report(y_test,lr_y_predict,target_names=['benign','malignant']))
```

代码运行结果如图 14-10 所示。

```
Accuracy: 0.9707602339181286
                precision    recall   f1-score    support

     benign        0.96       0.97       0.96         66
  malignant        0.98       0.97       0.98        105

   accuracy                              0.97        171
  macro avg        0.97       0.97       0.97        171
weighted avg       0.97       0.97       0.97        171
```

图 14-10　代码运行结果

由图 14-10 可知，使用默认配置的逻辑回归分类器进行数据训练后的预测准确率约为 0.970 8。那么，如果采用网格搜索方式寻找最佳超参数组合的逻辑回归模型情况如何呢？

```
>>>#导入逻辑回归分类器
>>>from sklearn.linear_model import LogisticRegression
>>>#导入网格搜索工具
>>>from sklearn.model_selection import GridSearchCV
>>>#设置网格搜索的超参数组合范围
>>>params_lr= {
        'C': [0.0001,0.001,0.01,0.1,1,10],
        'penalty': ['l2'],
        'tol': [1e-4,1e-5,1e-6]
    }
>>>#导入K折交叉验证工具
>>>from sklearn.model_selection import KFold
>>>#初始化决策树分类器
>>>lr=LogisticRegression()
>>>#设置10折交叉验证
>>>kf=KFold(n_splits=10,shuffle=False)
>>>#定义网格搜索中使用的模型和参数
>>>grid_search_lr=GridSearchCV(lr,params_lr,cv=kf)
>>>#使用网格搜索模型拟合数据
>>>grid_search_lr.fit(x_train,y_train)
>>>#数据预测
>>>grid_lr_y_predict=grid_search_lr.predict(x_test)
>>>#性能评估
>>>from sklearn.metrics import classification_report
>>>print ('Accuracy:',grid_search_lr.score(x_test,y_test))
>>>print(classification_report(y_test,grid_lr_y_predict,target_names=['benign','malignant']))
>>>print('超参数配置情况:',grid_search_lr.best_params_)
```

代码运行结果如图 14-11 所示。

```
Accuracy: 0.9707602339181286
              precision    recall  f1-score   support

      benign       0.96      0.97      0.96        66
   malignant       0.98      0.97      0.98       105

    accuracy                           0.97       171
   macro avg       0.97      0.97      0.97       171
weighted avg       0.97      0.97      0.97       171

超参数配置情况: {'C': 1, 'penalty': 'l2', 'tol': 0.0001}
```

图 14-11 代码运行结果

由图 14-11 可知，使用网格搜索方式找到最佳超参数组合为 {'C': 1, 'penalty': 'l2', 'tol':

0.0001}，此时逻辑回归分类器进行数据训练后的预测准确率也约为 0.970 8。这说明，对于该数据集和目前设定的超参数组合范围，默认配置和网格搜索达到的效果是相差无几的。

　　第二，使用支持向量机分类器（默认配置和网格搜索）进行模型训练和性能评估，代码如下所示。

```
>>>#使用支持向量机分类器
>>>#从sklearn.svm中导入支持向量机分类器linearSVC
>>>from sklearn.svm import LinearSVC
>>>#使用默认配置初始化支持向量机分类器
>>>lsvc=LinearSVC()
>>>#使用训练数据来估计参数，也就是通过训练数据的学习，找到一组合适的参数，从而获得一个带有参数的、
具体的算法模型
>>>lsvc.fit(x_train,y_train)
>>>#对测试数据进行预测。利用上述训练数据学习得到的带有参数的具体模型对测试数据进行预测，即将测试数据中每一条记录的特征变量输入该模型中，得到一个该条记录的预测分类值
>>>lsvc_y_predict=lsvc.predict(x_test)
>>>#性能评估。使用自带的评分函数score获取预测准确率数据，并使用sklearn.metrics的classification_
report模块对预测结果进行全面评估
>>>from sklearn.metrics import classification_report
>>>print ('Accuracy:',lsvc.score(x_test,y_test))
>>>print(classification_report(y_test,lsvc_y_predict,target_names=['benign','malignant']))
```

　　代码运行结果如图 14-12 所示。

```
Accuracy: 0.9766081871345029
              precision    recall  f1-score   support

      benign       0.97      0.97      0.97        66
   malignant       0.98      0.98      0.98       105

    accuracy                           0.98       171
   macro avg       0.98      0.98      0.98       171
weighted avg       0.98      0.98      0.98       171
```

图 14-12　代码运行结果

　　由图 14-12 可知，使用支持向量机分类器进行数据训练后的预测准确率约为 0.976 6。那么，如果采用网格搜索方式寻找最佳超参数组合的支持向量机分类器模型情况如何呢？

```
>>>from sklearn.svm import SVC
>>>#导入网格搜索工具
>>>from sklearn.model_selection import GridSearchCV
>>>#设置网格搜索的超参数组合范围
```

```
>>>params_svc={
      'C':[4.5,5,5.5,6],
      'gamma':[0.0009,0.001,0.0011,0.002]
   }
>>>#导入K折交叉验证工具
>>>from sklearn.model_selection import KFold
>>>#初始化决策树分类器
>>>svc=SVC()
>>>#设置10折交叉验证
>>>kf=KFold(n_splits=10,shuffle=False)
>>>#定义网格搜索中使用的模型和参数
>>>grid_search_svc=GridSearchCV(svc,params_svc,cv=kf)
>>>#使用网格搜索模型拟合数据
>>>grid_search_svc.fit(x_train,y_train)
>>>#数据预测
>>>grid_svc_y_predict=grid_search_svc.predict(x_test)
>>>#性能评估
>>>from sklearn.metrics import classification_report
>>>print ('Accuracy:',grid_search_svc.score(x_test,y_test))
>>>print(classification_report(y_test,grid_svc_y_predict,target_names=['benign','malignant']))
>>>print('超参数配置情况:',grid_search_svc.best_params_)
```

代码运行结果如图 14-13 所示。

```
Accuracy: 0.9824561403508771
              precision    recall  f1-score   support

      benign       0.98      0.97      0.98        66
   malignant       0.98      0.99      0.99       105

    accuracy                           0.98       171
   macro avg       0.98      0.98      0.98       171
weighted avg       0.98      0.98      0.98       171

超参数配置情况: {'C': 4.5, 'gamma': 0.002}
```

图 14-13　代码运行结果

由图 14-13 可知，使用网格搜索方式找到最佳超参数组合为 {'C': 4.5, 'gamma': 0.002}，此时支持向量机分类器进行数据训练后的预测准确率约为 0.982 4。这说明，对于该数据集和目前设定的超参数组合范围，网格搜索能够提高模型性能。

第三，使用决策树分类器（默认配置和网格搜索）进行模型训练和性能评估，代码如下所示。

```
>>>#使用决策树分类器
>>>#从sklearn.tree中导入决策树分类器
>>>from sklearn.tree import DecisionTreeClassifier
>>>#使用默认配置初始化决策树分类器
>>>dtc=DecisionTreeClassifier()
>>>#训练数据
>>>dtc.fit(x_train,y_train)
>>>#数据预测
>>>dtc_y_predict=dtc.predict(x_test)
>>>#性能评估
>>>from sklearn.metrics import classification_report
>>>print ('Accuracy:',dtc.score(x_test,y_test))
>>>print(classification_report(y_test,dtc_y_predict,target_names=['benign','malignant']))
```

代码运行结果如图 14-14 所示。

```
Accuracy: 0.9122807017543859
              precision    recall  f1-score   support

      benign       0.88      0.89      0.89        66
   malignant       0.93      0.92      0.93       105

    accuracy                           0.91       171
   macro avg       0.91      0.91      0.91       171
weighted avg       0.91      0.91      0.91       171
```

图 14-14　代码运行结果

由图 14-14 可知，使用决策树分类器进行数据训练后的预测准确率约为 0.912 3。那么，如果采用网格搜索方式寻找最佳超参数组合的决策树分类器模型情况如何呢？

```
>>>#导入决策树分类器
>>>from sklearn.tree import DecisionTreeClassifier
>>>#导入网格搜索工具
>>>from sklearn.model_selection import GridSearchCV
>>>#设置网格搜索的超参数组合范围
>>>params_tree={'max_depth':range(5,15),'criterion':['entropy']}
>>>#导入K折交叉验证工具
>>>from sklearn.model_selection import KFold
>>>#初始化决策树分类器
>>>dtc=DecisionTreeClassifier()
>>>#设置10折交叉验证
>>>kf=KFold(n_splits=10,shuffle=False)
>>>#定义网格搜索中使用的模型和参数
>>>grid_search_dtc=GridSearchCV(dtc,params_tree,cv=kf)
```

```
>>>#使用网格搜索模型拟合数据
>>>grid_search_dtc.fit(x_train,y_train)
>>>#数据预测
>>>grid_dtc_y_predict=grid_search_dtc.predict(x_test)
>>>#性能评估
>>>from sklearn.metrics import classification_report
>>>print ('Accuracy:',grid_search_dtc.score(x_test,y_test))
>>>print(classification_report(y_test,grid_dtc_y_predict,target_names=['benign','malignant']))
>>>print('超参数配置情况:',grid_search_dtc.best_params_)
```

代码运行结果如图 14-15 所示。

```
Accuracy: 0.9415204678362573
              precision    recall  f1-score   support

      benign       0.91      0.94      0.93        66
   malignant       0.96      0.94      0.95       105

    accuracy                           0.94       171
   macro avg       0.94      0.94      0.94       171
weighted avg       0.94      0.94      0.94       171

超参数配置情况: {'criterion': 'entropy', 'max_depth': 9}
```

图 14-15　代码运行结果

由图 14-15 可知，使用网格搜索方式找到最佳超参数组合为 {'criterion': 'entropy', 'max_depth': 9}，此时决策树分类器进行数据训练后的预测准确率约为 0.941 5。这说明，对于该数据集和目前设定的超参数组合范围，网格搜索能够提高模型性能。

（4）挑选最优算法进行预测。

通过对上述各种分类器进行性能评估，我们发现网格搜索下的支持向量机分类器在本数据集上具有最优的预测性能，因此我们可以选取网格搜索下的支持向量机分类器来进行新数据的预测。此处为了简单，采用原始数据集中的某条数据来比较预测值与真实值的情况，代码如下所示。

```
>>>#对比上述各种算法模型性能，不难发现网格搜索下的支持向量机分类器具有最优的预测性能。于是，我们考虑使用该模型来预测数据。这里为了简单，选取原始数据集中的某条记录来进行演示
>>>#使用原始数据集中的某条数据记录（第30条）来验证预测值与真实值的比较情况
>>>x_try=x[30].reshape(1, -1)
>>>#使用网格搜索下的支持向量机分类器对某条记录进行预测
>>>grid_search_svc_y_try=grid_search_svc.predict(x_try)
>>>print('*'*50)
>>>print('尝试预测结果为: ',grid_search_svc_y_try)
```

```
>>>print('真实结果为:',y[30])
>>>print('*'*50)
```

代码运行结果如图14-16所示。

```
**************************************************
尝试预测结果为:   [0]
真实结果为: 0
**************************************************
```

图14-16 代码运行结果

由图14-16可知，使用网格搜索下的支持向量机分类器对某条数据记录预测的结果和真实值结果是一致的。这在一定程度上证明了该分类器在本数据集上具有良好的预测性能。

14.4 经验总结：机器学习经验之谈

机器学习的知识内容庞杂，其数学基础牵涉微积分中的偏微分、链式法则、矩阵求导和线性代数中的矩阵乘法、矩阵求逆、特征值分解，以及概率统计中的条件概率、朴素贝叶斯、极大似然估计，甚至还牵涉信息论和数值理论等知识，更不用说还要熟悉编程实践过程。因此，读者在学习机器学习的过程中很容易陷入误区而使得学习效果事倍功半，对此我们必须予以重视。本节将重点论述机器学习过程中的学习误区和有效的学习方法，供读者参考。

14.4.1 机器学习中的误区

很多读者对机器学习非常感兴趣，但是由于该门学科内容庞杂，读者在学习时往往会走入误区，如图14-17所示。

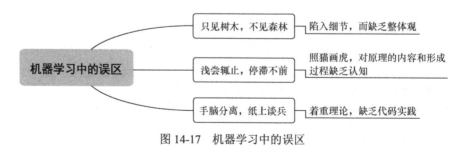

图14-17 机器学习中的误区

（1）只见树木，不见森林。

相当一部分初学者刚接触机器学习时容易陷入误区，即陷入细节之中而缺乏对机器学习整体过程的了解。例如，初学者可能将大量精力花费在某些库（如 pandas、sklearn 等）的具体参数含义的记忆上面，而对机器学习从头到尾的整个过程和环节这种宏观视野的关键知识缺乏了解。这往往导致初学者陷入琐碎细节的海洋之中从而事倍功半，究其原因还是在于读者陷入了"只见树木，不见森林"的误区。

（2）浅尝辄止，停滞不前。

部分算法工程师之所以被调侃为"调参工程师"，是因为确实存在部分从事机器学习的人员对基本的算法原理的形成过程缺乏了解，工作中仅按照一定的套路和流程机械地进行调参"尝试"，自己对机器学习的理解停留在粗浅的操作层面。部分读者由于数学基础较差产生畏难情绪，导致机器学习过程中仅满足于按照套路和流程进行操作而对算法背后的数学原理和形成过程缺乏基本的了解，这样必然限制其技术水平的进一步提升。

（3）手脑分离，纸上谈兵。

还有部分读者重视算法原理，但缺乏代码实践。这部分读者存在一种观念，即只要彻底搞懂了算法背后的所有数学原理，代码实践就迎刃而解了。首先，彻底搞懂算法的数学原理这个想法就值得商榷。机器学习背后的数学原理可以说"要多深，有多深"，所谓"彻底"搞懂本来就是特别困难的事情，现实的选择只能是根据自己实际工作的需求来考虑理解程度的深浅。其次，没有代码实践，读者就不知道哪些知识是重点，哪些知识是难点，哪些知识需要进一步深究数学原理，哪些知识则可以降低对数学原理的要求。最后，算法工程师的很多工作内容也是需要经验积累的，没有足够量的代码实践和案例积累，很多经验性的任务就无法完成。

14.4.2　如何学好机器学习

读者在学习机器学习的过程中需要注意上述各种误区，并根据自身基础知识水平、时间、精力条件等找到适合自身情况的学习方法。以下学习方法可供参考。

（1）手脑并用，边练边学。

学习机器学习的过程中，读者要注意"手脑并用，边练边学"。机器学习中有些知识使用频率高，有些知识则使用频率很低；有些知识需要深刻理解，有些知识则知晓大概内容即可。这些都需要读者根据自身基础知识水平和任务要求来确定，因此快速上手实践并在实践中寻找问题的答案是一条学习成本最低的路径。

（2）剥丝抽茧，层层深入。

读者学习机器学习的过程中不要试图"毕其功于一役"，即不要试图完全搞懂了机器学习的数学理论基础才开始动手实践。正确的做法应该是先开始代码实践，然后碰到问题判断该问题是否需要深入研究，如果值得深入研究则进行深入钻研然后再回到实践中。如此剥丝抽茧，层层深入，循环往复。

（3）重点突破，融会贯通。

　　读者还需要区分机器学习的重点与非重点并针对重点知识进行突破。机器学习的"重点知识"可以细分为共性知识和个性知识。其中，共性知识包括机器学习整体流程的知识、基础算法知识，个性知识则与读者的自身情况和日常工作任务的特点相关。例如，整个机器学习包括多少个环节、总体操作流程情况就是一般意义上具有共性特点的"重点知识"。再例如，机器学习的"线性回归""逻辑回归"是最简单、也是最能够体现机器学习任务类别的算法模型，也属于具有共性意义的"重点知识"。而个人可以根据自己工作任务的特点，将某些自己常用的算法模型作为"重点知识"来突破，这属于针对读者实际情况的个性化的"重点知识"。总之，读者学习机器学习的过程中需要花费大量的精力和时间，只有根据自身情况和机器学习的特点合理分配时间和精力并做到详略得当，才能够真正事半功倍。